U0249096

21世纪高等学校计算机专业实用规划教材

C#应用开发与实践

曾宪权 李梅莲 王爽 曹玉松 编著

清华大学出版社
北京

内 容 简 介

全书以学生成绩管理系统的开发为主线，以 Visual Studio 2012 作为开发工具，采用循序渐进的方式全面而又系统地介绍使用 C#语言进行项目开发所涉及的关键知识，是学习 C#编程技术的理想参考书。全书共分为 11 章，其中，第 1～3 章通过学生成绩管理系统 V0.8 版本的实现过程系统地介绍 C#语言及其开发环境、C#程序设计的基础知识以及数组和字符串的相关知识。第 4 章以学生成绩管理系统 V0.9 版本的实现过程为例讨论 C#面向对象编程的相关知识。第 5～8 章以学生成绩管理系统 V1.0 版本的关键模块的设计与实现深入介绍利用 C#进行 Windows 编程的相关知识，包括控件的使用、ADO.NET 数据库访问技术以及 Windows 应用程序的部署。第 9、第 10 章介绍利用 C#进行图形图像编程和文件处理的相关知识。第 11 章通过三层架构的学生成绩管理系统的开发过程详细说明了利用 C#开发数据库系统的过程，以提高读者项目开发的能力。

本书内容新颖，结构安排合理，案例丰富实用，既可以作为高等学校计算机及其相关专业的教材，也可以作为相关培训机构和软件开发人员的参考书。

图书在版编目(CIP)数据

C#应用开发与实践/曾宪权等编著. --北京：清华大学出版社，2015(2023.1重印)
21 世纪高等学校计算机专业实用规划教材
ISBN 978-7-302-38129-7

Ⅰ. ①C… Ⅱ. ①曾… Ⅲ. ①C语言－程序设计－高等学校－教材 Ⅳ. ①TP312

中国版本图书馆 CIP 数据核字(2014)第 224452 号

责任编辑：黄 芝 薛 阳
封面设计：何凤霞
责任校对：时翠兰
责任印制：曹婉颖

出版发行：清华大学出版社
　网　　址：http://www.tup.com.cn，http://www.wqbook.com
　地　　址：北京清华大学学研大厦 A 座　　**邮　　编**：100084
　社 总 机：010-83470000　　**邮　　购**：010-62786544
　投稿与读者服务：010-62776969，c-service@tup.tsinghua.edu.cn
　质量反馈：010-62772015，zhiliang@tup.tsinghua.edu.cn
　课件下载：http://www.tup.com.cn，010-83470236
印 装 者：北京嘉实印刷有限公司
经　　销：全国新华书店
开　　本：185mm×260mm　　**印　　张**：18　　**字　　数**：435 千字
版　　次：2015 年 2 月第 1 版　　**印　　次**：2023 年 1 月第 8 次印刷
印　　数：6901～7900
定　　价：55.00 元

产品编号：057281-02

出版说明

随着我国改革开放的进一步深化，高等教育也得到了快速发展，各地高校紧密结合地方经济建设发展需要，科学运用市场调节机制，加大了使用信息科学等现代科学技术提升、改造传统学科专业的投入力度，通过教育改革合理调整和配置了教育资源，优化了传统学科专业，积极为地方经济建设输送人才，为我国经济社会的快速、健康和可持续发展以及高等教育自身的改革发展做出了巨大贡献。但是，高等教育质量还需要进一步提高以适应经济社会发展的需要，不少高校的专业设置和结构不尽合理，教师队伍整体素质亟待提高，人才培养模式、教学内容和方法需要进一步转变，学生的实践能力和创新精神亟待加强。

教育部一直十分重视高等教育质量工作。2007年1月，教育部下发了《关于实施高等学校本科教学质量与教学改革工程的意见》，计划实施"高等学校本科教学质量与教学改革工程(简称'质量工程')"，通过专业结构调整、课程教材建设、实践教学改革、教学团队建设等多项内容，进一步深化高等学校教学改革，提高人才培养的能力和水平，更好地满足经济社会发展对高素质人才的需要。在贯彻和落实教育部"质量工程"的过程中，各地高校发挥师资力量强、办学经验丰富、教学资源充裕等优势，对其特色专业及特色课程(群)加以规划、整理和总结，更新教学内容、改革课程体系，建设了一大批内容新、体系新、方法新、手段新的特色课程。在此基础上，经教育部相关教学指导委员会专家的指导和建议，清华大学出版社在多个领域精选各高校的特色课程，分别规划出版系列教材，以配合"质量工程"的实施，满足各高校教学质量和教学改革的需要。

本系列教材立足于计算机专业课程领域，以专业基础课为主、专业课为辅，横向满足高校多层次教学的需要。在规划过程中体现了如下一些基本原则和特点。

(1) 反映计算机学科的最新发展，总结近年来计算机专业教学的最新成果。内容先进，充分吸收国外先进成果和理念。

(2) 反映教学需要，促进教学发展。教材要适应多样化的教学需要，正确把握教学内容和课程体系的改革方向，融合先进的教学思想、方法和手段，体现科学性、先进性和系统性，强调对学生实践能力的培养，为学生知识、能力、素质协调发展创造条件。

(3) 实施精品战略，突出重点，保证质量。规划教材把重点放在公共基础课和专业基础课的教材建设上；特别注意选择并安排一部分原来基础比较好的优秀教材或讲义修订再版，逐步形成精品教材；提倡并鼓励编写体现教学质量和教学改革成果的教材。

(4) 主张一纲多本，合理配套。专业基础课和专业课教材配套，同一门课程有针对不同层次、面向不同应用的多本具有各自内容特点的教材。处理好教材统一性与多样化，基本教材与辅助教材、教学参考书，文字教材与软件教材的关系，实现教材系列资源配套。

(5) 依靠专家，择优选用。在制定教材规划时要依靠各课程专家在调查研究本课程教材建设现状的基础上提出规划选题。在落实主编人选时，要引入竞争机制，通过申报、评审确定主题。书稿完成后要认真实行审稿程序，确保出书质量。

繁荣教材出版事业，提高教材质量的关键是教师。建立一支高水平教材编写梯队才能保证教材的编写质量和建设力度，希望有志于教材建设的教师能够加入到我们的编写队伍中来。

21世纪高等学校计算机专业实用规划教材

联系人：魏江江 weijj@tup.tsinghua.edu.cn

前　言

在信息技术历史上，大约每十年，新的程序设计方法就会像浪潮一样袭来。20 世纪 80 年代早期，新技术是可以运行在桌面上的 UNIX 系统以及 AT&T 开发的强大的 C 语言。20 世纪 90 年代早期，Windows 和 C++ 占据了程序设计领域的半壁江山。每次发展都代表着程序设计方法的一次革命。.NET 和 C# 代表的正是下一次浪潮，而本书将帮助读者成为浪尖上的弄潮儿。

C# 作为微软公司专为.NET 平台量身定做的编程语言，建立在 C(高性能)、C++(面向对象的结构)、Java(安全性)和 VB(快速开发)等语言的众多经验之上，在桌面应用、Web 应用程序、RIA 应用程序和智能手机应用程序等多个领域都显示出强大的功能，目前已成为主流的开发工具。为了帮助读者掌握.NET 环境下的程序开发技术，提高项目开发能力，结合自己学习.NET 技术以及多年.NET 教学的经验，编者编写了本书。

全书将以学生成绩管理系统的开发与实现为示例来讲解 C# 程序设计知识，采用项目驱动教学方法，把一个完整的项目分解成不同的单元，分散到每一个章节，通过“提出问题(做什么)—解决问题(跟我做)—问题探究(为什么这样做)—拓展与提高”来完成每一个单元的设计与实现，最后形成一个完整的系统进行发布、部署，突出学生项目开发能力的训练与培养，培养学生系统观念和开发能力，克服了一些 C# 书籍为了讲授 C# 语法而编写示例的缺陷。与国内同类书籍相比，本书具有以下特点。

(1) 内容实用，针对性强。全书以企业对.NET 开发人员要求的知识和技能来安排和组织内容，由浅入深地介绍了.NET 开发人员必备的 C# 程序设计基本知识和技能，内容实用，针对性强。

(2) 项目驱动，体现“做中学”的思想。全书每一节内容均由案例引出，然后给出案例的实现过程，介绍相关知识点，最后进行总结提高。这样读者通过模仿、探究和提升，能够真正掌握 C# 程序设计的方法，提高学习兴趣，符合学习者的认知规律。

(3) 以实际项目为依托，提高项目开发能力。全书将学生成绩管理系统开发分解成不同的模块，按照循序渐进的原则分散到不同的章节进行设计实现，最后再进行集成发布，使读者能够将分散的知识综合起来应用，提高了读者的项目开发能力。

(4) 配套教学资源丰富。本书提供真实完整的教学课件以及所有实例的源代码，方便读者学习和教学。

本书由许昌学院曾宪权、李梅莲、王爽和曹玉松编写，具体分工如下：第 1～3 章由王爽编写，第 4 章和第 9 章由李梅莲编写，第 10 章由曹玉松编写，第 5～8 章和第 11 章由曾宪权编写。全书由曾宪权统稿和定稿。

本书在编写过程中，参考了大量的相关书籍和网络资源，在此对相关作者表示感谢。当然，由于知识和时间的限制，本书中难免会有一些不如意的地方，恳请读者批评指正。如有什么意见建议，请联系我们：xianquanzeng@126.com。

编　者

2014年5月

目 录

第 1 章 C#语言及其开发环境

C#作为微软专门为.NET平台量身定做的编程语言，在桌面应用、Web系统以及移动开发等多个领域都显示出强大的功能，已成为当前主流的编程语言。本章以编写学生成绩管理系统V0.8的主界面程序作为任务，详细介绍了C#的相关知识以及对Visual Studio集成开发环境的认识。通过本章的学习，读者可以：

- 了解.NET平台的基本概念
- 了解C#的发展历程、特点及编程环境
- 掌握C#应用程序的创建、编译和调试
- 熟悉Visual Studio集成开发环境
- 安装和卸载Visual Studio 2012

1.1 .NET平台与C#语言

任务描述：学生成绩管理系统V0.8主界面设计

应用程序通常有一个界面用来显示软件的一些信息，本情景实现学生成绩管理系统V0.8的主界面，如图1-1所示。

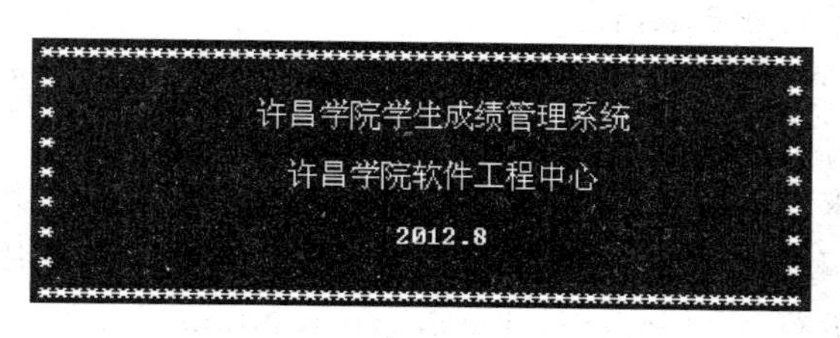

图1-1 学生成绩管理系统V0.8主界面

任务实现

(1) 选择“开始”→“程序”→Microsoft Visual Studio 2012→Microsoft Visual Studio 2012命令，打开Visual Studio 2012。

(2) 选择Visual Studio 2012菜单栏中的“文件”→“新建”→“项目”命令，打开“新建项目”对话框，在已安装的项目模板中选择C#控制台程序。

(3) 在Main()方法中输入如下代码：

```
static void Main(string[] args)                              //Main()方法
{
    Console.WriteLine(" ******************************************************** ");
    Console.WriteLine(" *                                                      * ");
    Console.WriteLine(" *               许昌学院学生成绩管理系统                 * ");
    Console.WriteLine(" *                                                      * ");
    Console.WriteLine(" *                许昌学院软件工程中心                   * ");
    Console.WriteLine(" *                                                      * ");
    Console.WriteLine(" *                    2014.03                           * ");
    Console.WriteLine(" *                                                      * ");
    Console.WriteLine(" ******************************************************** ");
    Console.ReadKey();
}
```

相关知识点链接

1.1.1 什么是.NET平台

微软官方文档表明，“.NET是Microsoft用以创建XML Web服务(下一代软件)的平台，该平台将信息、设备和人以一种统一的、个性化的方式联系起来。”

“借助于.NET平台，可以创建和使用基于XML的应用程序、进程和Web站点以及服务，它们之间可以按设计、在任何平台或智能设备上共享和组合信息与功能”，而不管采用的是哪种操作系统或编程语言。

.NET是一个全面的产品家族，提供开发(工具)、管理(服务器)、使用(构造块服务和智能客户端)以及XML Web服务体验(丰富的用户体验)。

比尔·盖茨说：.NET平台将会对任何一种编程方式产生影响，它会使用户界面有根本性的变革，如同从MS-DOS到Windows的转变一样。它使用户能够在任何时间、任何地点通过一种自然化的界面来获取信息。

狭义地理解.NET，可以认为其包括两方面的内容：.NET Framework和Visual Studio.NET开发工具。

.NET Framework(又称.NET框架)，是由微软开发，一个致力于敏捷软件开发、快速应用开发、平台无关性和网络透明化的软件开发平台。它以一种采用系统虚拟机运行的编程平台，以通用语言运行库(Common Language Runtime，CLR)为基础，支持多种语言(C#、VB、C++、Python等)的开发。

为了实现多语言开发，.NET所有编写的程序都不是被直接编译为本地代码，而是编译成微软中间代码(Microsoft Intermediate Language，MSIL)，由即时(Just In Time，JIT)编译器转换成机器代码。

.NET Framework也为应用程序接口(Application Programming Interface，API)提供了新功能和开发工具。

Microsoft.NET Framework的体系结构如图1-2所示。

有了CLR，保证了.NET中一种语言具有的功能其他语言也都具有，Microsoft中间语言(MSIL)由一组特定的指令组成，这些指令指明如何执行代码，JIT编译器的主要工作是将普通 MSIL 代码转换为可以直接由 CPU 执行的计算机代码，验证进程可以轻松读取 MSIL 代码。

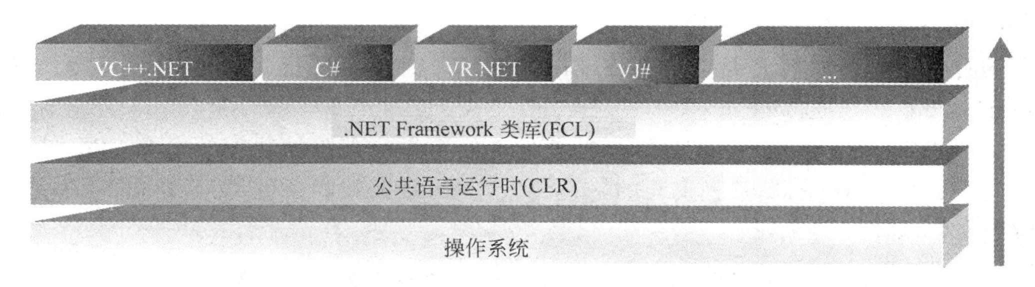

图 1-2 .NET Framework 体系结构

1.1.2 什么是 C#

1995 年，Sun 公司正式推出了面向对象的开发语言 Java，并具有跨平台、跨语言的功能特点，Java 逐渐成了企业级应用系统开发的首选工具，使得越来越多的基于 C/C++的应用开发人员转向于从事基于 Java 的应用开发。

在 Java 势头很猛的软件开发领域可观前景的冲击下，作为世界上最大的软件公司微软立即做出了迎接挑战的反应。很快，微软也推出了基于 Java 语言的编译器 Visual J++。

Visual J++虽然具有强大的开发功能，但主要应用在 Windows 平台的系统开发中，Sun 公司认为 Visual J++违反了 Java 的许可协议，即违反了 Java 开发平台的中立性，因而对微软提出了诉讼，这使得微软处于极为被动的局面。

为了改变这种局面，微软另辟蹊径，决定推出其进军互联网的庞大.NET 计划和该计划中重要的开发语言——Visual C#（简称 VC#或 C#）。

微软的.NET 是一项非常庞大的计划，也是微软今后发展的战略核心。Visual Studio .NET 则是微软.NET 技术的开发平台，VC#就集成在 Visual Studio.NET 中。

为了支持.NET 平台，Visual Studio.NET 在原来的 Visual Studio 6.0 的基础上进行了极大的修改和变更。在 Visual Studio.NET 测试版中 Visual J++就消失了，取而代之的就是 VC#语言。

美国的微软公司在 2000 年 6 月举行的“职业开发人员技术大会”上正式发布了 VC#语言，其英文名为 VC-Sharp。

微软公司对 VC#的定义为：“VC#是一种类型安全的、现代的、简单的，由 C 和 C++衍生出来的面向对象的编程语言，它牢牢根植于 C 和 C++语言之上，并可立即被 C 和 C++开发人员所熟悉。VC#的目的就是综合 Visual Basic 的高生产率和 C++的行动力。”

1.1.3 .NET 集成开发环境 Visual Studio 2012

Visual Studio 2012 是微软公司推出的集成开发环境，提供了一套完整的开发工具。VS 2012 可以用来创建高性能的 Windows 应用程序、移动应用程序、网络应用程序、网络服务、智能设备应用程序和 Office 插件等。

VS 2012 的优势在于它使开发人员创建程序更容易、更灵活。它提供了高级开发工具、调试功能、数据库功能和创新功能，帮助用户在各种平台上快速创建当前最先进的应用程序。任何规模的组织都可以使用 VS 2012 快速创建能够更安全、更易于管理并且更可靠的应用程序。

1. Visual Studio 2012 的安装

下面详细介绍如何安装 Visual Studio 2012，帮助读者掌握每一步安装过程。安装 Visual Studio 2012 的步骤如下。

（1）放入 Visual Studio 2012 安装光盘或者使用虚拟光驱加载 Visual Studio 2012 镜像，双击 vs_ultimate.exe，选择安装的磁盘位置，并同意条款和条件，然后单击“下一步”按钮继续安装，如图 1-3 所示。

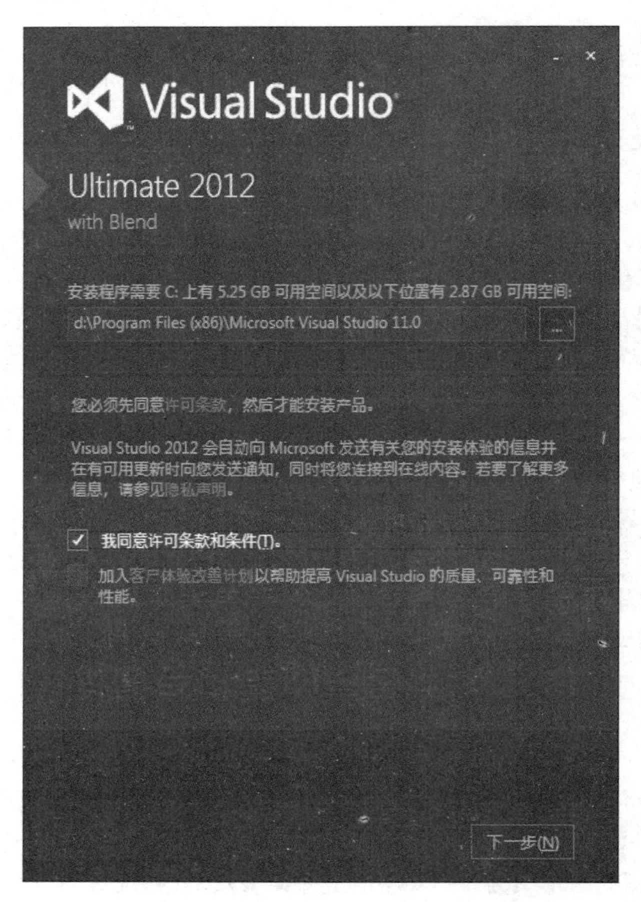

图 1-3　选择安装位置

（2）选择安装功能与组件，单击“安装”按钮，开始安装，如图 1-4 所示。

（3）安装结束后，显示“安装成功”界面，单击“启动”按钮，即可启动 Visual Studio 2012，如图 1-5 所示。

（4）安装成功后，启动 Visual Studio 2012 RC，进入启动界面，第一次运行 Visual Studio 程序会自动配置运行环境，如图 1-6 所示。进入默认环境设置，根据自己的需要设置默认环境，如果使用多种语言进行开发，则可选择“常规开发设置”，进入 Visual Studio 2012 开发环境，安装完成。

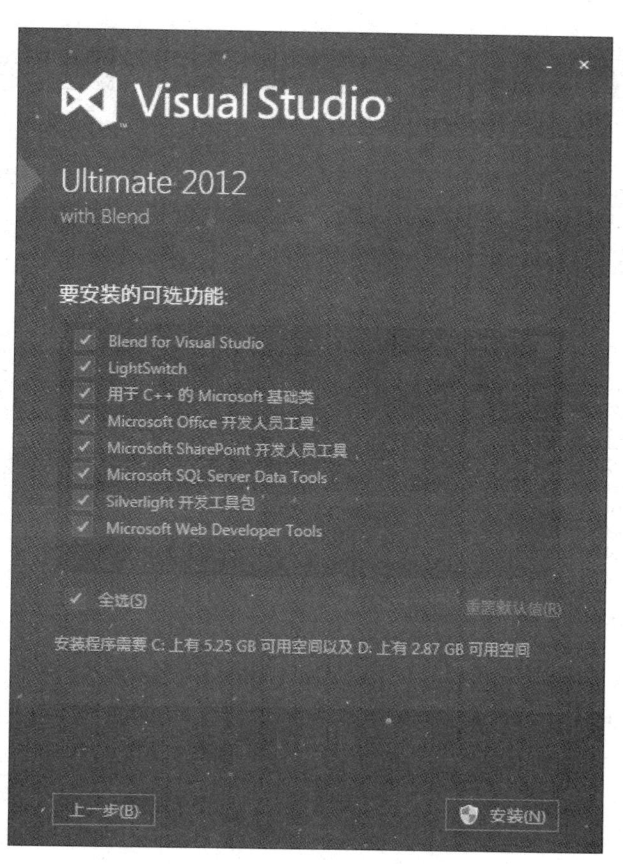

图 1-4　选择安装功能

图 1-5　安装成功

图 1-6　环境设置

2. Visual Studio 2012 开发环境

Visual Studio 2012 是一套完整的开发工具集，使用它可以完成 Windows 应用程序、控制台程序等的设计、开发、调试。下面详细介绍 Visual Studio 2012 的开发环境。

1）新建项目

选择“开始”→“程序”→Microsoft Visual Studio 2012→Microsoft Visual Studio 2012 命令，打开 Visual Studio 2012。选择 Visual Studio 2012 工具栏中的“文件”→“新建”→“项目”命令，打开“新建项目”对话框，如图 1-7 所示。项目可以是控制台程序也可以是 Windows 应用程序。

2）窗体设计器

窗体设计器是一个可视化的窗口，可以通过工具箱中提供的各种控件对该窗口进行设计，以满足不同功能界面的需求。窗体设计器如图 1-8 所示。

3）代码编辑器

在 VS 2012 开发环境中，双击窗体设计器可以自动跳到代码编辑器窗口，开发人员可以在该窗口进行代码的编写，如图 1-9 所示。

4）“属性”面板

“属性”面板是一个重要的工具，为 Windows 开发提供了简单的属性修改。通过“属性”面板可以管理控件的事件，方便对事件进行编程，如图 1-10 所示。

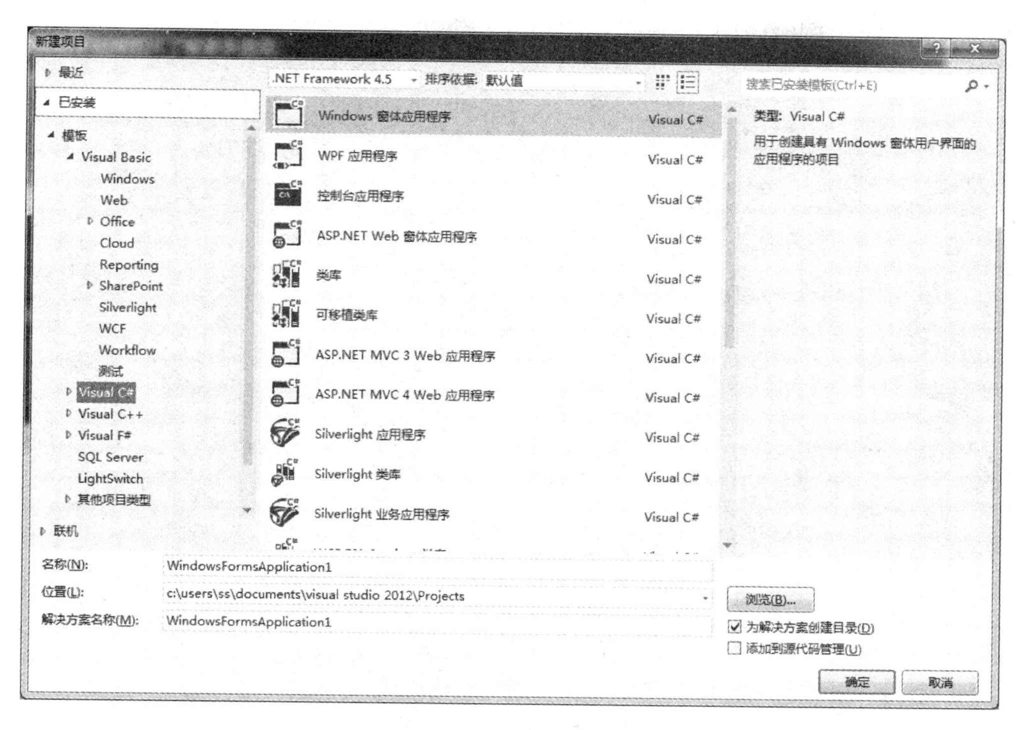

图 1-7 新建项目

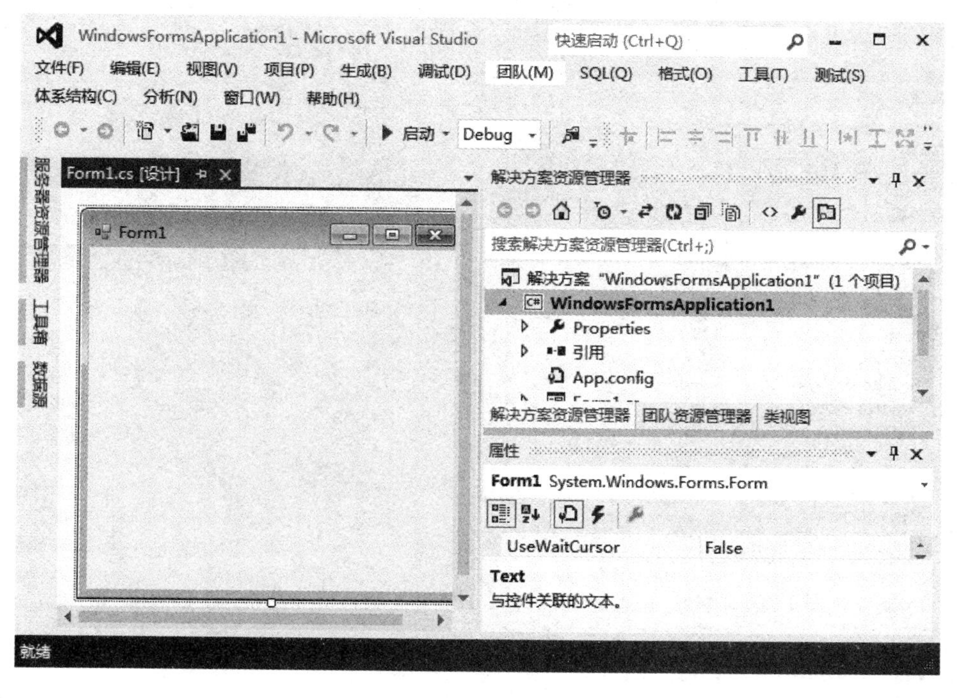

图 1-8 窗体设计器

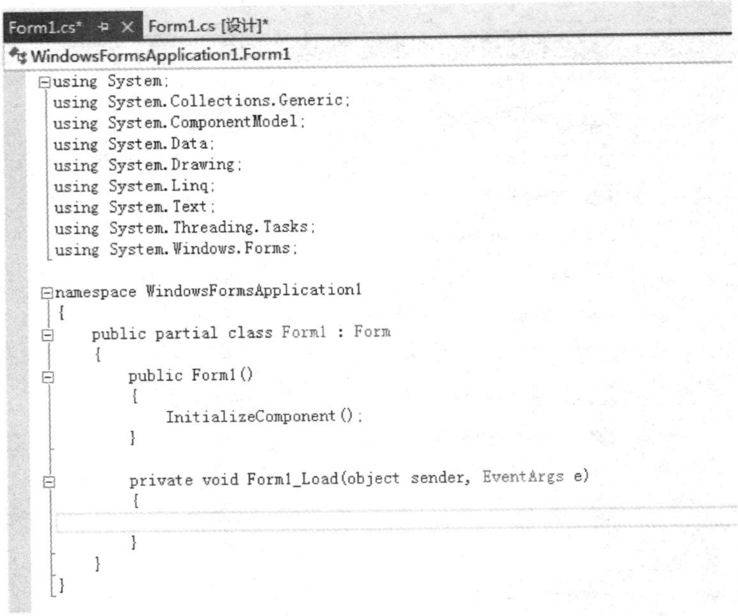

```
Form1.cs*  Form1.cs [设计]*
WindowsFormsApplication1.Form1
using System;
using System.Collections.Generic;
using System.ComponentModel;
using System.Data;
using System.Drawing;
using System.Linq;
using System.Text;
using System.Threading.Tasks;
using System.Windows.Forms;

namespace WindowsFormsApplication1
{
    public partial class Form1 : Form
    {
        public Form1()
        {
            InitializeComponent();
        }

        private void Form1_Load(object sender, EventArgs e)
        {

        }
    }
}
```

图 1-9　代码编辑器

5)“工具箱”面板

“工具箱”面板提供了.NET 开发的常用控件，是 VS 2012 的重要组成部分。通过工具箱，可以很方便地对窗体进行设计，简化程序设计的工作量。工具箱如图 1-11 所示。当需要某个控件时，可以双击或者用鼠标拖到窗体上即可。

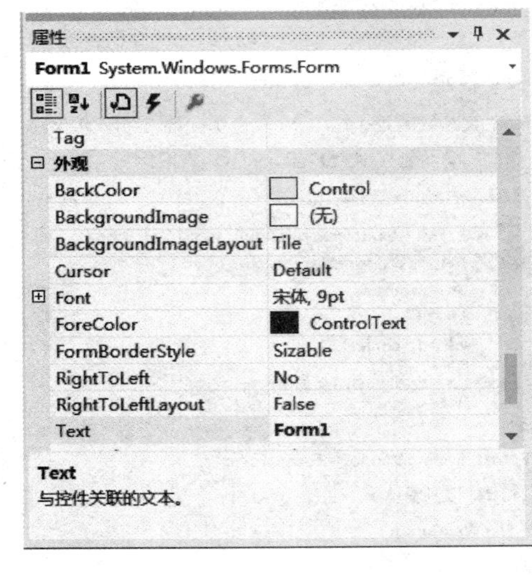

图 1-10　“属性”面板

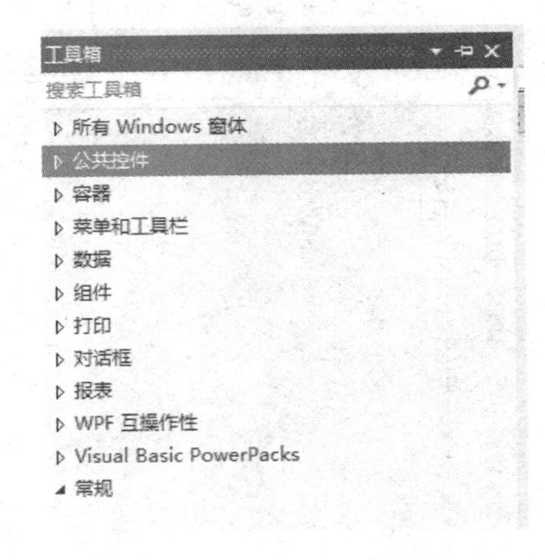

图 1-11　“工具箱”面板

3. Visual Studio 2012 的使用

使用 VS 创建执行 C#应用程序的过程如图 1-12 所示。

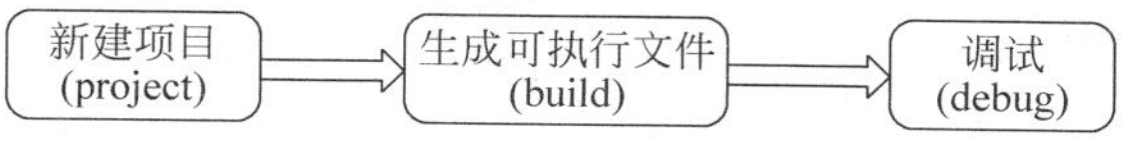

新建项目 (project) → 生成可执行文件 (build) → 调试 (debug)

图 1-12　创建 C#程序步骤

拓展与提高

(1) 如何理解 C#、CLR 和.NET 之间的关系?

(2) 什么是.NET 框架? 简述.NET 框架的结构。

(3) 简述.NET 应用程序的编译过程。

(4) 安装 VS 2012 开发环境,熟悉利用 VS 2012 开发应用程序的流程。

1.2　C#程序的结构与调试

任务描述:学生成绩管理系统 V0.8 主界面程序的调试

在开发过程中,程序调试是检查代码并验证其正常运行的有效方法。本任务通过学生成绩管理系统 V0.8 主界面程序的调试过程来说明如何使用 VS 2012 来调试应用程序,如图 1-13 所示。

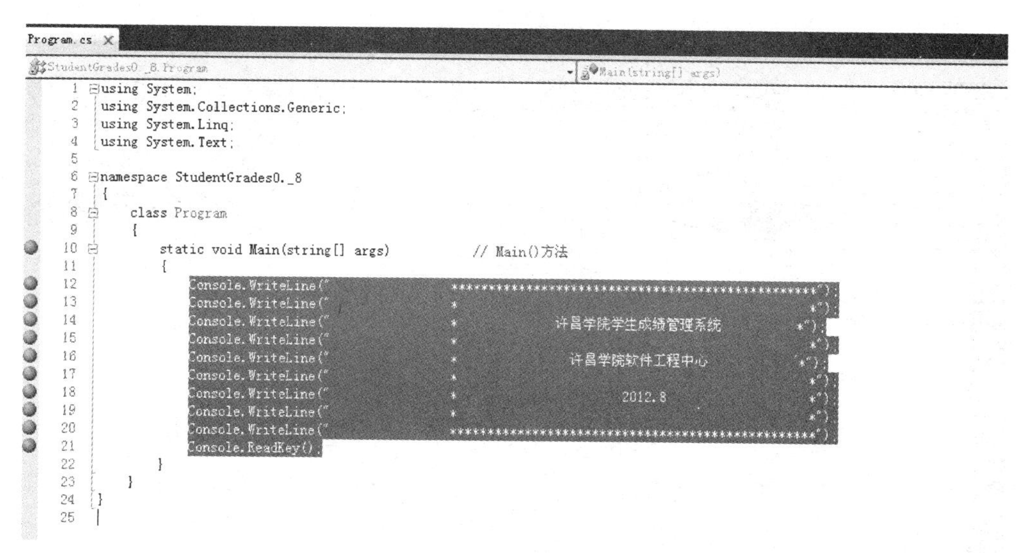

图 1-13　主界面程序调试

任务实现

(1) 执行"开始"→"程序"→Microsoft Visual Studio 2012→Microsoft Visual Studio 2012 命令,打开 Visual Studio 2012。

(2) 执行 Visual Studio 2012 菜单栏中的"文件"→"打开"→"项目/解决方案"命令,打开“打开项目”对话框，选择并打开 1.1 节建立的控制台程序。

(3) 右键单击所需代码行，以设置断点，如图 1-14 所示。

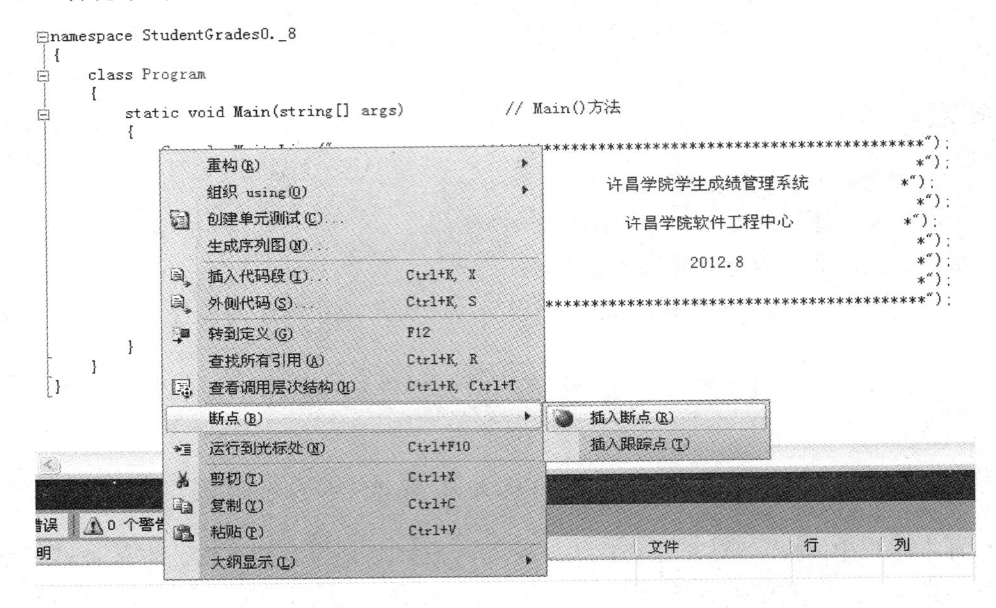

图 1-14 设置断点

(4) 选择“调试”→“启动调试”命令，如图 1-15 所示。

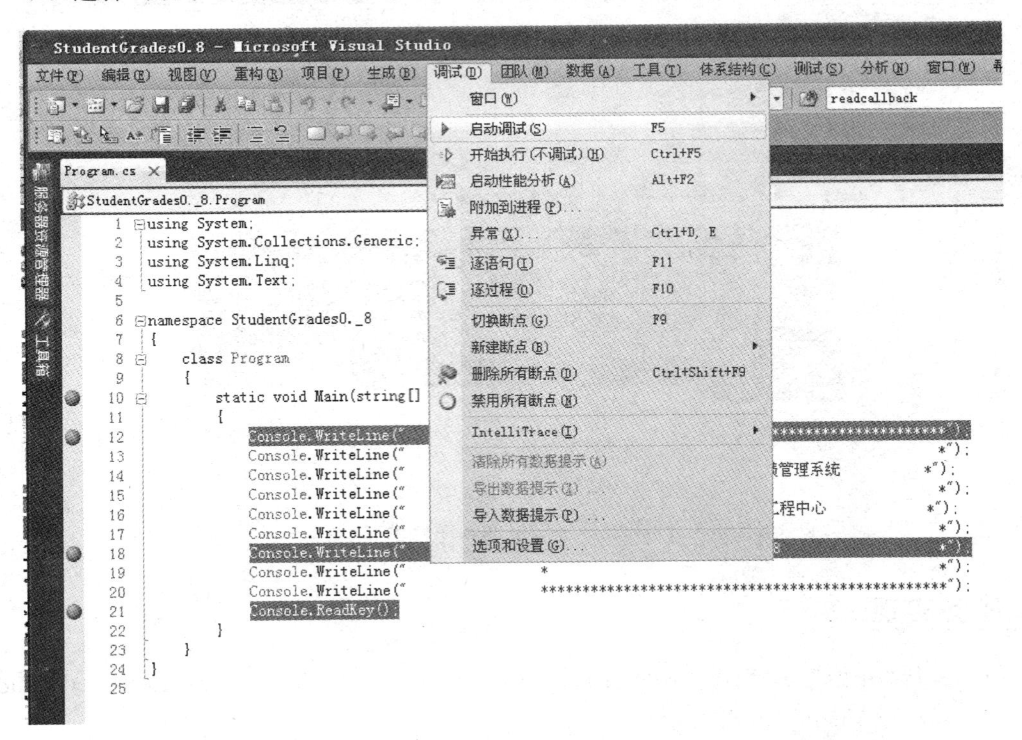

图 1-15 启动调试

相关知识点链接

1.2.1 C#程序文件夹结构

Visual Studio.NET 2012 文件夹包含项目文件和其他关联文件，如图 1-16 所示。其中，解决方案是项目的集合，一个解决方案里可以有多个项目。

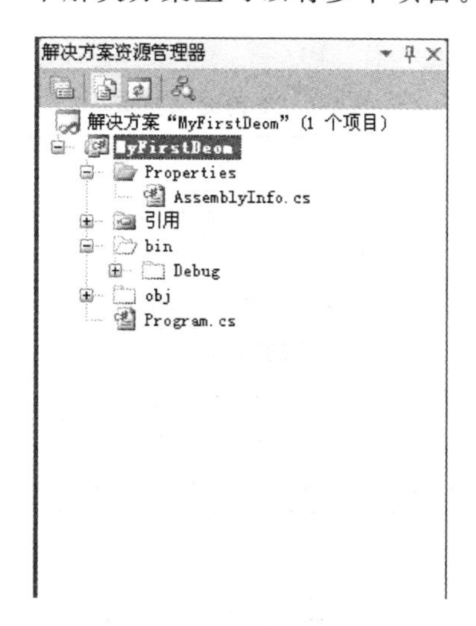

图 1-16 C#程序文件结构

在图 1-16 中，csproj 是工程文件，.sln 是解决方案文件，.cs 为类文件。Properties 下会生成一个 AssemblyInfo.cs 类文件，用于保存程序集的信息，如名称、版本等，一般不需要手动编写。Bin 目录用来保存项目生成后的程序集与可执行文件，这个文件夹是默认的输出路径。obj 目录是用来保存每个模块的编译结果。因为每次编译时默认都是采用增量编译，即只重新编译改变了的模块，obj 目录保存了每个模块的编译结果，以便加快编译速度。

1.2.2 C#程序的结构

【例 1.1】 一个简单的 C#程序。

```
//在屏幕上输出 Hello,World!
using System;
class Hello
{
  static void Main()
  {
    Console.WriteLine("Hello,World!");
  }
}
```

程序分析：//是注释行。程序开头的 using 指令，引用了 System 命名空间。程序中声明的 Hello 类只有一个成员，即名为 Main 的方法。程序输出是由 System 命名空间下 Console 类的 WriteLine 方法产生的。这个类是由.NET 框架类库提供的，默认情况下，类库被 Microsoft C#编译器自动引用。

1. 命名空间

命名空间是C#组织代码的方式,类似于 Java 语言中的 package(包)。为了方便管理项目中的代码,通常把紧密相关的一些代码放在同一个命名空间中。使用命名空间,还可以有效分割具有相同名称的相同代码。就好像你和我具有相同的书和笔,但是它们分别属于不同的命名空间——"你"和"我",就可以很容易区分出你的书和笔,我的书和笔。C#常用命名空间如表 1-1 所示。

表 1-1 常用命名空间

命名空间	说明
System. Drawing	处理图形和绘图,包括打印
System. Data	处理数据存取和管理,在定义 ADO. NET 技术中扮演重要角色
System. IO	管理对文件和流的同步和异步访问
System. Windows	处理基于窗体的窗口的创建
System. Reflection	包含从程序集读取元数据的类
System. Threading	包含用于多线程编程的类
System. Collections	包含定义各种对象集的接口和类

2. using 关键字

在C#中,用 using 关键字引入其他命名空间,它的作用和 Java 中的 import 类似。using 导入命名空间的用法:

```
using 命名空间名称
```

例如 using System; using System. Text;。当然,using 关键字还有其他用法,将在以后的学习中进一步讲解。

3. class 关键字

C#是一种面向对象的语言,和 Java 程序一样,使用 class 关键字表示类。每一个类必须包含在一个命名空间中,而所有编写的代码都必须放在相应的类中。VS 2012 自动生成了类名 Program。通常会根据这个类实现的功能命名,也可以根据自己的需要修改名称。类命名通常遵守 Pascal 命名法,即首字母大写,如 TeacherInfo、NewsInfo 等都属于有效规范的类名。

4. Main()方法

C#中的 Main()方法是程序调试和运行的入口点,程序运行时首先运行的是 Main()方法中的代码。

C#中的 Main()方法首字母必须大写,如果小写编译时就会产生错误消息,编译失败。C#中的 Main()方法有以下 4 种形式:

```
static void Main(string[ ] args){    }
static void Main(){      }
static int Main(){        }
static int Main(string[ ] args){      }
```

注意：Main()方法中的代码一定要写在大括号中，前面一定要加上 static 关键字。

5. 注释——给程序添加说明

在程序开发中，为了方便程序的维护和增强代码的可读性，帮助我们理解代码的实现目的与方式，这里有必要在代码中加入注释内容。注释的主要功能是对某行或某段代码进行说明，编译器在编译程序时不执行注释的代码或文字。

C#程序中的注释分为行注释和块注释两种，其中行注释使用“//”表示，块注释使用“/*…*/”表示，注释的内容放在中间。通常情况下，如果注释的行数较少，使用行注释。对于连续多行的大段注释，则使块注释。例如：

```
/*块注释的用法举例。由于以下内容不会执行，实际使用不能这样注释
  static void Main()                                    //程序入口 Main 方法
{
    Console.WriteLine("Hello,World!");                  //输出 Hello,World!
}
*/
```

6. 控制台输出

C#控制台输出有两种方法：Write()和 WriteLine()，它们都是命名空间 System 中 Console 类的方法，且都具有多达 18 种或以上的重载形式，能够直接输出 C#提供的所有基本数据类型。其中，Write()方法输出一个或多个值后不换行，即其后没有新行符；而 WriteLine()同样是输出一个或多个值，但输出完后换行，即其后有一个新行符。

为了控制输出内容或文本的输出格式，这两种方法提供了较丰富的格式控制方法。其中最常用的格式如下：

```
Console.Write("格式串",参数表);
Console.WriteLine("格式串",参数表);
```

示例：

```
Console.WriteLine ("Hello World!");
string course = "C#";
Console.WriteLine(course);
Console.WriteLine("我的课程名称是: " + course);
Console.WriteLine("我的课程名称是: {0}",course);
```

1.2.3 程序调试的概念

应用程序必须无错误、无故障、可靠、稳健。程序调试是在程序中查找和排除错误或故障的过程。在部署应用程序前必须先对其进行调试。

1. 错误的类型

(1) 语法错误：语法错误、缺少括号等，在编译时确定，易于确定。

(2) 逻辑错误：错误的算法导致错误结果、公式错误等，在执行过程中确定，难以调试。

(3) 运行时错误：内存泄漏、以零作除数、异常，在运行时确定，难以调试。

2. 程序的调试过程

(1) 调试器。通过调试器观察程序的运行时行为；跟踪变量的值；确定语义错误的位

置；查看寄存器的内存；查看内存空间等。

(2) 在代码中插入"断点"是最简单的一种调试，设置一个断点，以便在特定行处暂停执行该代码，如图 1-17 所示。选择"调试"→"启动调试"命令，或者直接按 F5 键。程序执行到断点处中断。单击"逐语句"按钮或按 F11 键，程序从断点处逐语句执行，黄色显示当前要执行的语句，如图 1-18 所示。通过选择"调试"→"继续"命令以便继续执行程序。

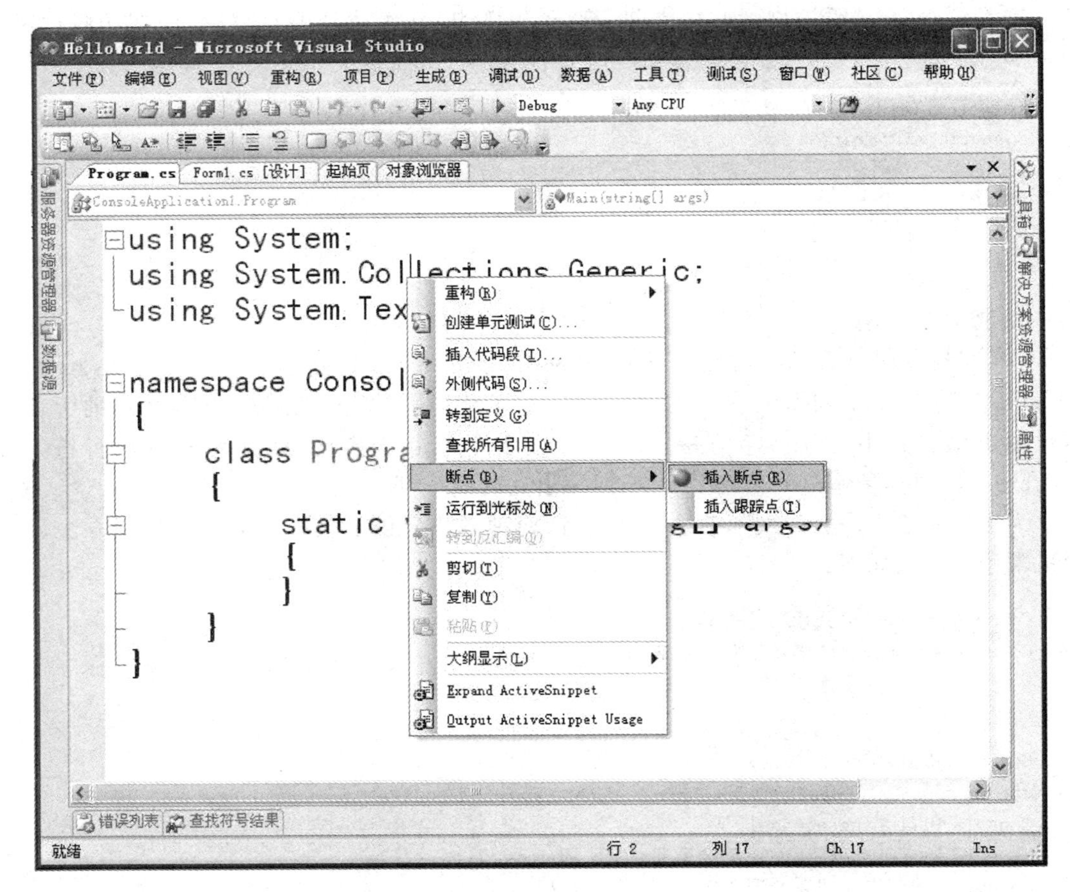

图 1-17　设置断点

(3) Visual Studio 项目对程序的发布和调试版本分别有单独的配置。.NET 集成开发环境有 Debug 模式和 Release 模式两种，如图 1-19 所示。

其中 Debug 模式下生成的程序集为调试版本，未经优化；在 bin/debug/目录中有两个文件，除了要生成的.exe 或.dll 文件外，还有个.pdb 文件，这个.pdb 文件中就记录了代码中的断点等调试信息。

Release 模式下不包含调试信息，并对代码进行了优化，/bin/release/目录下只有一个.exe 或.dll 文件。

在默认设置下，程序的"调试"配置用全部符号调试信息编译，不进行优化。

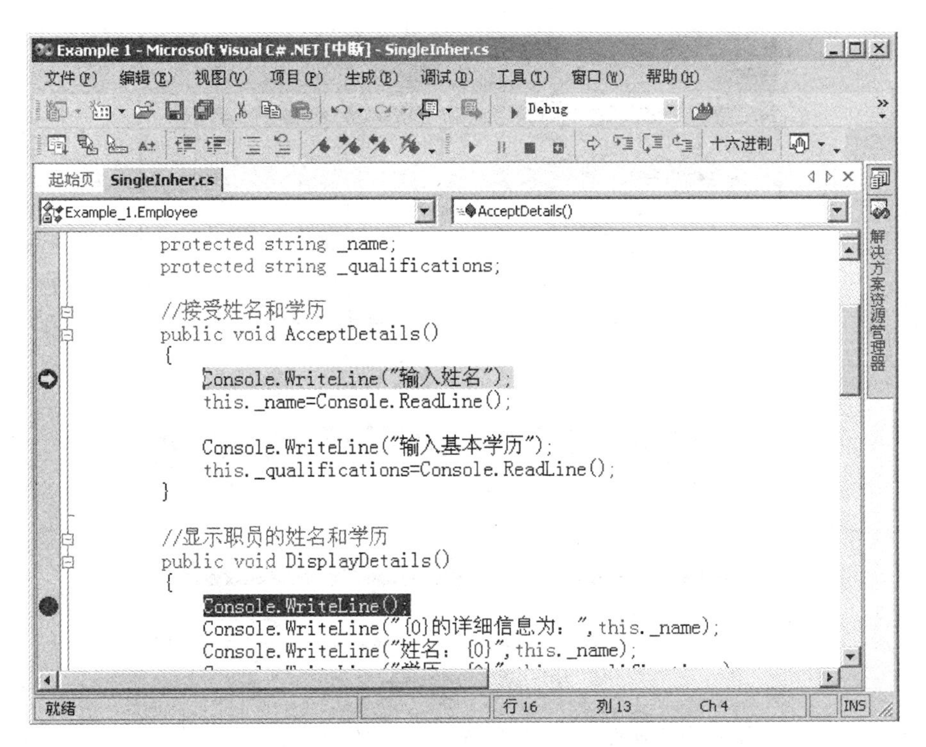

图 1-18　执行断点语句

图 1-19　调试环境

1.2.4　利用 VS 2012 调试 C#程序

1. 插入断点，启动调试

在需要中断的代码行设置断点，从“调试”菜单中选择“启动调试”(见图 1-17)命令，应用程序启动并一直运行到断点。可以在任何时刻中断执行，以检查值、修改变量或者检查程序状态。

2. 查看或修改变量

通过“局部变量”面板显示当前上下文的变量，如图 1-20 所示。若要在“局部变量”面板中查看或修改信息，调试器必须处于中断模式。如果选择了“继续”，程序执行时在“局部变量”面板中可能会出现一些信息，但这些信息直到下一次程序中断(换言之，它命中断点或是用户从“调试”菜单中选择“全部中断”命令)时才成为当前信息。

当程序暂停以后，通过“监视”面板可以显示当前执行位置的变量值情况，如图 1-21 所示。如果想要监视某个变量的值，可以在“监视”面板的“名称”栏中直接输入这个值，也可以把这个值从代码中选中，然后按住左键，直接拖放到“监视”面板中。

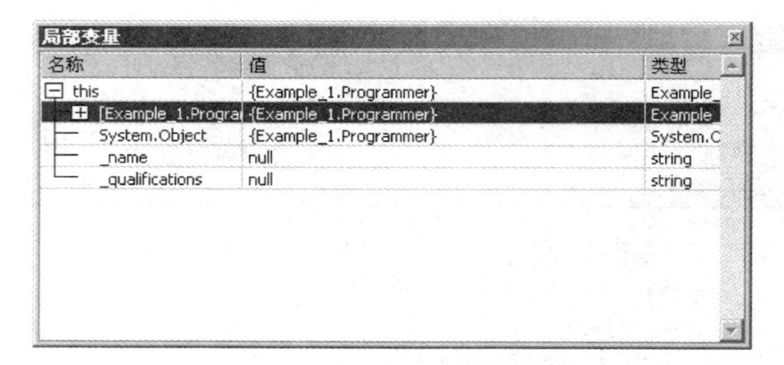

图 1-20 “局部变量”面板

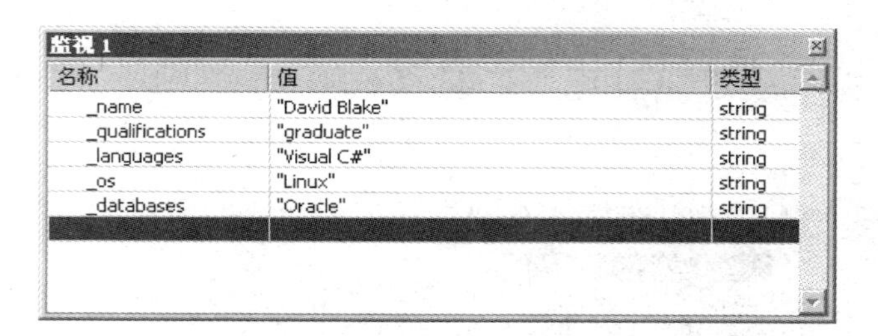

图 1-21 “监视”面板

通过“快速监视”窗口，快速查看变量或者表达式的值，也可以自定义表达式进行计算，如图 1-22 所示。

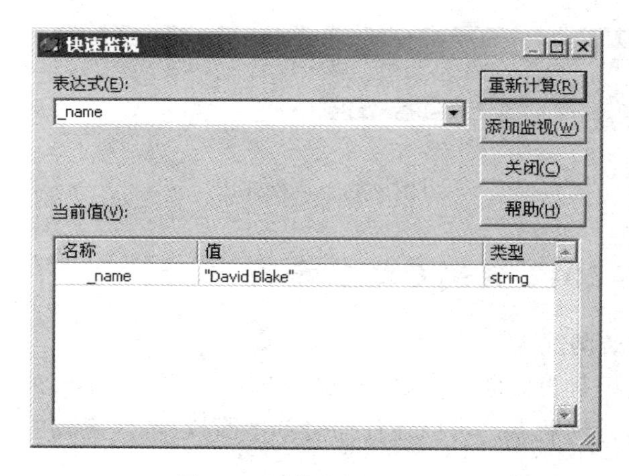

图 1-22 “快速监视”窗口

3. 停止执行

停止执行意味着终止正在调试的进程并结束调试会话。可以通过选择菜单“调试”中的“停止调试”命令来结束运行和调试。

拓展与提高

根据教学内容，使用 VS 2012 编写应用程序，并进行调试，掌握调试工具的使用。

1.3 总结与提高

(1) 通过.NET平台,可以创建和使用基于XML的应用程序、进程和Web站点以及服务。狭义理解.NET,可以包括两方面的内容:.NET Framework和Visual Studio.NET开发工具。

(2) C#是一种类型安全的、现代的、简单的,由C和C++衍生出来的面向对象的编程语言。

(3) Visual Studio是微软公司推出的集成开发环境,提供了一套完整的开发工具。VS 2012可以用来创建高性能的Windows应用程序、移动应用程序、网络应用程序、网络服务、智能设备应用程序和Office插件等。

(4) 命名空间是C#组织代码的方式,为了方便管理项目中的代码,通常把紧密相关的一些代码放在同一个命名空间中。在C#中,用using关键字引入其他命名空间。

(5) 利用VS 2012调试C#程序,通过"局部变量"窗口显示当前上下文的变量;通过"监视"窗口可以显示当前执行位置的变量值情况。

第2章 C#程序设计基础

本章通过学生信息管理系统成绩的输入、登录界面的实现，主要介绍C#语言中的常量和变量、基本数据类型、运算符以及流程控制语句的使用，包括条件语句、循环语句等，通过阅读本章内容，读者可以：

- 掌握变量和常量的概念和使用方法
- 掌握常用数据类型的使用方法
- 掌握各类运算符的使用方法
- 掌握选择结构的特点和使用方法
- 掌握循环结构的特点和使用方法

2.1 C#语言基础

任务描述：输入学生信息

本情景实现学生成绩管理系统V0.8的学生成绩的输入，包括学生的学号、姓名、三门课程的成绩，如图2-1所示。

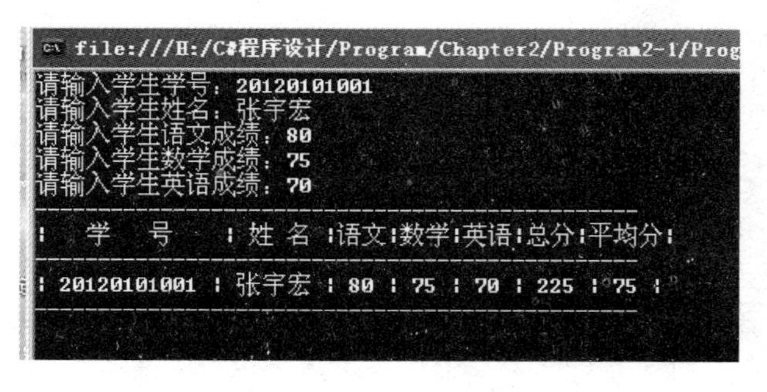

图2-1 学生成绩的输入

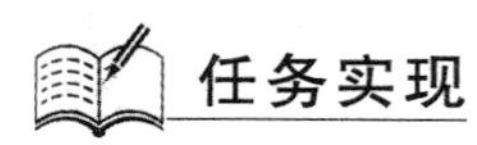

任务实现

(1) 执行“开始”→“程序”→Microsoft Visual Studio 2012→Microsoft Visual Studio 2012命令，打开Visual Studio 2012。

(2) 执行Visual Studio 2012工具栏中的“文件”→“新建”→“项目”命令，打开“新建项目”对话框。

(3) 在 Main()方法中输入如下代码：

```
static void Main(string[] args)
{
    string stuID;                                    //学生学号
    string name;                                     //学生姓名
    string chinese;                                  //语文
    string math;                                     //数学
    string english;                                  //英语
    int total;                                       //总分
    double average;                                  //平均成绩

    Console.Write("请输入学生学号：");
    stuID = Console.ReadLine();
    Console.Write("请输入学生姓名：");
    name = Console.ReadLine();
    Console.Write("请输入学生语文成绩：");
    chinese = Console.ReadLine();
    Console.Write("请输入学生数学成绩：");
    math= Console.ReadLine();
    Console.Write("请输入学生英语成绩：");
    english = Console.ReadLine();
    //计算学生总成绩
    total = Int32.Parse(chinese) + Int32.Parse(math) + Int32.Parse(english);
    average = total / 3.0;
    //输出学生成绩
    Console.WriteLine("---------------------------------------------------");
    Console.WriteLine("|   学   号    | 姓 名 |语文|数学|英语|总分|平均分|");
    Console.WriteLine("---------------------------------------------------");
    Console.WriteLine ("| {0} | {1} | {2} | {3} | {4} | {5} | {6} |",stuID,name,chinese,math,
                english,total,average);
    Console.WriteLine("---------------------------------------------------");
    Console.ReadKey();
}
```

相关知识点链接

C＃中的数据类型包括两大类，分别是值类型和引用类型。对于值类型的变量，其中存放变量的真实值，对引用类型来说，其中存放的是值的引用。值类型主要分为整型、字符型、浮点型等，而引用类型主要包括类、数组、字符串等。

2.1.1 常量与变量

计算机使用内存来存储数据。在计算机中存储数据和客人住旅馆很类似。人们住旅馆一般要做以下事情：首先开房间（单人间、双人间、总统套间），然后入住。房间就是计算机的内存，而客人就是数据。

1. 变量

变量是用于存储特定数据类型的值，在程序执行过程中其值可以变化。变量中存储的

值取决于该变量的类型。C#中的变量必须先声明,后使用,其语法声明格式为:

```
访问修饰符    数据类型    变量名
```

其中,访问修饰符包括public,private,protected三种。数据类型可以是int、float、string等。

变量的命名规则如下。

(1) 必须以字母、下划线或数字组成,但不要以数字开头。

(2) 不能使用关键字作为变量名。

注意:

(1) 在C#中,大小写是敏感的。

(2) 同一个变量名不允许重复定义(先这么认为,不严谨)。

另外,在定义变量时,变量名要有意义。

【例2.1】 变量的声明和使用。

```
static void Main(string[] args)
{
    //声明布尔型、字符串型、整型、短整型和浮点型变量
    bool t = false;
    short n1 = 30;
    int n2 = 1200;
    string str = "jeny";
    float n3 = 23.1f;

    //显示变量值
    Console.WriteLine ("布尔值   = " + t);
    Console.WriteLine ("短整型值   = " + n1);
    Console.WriteLine ("整型值   = " + n2);
    Console.WriteLine ("字符串值   = " + str);
    Console.WriteLine ("浮点值   = " + n3);
}
```

2. 常量

常量用于在整个程序中将数据保持同一个值不变,C#使用const关键字声明常量,声明常量时必须初始化。其语法格式为:

```
const 数据类型 常量名 = 常量值;
```

【例2.2】 常量的声明和使用。

```
static void Main(string[] args)
{
    //PI 常量 PI
    const float _pi = 3.1415169F;
    //由地球引力引起的加速度常量,单位为 cm/s*s
    const float _gravity = 980;
    //钟摆的长度
    int length = 60;
    //钟摆的周期
    double period = 0;
```

```
    //钟摆周期的计算公式
    period = 2 * _pi * Math.Sqrt(length / _gravity);
    Console.WriteLine ("钟摆的周期为 {0} 秒",period);
}
```

2.1.2 基本数据类型

在编写程序时，不论是常量还是变量，都需要使用到数据类型。C#中数据类型分为值类型和引用类型两种。其中，C#的基本数据类型如表2-1所示。

表 2-1 C#的基本数据类型

C#数据类型	大 小	默认值	示 例
int	有符号的32位整数	0	int rating=20;
float	32位浮点数，精确到小数点后7位	0.0F	float temperature=40.6F;
byte	无符号的8位整数	0	byte gpa=2;
short	有符号的16位整数	0	short salary=3400;
long	有符号的64位整数	0L	long population=23451900;
bool	布尔值，true或false	False	bool IsManager=true;
string	Unicode字符串	-	string color="orange"
Char	单个Unicode字符	'\0'	char gender='M';

1. 值类型

表示实际数据，只是将值存放在内存中，值类型都存储在堆栈中，如int、char、结构。下面主要介绍结构类型和枚举类型。

1）结构类型

结构类型(struct)可以包含数据成员和函数成员，其语法格式为：

```
struct 结构名 {
  public 数据类型 域名;
 ⋮
  public void 方法名 {
//方法的实现
  }
};
```

结构的定义：

```
struct Point {
   public Double x,y,z;
}
```

结构类型的使用：

```
Point p;
p.x = 100;
p.y = 200;
p.z = 300;
```

又如

```
struct student
{
public int stud_id;
public string stud_name;
public float stud_marks;

public void show_details()
    {
    //显示学生详细信息
    }

}
```

所有与 Student 关联的详细信息都可以作为一个整体进行存储和访问。

2）枚举类型

枚举类型(Enumerations)是一组已命名的数值常量。C#中的枚举包含与值关联的数字。默认情况下，将 0 赋给第一个元素，然后对每个后续的枚举元素按 1 递增。在初始化过程中可重写默认值。例如：

```
public enum WeekDays  {
Monday,
Tuesday,
Wednesday = 20,
Thursday,
Friday = 5
}
```

在这里，Monday 默认值为 0，Tuesday 值为 1，而 Wednesday 值重新赋值为 20，Thursday 值则递增为 21，Friday 值为 5。

2. 引用类型

引用类型表示指向数据的指针或引用，引用类型变量又称为对象，必须使用 new 来创建引用类型变量。引用类型被赋值前的值都是 null，表示未引用任何对象。引用类型主要包括如类、接口、数组、字符串。

【例 2.3】 值类型的用法。

```
static void Main(string[] args)
{
//声明一个值类型的整型数据类型
int value = 130;
Console.WriteLine("该变量的初始值为 {0}",value);
Test(value);                //将 value 的初始值传递给 Test()方法
//由于该数据类型属于值类型,所以将恢复其初始值
Console.WriteLine("该变量的值此时为 {0}",value);
}
static void Test(int byVal)
{
int t = 20;
byVal = t * 30;             //被传递的 value 在 Test() 方法内被改变
}
```

【例 2.4】 引用类型的用法。

```
static void Main(string[] args)
{
DataType objTest = new DataType ();
objTest.Value = 130;
//传递属于引用类型的对象
Test(objTest);            //将 DataTypeTest 的引用传递给 Test()
//由于该数据类型属于引用类型,所以会考虑新处理的值
Console.WriteLine("变量的值为  {0}",objTest.Value);
}
static void Test(DataType data)
{
int t = 20;
data.Val = temp * 30;   //被传递的 value 在 Test()中改变
}
```

3. 数据类型转换

类型转换在程序中是最常见的情形之一,在 C# 中类型转换可分为自动类型转换和强制类型转换、不同类型之间的相互转换三类。当将小类型变量赋值为大类型变量时将发生自动类型转换;当将大类型变量赋值给小类型变量时必须使用强制类型转换;如果是不同类型之间的相互转换则需要用到一些方法来辅助完成。下面将详细介绍三种形式。

(1) 自动类型转换:数据转换的过程是自动进行的,不需要程序进行任何额外的工作,但是必须保证转换后不会导致数据精度的损失,否则不允许。例如:

```
//基本数据类型之间的自动类型转换
int i = 10;
double d = i;              //发生自动转换
//引用数据类型之间的自动类型转换
class Person { }
class Student: Person { }
Student stu = new Student();
Person person = stu;       //发生自动转换
```

(2) 强制类型转换:告诉 C# 的编译器必须按照程序的要求进行这种类型转换,即使发生数据精度的损失也在所不惜。例如:

```
double d = 10;
int i = (int) d;              //发生强制转换,此处会丢失数据精度

//引用数据类型之间的自动类型转换
 class Person { }
class Student: Person { }              //Student 继承了 Person 类
Person person = new Student();         //父类引用指向子类对象
Student stu = (Student)person;         //发生强制转换
//对于引用类型的强制转换还可以用 as 关键字来实现,如:
Student stu = person as Student;       //发生强制转换
```

(3) 不同类型与 string 之间的相互转换

在 C# 中可以使用基本数据类型的 Parse 方法来实现字符转换为基本数据类型的操

作，转换格式为：xx.Parse()，例如：

```
int i = int.Parse("10");
double d = double.Parse("10.5");
   bool b = bool.Parse("true");
```

说明：很多初学者一直认为基本数据类型就像Java一样，其实C#的所有基本数据类型都是结构(struct)类型，在C#中结构是允许有方法的，所有基本数据类型都有Parse方法。

另外，C#的Convert类提供了很多更丰富的类型转换的方法，如：

```
int i = Convert.ToInt32("10");
bool b = Convert.ToBoolean("true");
DateTime time = Convert.ToDateTime("2000-2-2");
```

相反的，如果将原始值转换成string类型，统一用ToString()方法即可，例如：

```
int i = 10;
double d = 10.5;
bool b = false;
string si = i.ToString();
string sd = d.ToString();
string sb = b.ToString();
```

注意：

(1) 不能在数值类型和bool值之间进行转换。

(2) 不允许转换的结果超出数据类型的表示范围。

2.1.3 装箱与拆箱

装箱是将值类型转换为引用类型，拆箱是将引用类型转换为值类型。利用装箱和拆箱功能，可通过允许值类型的任何值与Object类型的值相互转换，将值类型与引用类型链接起来。

装箱操作：

```
int value = 130;
object o = value;
Console.WriteLine ("对象的值 = {0}",o);
```

拆箱操作：

```
int value = 130;
object o = value;
int number = (int) o;
Console.WriteLine ("num: {0}",number);
```

注意：被装过箱的对象才能被拆箱。

2.1.4 运算符与表达式

运算符是用来实现数值或表达式的运算规则的符号。运算符操作的数值称为运算数，运算数和运算符组成的整体称为表达式。根据运算类型，运算符分为算术运算符、赋值运算符、关系运算符等。

1. 算术运算符

算术运算符是最常用的一类运算符，如表 2-2 所示。

表 2-2 算术运算符

类别	运算符	说　明	表 达 式
算术运算符	+	执行加法运算(如果两个操作数是字符串，则该运算符用作字符串连接运算符，将一个字符串添加到另一个字符串的末尾)	操作数 1＋操作数 2
	－	执行减法运算	操作数 1－操作数 2
	*	执行乘法运算	操作数 1 * 操作数 2
	/	执行除法运算	操作数 1/操作数 2
	%	获得进行除法运算后的余数	操作数 1%操作数 2
	＋＋	将操作数加 1	操作数＋＋或＋＋操作数
	－－	将操作数减 1	操作数－－或－－操作数
	～	将一个数按位取反	～操作数

数值的算术运算比较简单。需要注意的是，算术运算结果如果超出变量类型的范围，就会出现溢出现象。以一元运算符（＋＋/－－）的使用为例：

```
Variable  ++;
```

相当于

```
Variable = Variable + 1;
Variable -- ;
```

相当于

```
Variable = Variable - 1;
```

＋＋和－－又分为前置和后置自加/自减运算符，如表 2-3 所示。

表 2-3 前置和后置＋＋/－－运算符

表达式	类型	计算方法	结果(假定 num1 的值为 10)
num2＝＋＋num1；	前置自加	num1＝num1＋1； num2＝num1；	num2＝11； num1＝11；
num2＝num1＋＋；	后置自加	num2＝num1； num1＝num1＋1；	num2＝10； num1＝11；
num2＝－－num1；	前置自减	num1＝num1－1； num2＝num1；	num2＝9； num1＝9；
num2＝num1－－；	后置自减	num2＝num1； num1＝num1－1；	num2＝10； num1＝9；

在实际运算中，往往有多个运算符参与运算，这时要把握一个问题：优先级与结合性问题。在 C# 中，优先级和结合性如表 2-4 所示。

表 2-4 优先级和结合性

优先级	说明	运算符	结合性
1	括号	()	从左到右
2	自加/自减运算符	++/--	从右到左
3	乘法运算符 除法运算符 取模运算符	* / %	从左到右
4	加法运算符 减法运算符	+ -	从左到右
5	小于 小于等于 大于 大于等于	< <= > >=	从左到右
6	等于 不等于	= !=	从左到右 从左到右
7	逻辑与	&&	从左到右
8	逻辑或	||	从左到右
9	赋值运算符	= += *= /= %= -=	从右到左

例如：

```
int i = 0;
bool result = true;
result = (++i) + i == 2?true:false;
result =?
```

答案是 true。

【例 2.5】 算术运算符的使用。

```
static void Main(string[] args)
{
    //x1 的系数
    int col = 3;
    //x2 的系数
    int co2 = -5;
    //二次方程的常数值
    int constant = 8;
    //存放表达式 b2 - 4ac 的值
    double exp = 0;
    double x1 = 0;
    double x2 = 0;
    Console.WriteLine("二次方程为：  {0}x2 + {1}x + {2}",col,co2,constant);
    exp = Math.Sqrt(co2 * co2 - (4 * col * constant));
    x1 = ((-co2) + exp) / (2 * col);
    x2 = ((-co2) - exp) / (2 * col);
    Console.Write("x = {0:F2} ",x1);
```

```
        Console.Write(" 或 ");
        Console.WriteLine("x = {0:F2}",x2);
    }
```

2. 关系运算符

关系运算符也称为比较运算符,如表 2-5 所示。运算结果是布尔值,即结果要么为真,要么为假。

表 2-5 关系运算符

类别	运算符	说明	表达式
比较运算符	>	检查一个数是否大于另一个数	操作数 1>操作数 2
	<	检查一个数是否小于另一个数	操作数 1<操作数 2
	>=	检查一个数是否大于或等于另一个数	操作数 1>=操作数 2
	<=	检查一个数是否小于或等于另一个数	操作数 1<=操作数 2
	==	检查两个值是否相等	操作数 1==操作数 2
	!=	检查两个值是否不相等	操作数 1! =操作数 2

3. 三元运算符

三元运算符也称为条件运算符,只有唯一一个,如表 2-6 所示。

表 2-6 三元运算符

类别	运算符	说明	表达式
三元运算符(条件运算符)	?:	检查给出的表达式是否为真。如果为真,则计算操作数 1,否则计算操作数 2。这是唯一带有三个操作数的运算符	表达式?操作数 1:操作数 2

例如:

```
int a = 10;
Console.WriteLine(a > 0 ? "正数" : "负数");
```

4. 赋值运算符

赋值运算符用于把右操作数赋给左操作数,如表 2-7 所示。

最基本的赋值运算符=的使用规则为:

```
变量 = 表达式;
```

例如:

```
height = 177.5;
weight = 78;
sex = "m";
```

除了基本赋值运算符外,=和算术运算符等还可以组合成复合运算符。

表 2-7 赋值运算符

运算符	计算方法	表达式	求值	结果(设 X=10)
+=	运算结果=操作数 1+操作数 2	X+=2	X=X+2	12
-=	运算结果=操作数 1-操作数 2	X-=2	X=X-2	8
*=	运算结果=操作数 1*操作数 2	X*=2	X=X*2	20
/=	运算结果=操作数 1/操作数 2	X/=2	X=X/2	5
%=	运算结果=操作数 1%操作数 2	X%=2	X=X%2	0

拓展与提高

查阅 Internet 资源和有关书籍,了解和掌握常量和变量以及运算符的使用,完善学生成绩管理系统程序的开发。

2.2 选择结构

任务描述:学生成绩管理系统 V0.8 登录界面实现

为了保证系统安全,进入系统之前首先要进行验证。本情景实现学生成绩管理系统 V0.8 的登录验证,如图 2-2 所示。

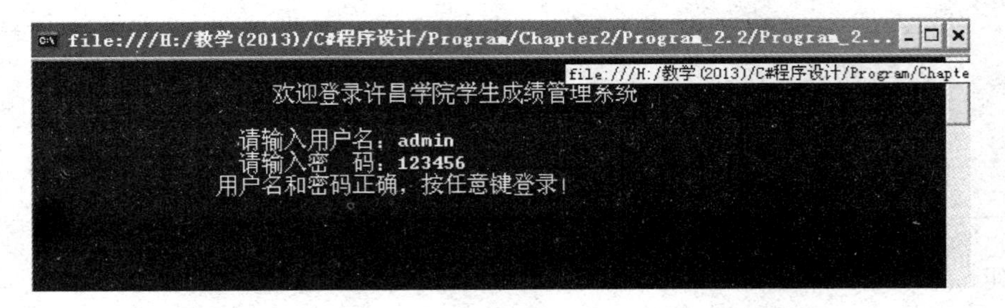

图 2-2 登录验证

任务实现

(1) 执行"开始"→"程序"→Microsoft Visual Studio 2012→Microsoft Visual Studio 2012 命令,打开 Visual Studio 2012。

(2) 执行 Visual Studio 2012 菜单栏中的"文件"→"新建"→"项目/解决方案"命令,打开"新建项目"对话框。

(3) 修改 Program.cs 文件,添加如下代码:

```
static void Main(string[] args)
    {
        string username;                    //用户名
        string passwd;                      //密码
        //提示输入用户名和密码
```

```
        Console.WriteLine("\n" + "欢迎登录许昌学院学生成绩管理系统" + "\n");
        Console.Write("请输入用户名：");
        username = Console.ReadLine();
        Console.Write("请输入密码：");
        passwd   = Console.ReadLine();
        //判断用户名和密码是否正确
        if (username == "admin" && passwd == "123456")
        {
            Console.WriteLine("用户名和密码正确,按任意键登录!");
        }
        else
        {
            Console.WriteLine("用户名或和密码错误,请核对信息!");
        }

        Console.ReadKey();
    }
```

相关知识点链接

一个简单的程序,可以按照顺序从第一行逐行执行到最后一行。但是一个合理程序的执行顺序要根据不同的情景有所不同。这种机制称为程序控制。常见的程序控制有两种:选择结构,循环结构。

介绍选择结构之前先看一个生活中的例子。

小明:明天都干什么呀?

小红:如果明天下雨,就去教室上自习。

小丽:如果明天下雨,就去图书馆看书,不下雨的话就去爬山。

其中三人的对话关系可以用图 2-3 表示,这就是选择结构。选择结构用于根据表达式的值执行不同的语句,常见的选择语句有 if 和 switch。

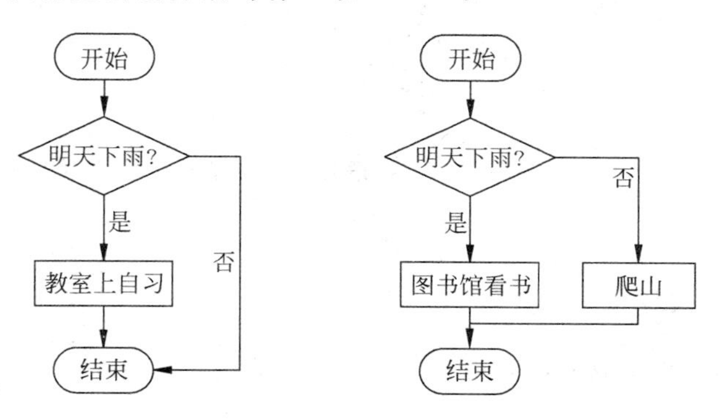

图 2-3　选择语句演示

2.2.1　if 语句

用 if 语句实现单分支选择结构,其基本语法格式为

```
if(条件)
  语句;
```

其执行过程如图 2-4 所示。

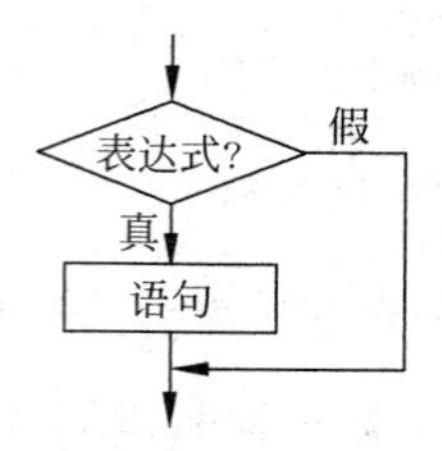

图 2-4　if 语句执行流程图

例如：

```
if (weather == "阴天")
{
    Console.WriteLine("去教室上自习。");
}
```

2.2.2　if-else 语句

用 if-else 语句可以实现双分支选择结构，其基本语法如下：

```
if(条件)
    {语句 1;}
else
    {语句 2;}
```

其执行过程如图 2-5 所示。

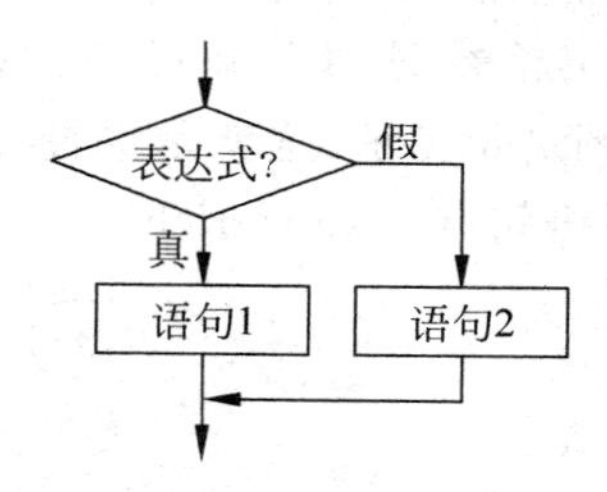

图 2-5　if-else 语句执行流程图

例如：

```
if (weather == "阴天")
{
  Console.WriteLine("去教室上自习。");
}
else
{
  Console.WriteLine("去爬山。");
}
```

【练习】

编程实现对学员的结业考试成绩评测(考虑用 if 好还是用 if-else 好)。其中：

成绩≥90：A

90＞成绩≥80：B

80＞成绩≥70：C

70＞成绩≥60：D

成绩＜60：E

当程序的条件判断不止一个时，可能需要嵌套式的 if-else 语句，也就是在 if 或 else 语句中的程序块中加入另一段 if 语句或者 if-else 语句，也就是多分支选择结构，其基本语法如图 2-6 所示。

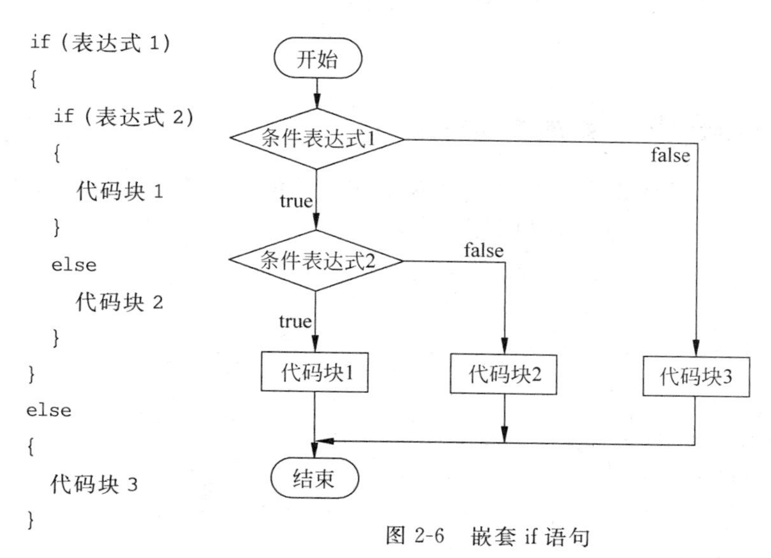

图 2-6　嵌套 if 语句

选择结构的嵌套只要在一个分支内嵌套，不出现交叉，满足结构规则，其嵌套的形式将有很多种。对于多层 if 嵌套结构，要特别注意 if 与 else 的配对关系，一个 else 必须与一个 if 配合。

【例 2.6】　利用 if 嵌套语句判断输入字符类型。

```
static void Main(string[ ] args)
{
Console.WriteLine("输入字符按下回车键：");
//从键盘接收字符
char c = (char)Console.Read();
//判断输入是否为字母
if (Char.IsLetter(c))
{   //判断输入是否为大写字母
if (Char.IsUpper(c))
{
Console.WriteLine("大写字母");
}
else
{
Console.WriteLine("小写字母");
}
}
```

```
else
{
Console.WriteLine("输入字符不是字母");
if (char.IsNumber(c))
{
Console.WriteLine("输入的是数字");
}
if (char.IsPunctuation(c))
{ Console.WriteLine("输入字符为标点符号"); }
}
}
```

2.2.3 switch 多分支选择语句

switch 语句是多分支选择语句，它根据表达式的值来使程序从多个分支中选择一个用于执行的分支，其基本语法格式如下：

```
switch (表达式)
{
    case 常量表达式 1:
    <语句块 1> …
    break;
    case 常量表达式 2:
        <语句块 2> …
    break;
    …
    case 常量表达式 n:
        <语句块 n>
        break;
    default:
        <语句块 n+1>
        break;
}
```

switch 语句的执行流程如图 2-7 所示。

在使用 switch 语句时需要注意以下问题：

(1) 每个 case 后面的常量表达式的值必须是与 switch 后面的表达式的数据类型相同的一个常量，不能是变量。

(2) 同一个 switch 语句中的两个或多个 case 标签中指定同一个常数值，会导致编译出错。

(3) 一个 switch 语句中最多只能有一个 default 标签，default 标签可位于 switch 结构中的任意位置。虽然 default 标签不是必选的，但使用 default 标签是一个良好的编程习惯。

(4) 在 switch 语句中，表达式的类型必须是 int、char、string 和枚举类型中的一种。

【例 2.7】 根据输入的数字选项判断星期几。

```
int choice = 1;                    //表示选项
string str = "";                   //表示星期几
switch(choice){
```

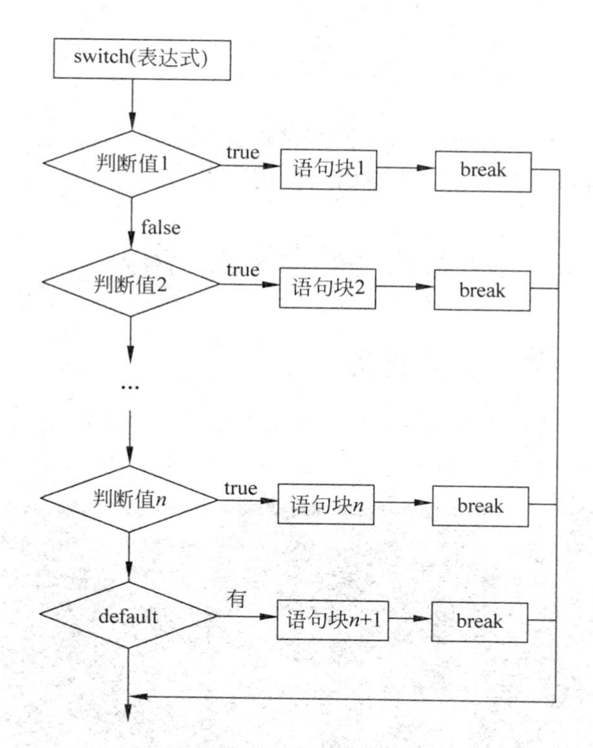

图 2-7　switch 语句的执行流程

```
    case 1:
        str = "星期一";
        break;
    case 2:
        str = "星期二";
        break;
    case 3:
        str = "星期三";
        break;
    case 4:
        str = "星期四";
        break;
    case 5:
        str = "星期五";
        break;
    case 6:
        str = "星期六";
        break;
    case 7:
        str = "星期日";
        break;
    default:
        str = "输入错误";
        break;
}
```

拓展与提高

(1) 编写一个程序，根据用户输入的分数，来输出其分数是优秀、良好、及格或者不及格。

(2) 查找相关资料，理解C#中跳转语句的用法。

2.3 循环结构

任务描述：输入班级学生信息

本情景完成学生成绩管理系统V0.8中的某个班级学生成绩的输入，包括学生的学号、姓名、三门课程的成绩，如图2-8所示。

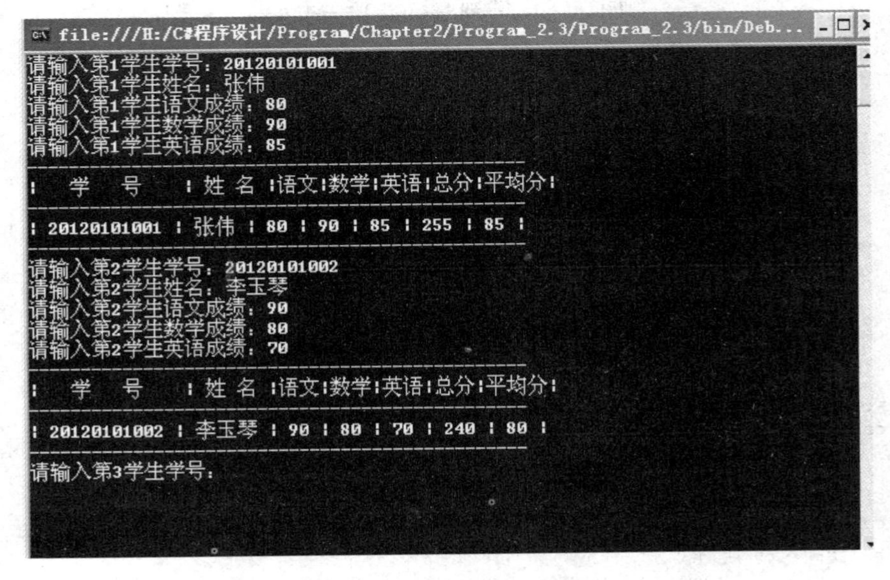

图2-8 循环输入学生成绩

任务实现

(1) 执行“开始”→“程序”→Microsoft Visual Studio 2012→Microsoft Visual Studio 2012命令，打开Visual Studio 2012。

(2) 执行Visual Studio 2012工具栏中的“文件”→“新建”→“项目”命令，打开“新建项目”对话框，新建控制台项目。

(3) 修改Program.cs文件，添加如下代码：

```
static void Main(string[] args)
    {
        string stuID;                       //学生学号
        string name;                        //学生姓名
        string chinese;                     //语文
```

```
        string math;                    //数学
        string english;                 //英语
        int total;                      //总分
        double average;                 //平均成绩
        int i = 0;                      //循环变量

        for (i = 1; i <= 30; i++)
        {
            Console.Write("请输入第{0}学生学号: ",i);
            stuID = Console.ReadLine();
            Console.Write("请输入第{0}学生姓名: ",i);
            name = Console.ReadLine();
            Console.Write("请输入第{0}学生语文成绩: ",i);
            chinese = Console.ReadLine();
            Console.Write("请输入第{0}学生数学成绩: ",i);
            math = Console.ReadLine();
            Console.Write("请输入第{0}学生英语成绩: ",i);
            english = Console.ReadLine();
            //计算学生总成绩
            total = Int32.Parse(chinese) + Int32.Parse(math) + Int32.Parse(english);
            average = total / 3.0;
            //输出学生成绩
            Console.WriteLine("----------------------------------------");
            Console.WriteLine("|   学   号   | 姓 名 |语文|数学|英语|总分|平均分|");
            Console.WriteLine("----------------------------------------");
            Console.WriteLine("|  {0}  | {1} | {2} | {3} | {4} | {5} | {6} |",stuID,name,
chinese,math,english,total,average);
            Console.WriteLine("----------------------------------------");
        }
            Console.ReadKey();
    }
```

相关知识点链接

循环结构用于对一组命令执行一定的次数或反复执行一组命令，直到指定的条件为真。C#常用的循环结构的类型分为while循环、do循环、for循环和foreach循环。

2.3.1 while循环

while循环用来反复执行指定的语句，直到指定的条件为真。其语法格式为：

```
while (条件)
{
    //语句
}
```

使用break语句可用于退出循环，执行后续语句；使用continue语句停止循环体的执行，重新回到while条件表达式判断，开始下一次循环。

2.3.2 do-while 循环

do-while 循环与 while 循环类似，二者的区别在于 do-while 循环中即使条件为假时也至少执行一次该循环体中的语句。其语法格式为：

```
do
{
    //语句
} while (条件);
```

例：

```
int i = 1;
do
{
    Console.WriteLine("欢迎来到本系统!!");
    i--;
} while (i > 0);
```

同样使用 break 语句结束循环，使用 continue 语句停止循环体的执行，开始下一次迭代但不退出循环。

2.3.3 for 循环

for 循环要求只有在对特定条件进行判断后才允许执行循环。这种循环用于将某个语句或语句块重复执行预定次数的情形。其语法格式为：

```
for (初始值; 条件; 变量增/减)
{
    //语句
}
```

例：利用 for 循环实现 1～100 求和。

```
//计算 1～100 的和
/* int i = 1;
int sum = 0;
for (; i <= 100;)
{
    sum = sum + i;
    i++;
}
Console.WriteLine("1～100 的和是{0}",sum);
```

2.3.4 foreach 循环

foreach 循环用于遍历访问整个集合或数组，但不应用于修改其中内容。其语法格式为：

```
foreach (数据类型  元素(变量) in 集合或者数组)
```

```
{
    //语句
}
```

变量类型一定要与集合类型相同。例如,如果遍历一个字符串数组中的每一个值,那么该变量类型就应该是 string 类型。

【例 2.8】 利用 foreach 循环实现统计字符串中字母、数字和标点符号的个数。

```
static void Main(string[] args)
{
    //存放字母的个数
    int Letters = 0;
    //存放数字的个数
    int Digits = 0;
    //存放标点符号的个数
    int Punctuations = 0;
    //用户提供的输入
    string instr;
    Console.WriteLine("请输入一个字符串 ");
    instr = Console.ReadLine();
    //声明 foreach 循环以遍历输入的字符串中的每个字符。
    foreach(char ch in instr)
    {
        //检查字母
        if(char.IsLetter(ch))
        Letters++;
        //检查数字
        if(char.IsDigit(ch))
        Digits++;
        //检查标点符号
        if(char.IsPunctuation(ch))
        Punctuations++;
    }
    Console.WriteLine("字母个数为: {0}",Letters);
    Console.WriteLine("数字个数为: {0}",Digits);
    Console.WriteLine("标点符号个数为: {0}",Punctuations);
}
```

2.3.5 多重循环

前面介绍的 4 种循环,每种循环都有一个循环体。在循环体中,还可以再有循环语句。这种循环中再嵌套循环的现象叫作多重循环。多重循环中,二重循环用得最多。

【例 2.9】 利用多重循环实现九九乘法表。

```
static void Main(string[] args)
    {
        string strTemp;
        int i;
        int j;
        //外层循环
```

```
        for (i = 1; i <= 9; i++)
        {   //内层循环
            for (j = 1; j <= i; j++)
            {
                strTemp = string.Format("{0} * {1} = {2} ",j,i,i * j);
                Console.Write(strTemp);
            }
            Console.WriteLine();
        }
        Console.ReadKey();
    }//外层循环
```

运行结果如图 2-9 所示。

```
file:///C:/Documents and Settings/USER/桌面/C#程序设计/Progra...
1*1=1
1*2=2 2*2=4
1*3=3 2*3=6 3*3=9
1*4=4 2*4=8 3*4=12 4*4=16
1*5=5 2*5=10 3*5=15 4*5=20 5*5=25
1*6=6 2*6=12 3*6=18 4*6=24 5*6=30 6*6=36
1*7=7 2*7=14 3*7=21 4*7=28 5*7=35 6*7=42 7*7=49
1*8=8 2*8=16 3*8=24 4*8=32 5*8=40 6*8=48 7*8=56 8*8=64
1*9=9 2*9=18 3*9=27 4*9=36 5*9=45 6*9=54 7*9=63 8*9=72 9*9=81
```

图 2-9　运行结果

注意：在 C# 程序中，用户可以使用跳转语句 break 和 continue 来终止循环。break 语句跳出循环体，执行循环语句的下一个语句。如果嵌套多个语句的话，break 只能跳出直接包含它的语句。continue 语句用于终止本次循环，直接开始一次新的循环，即 continue 将忽略它后面的代码而直接开始一次新的循环。

拓展与提高

根据教学内容，查找相关资料，理解 C# 循环语句的用法，并完成以下问题。

(1) 编写一个程序，输出 20 个[10,100]之间的随机整数，每行输出 5 个，并输出其中能被 3 整除的数。

(2) 设计一个程序，输出所有的水仙花数。所谓水仙花数是一个三位数，其各位数字的立方和等于该数本身。

2.4　总结与提高

(1) C# 中的变量必须先声明，后使用。C# 使用 const 关键字声明常量，声明常量时必须初始化。标识符大小写是敏感的。

(2) C# 中数据类型分为值类型和引用类型两种。值类型表示实际数据，只是将值存放在内存中，引用类型表示指向数据的指针或引用，引用类型变量又称为对象，必须使用 new 来创建引用类型变量。

(3) 装箱是将值类型转换为引用类型，拆箱是将引用类型转换为值类型。

(4) C# 中常见的选择语句有 if 和 switch。if 语句是最常用的条件选择语句，它的常用形式有 if、if-else 等。switch 语句是多路选择语句，它是根据某个值来使程序从多个分支中选择一个用于执行。

(5) 常用的循环结构的类型分为 while 循环、do-while 循环、for 循环和 foreach 循环。在重复次数不确定的情况下，通常使用 while 和 do-while 循环。foreach 循环用于列举一个集合的元素，并对该集合中的每个元素执行一次相关的操作。

第3章 数组与字符串

本章通过学生信息管理系统登录界面，多个学生成绩的输入，以及对学生成绩信息的输出、查询和编辑等功能的实现，主要介绍C#语言中的数组和字符串等知识，通过阅读本章内容，读者可以：

- 理解如何声明数组，初始化数组，以及使用数组中的元素
- 掌握字符类Char的声明使用
- 掌握字符串String类的声明和使用
- 掌握常见的字符串操作方法
- 理解String类和StringBuilder类的区别

3.1 一维数组

任务描述：学生成绩管理系统V0.8的完善

本情景完善学生成绩管理系统V0.8的学生成绩的输入，实现了多个学生成绩的输入和保存，如图3-1所示。

```
file:///H:/C#程序设计/Program/Chapter3/Program_3.1/Program_3.1/bin/Deb...
输入第1个学生姓名：张江维
输入第1个学生语文成绩：90
输入第1个学生数学成绩：95
输入第1个学生英语成绩：85
输入第2个学生学号：20120101002
输入第2个学生姓名：李伟
输入第2个学生语文成绩：80
输入第2个学生数学成绩：70
输入第2个学生英语成绩：85
输入第3个学生学号：20120101003
输入第3个学生姓名：汪国真
输入第3个学生语文成绩：90
输入第3个学生数学成绩：85
输入第3个学生英语成绩：90
--------------------------------------------
| 学   号   | 姓名 |语文|数学|英语|总分|平均|
--------------------------------------------
|20120101001|张江维| 90 | 95 | 85 | 270 | 90 |
--------------------------------------------
|20120101002|李伟| 80 | 70 | 85 | 235 | 78.3333333333333 |
--------------------------------------------
|20120101003|汪国真| 90 | 85 | 90 | 265 | 88.3333333333333 |
--------------------------------------------
```

图3-1 利用数组实现成绩的输入和保存

任务实现

(1) 执行“开始”→“程序”→Microsoft Visual Studio 2012→Microsoft Visual Studio 2012 命令，打开 Visual Studio 2012。

(2) 执行 Visual Studio 2012 工具栏中的“文件”→“新建”→“项目”命令，打开“新建项目”对话框。

(3) 在 Main()方法中输入如下代码：

```
static void Main(string[] args)
{
    const int NUM = 3;                                   //学生人数
    int i;
    //声明数组
    string[] stuID = new string[NUM];                    //学生学号
    string[] name = new string[NUM];                     //学生姓名
    string[] chinese = new string[NUM];                  //语文
    string[] math = new string[NUM];                     //数学
    string[] english = new string[NUM];                  //英语
    int[] total = new int[NUM];                          //总分
    double[] average = new double[NUM];                  //平均成绩
    //输入学生信息
    for (i = 0; i < NUM; i++)
    {
        Console.Write("输入第{0}个学生学号: ",i + 1);
        stuID[i] = Console.ReadLine();
        Console.Write("输入第{0}个学生姓名: ",i + 1);
        name[i] = Console.ReadLine();
        Console.Write("输入第{0}个学生语文成绩: ",i + 1);
        chinese[i] = Console.ReadLine();
        Console.Write("输入第{0}个学生数学成绩: ",i + 1);
        math[i] = Console.ReadLine();
        Console.Write("输入第{0}个学生英语成绩: ",i + 1);
        english[i] = Console.ReadLine();
        //计算学生总成绩
        total[i] = Convert.ToInt32(chinese[i]) + Convert.ToInt32(math[i]) + Convert.
ToInt32(english[i]);
        average[i] = total[i] / 3.0;
    }
    //输出学生成绩
    Console.WriteLine("-------------------------------------------");
    Console.WriteLine("|  学    号  |姓名|语文|数学|英语|总分|平均|");
    for (i = 0; i < NUM; i++)
    {
        Console.WriteLine("-------------------------------------------");
        Console.WriteLine("|{0}|{1}| {2} | {3} | {4} | {5} | {6} |",stuID[i],name[i],chinese
[i],math[i],english[i],total[i],average[i]);
    }
    Console.WriteLine("-------------------------------------------");
    Console.ReadKey();
}
```

相关知识点链接

3.1.1 数组的概念

为方便数据的处理,C#提供了一种有序的、能够存储多个相同类型变量的集合,这种集合就是数组。数组是同一数据类型的一组值,它属于引用类型,因此存储在堆内存中。数组元素初始化或给数组元素赋值都可以在声明数组时或在程序的后面阶段中进行。

3.1.2 一维数组的定义

一维数组是具有相同数据类型的一组数据的线性集合,定义一维数组的语法格式如下:

```
数组类型[] 数组名;
```

例如,以下定义了三个一维数组,即整型数组 a、双精度数组 b 和字符串数组 c。

```
int[] a;
double[] b;
string[] c;
```

在定义数组后,必须对其进行初始化才能使用。初始化数组有两种方法:动态初始化和静态初始化。

3.1.3 一维数组初始化

动态初始化需要借助 new 运算符,为数组元素分配内存空间,并为数组元素赋初值,其中数值类型值初始化为 0,布尔类型值初始化为 false,字符串类型值初始化为 null。

动态初始化数组的格式如下:

```
数组类型[]  数组名 = new  数据类型[n]{元素值 0,元素值 1,…,元素值 n-1};
```

其中,“数组类型”是数组中数据元素的数据类型,n 为“数组长度”,可以是整型常量或变量,后面一层大括号里为初始值部分。

1. 不给定初始值的情况

如果不给出初始值部分,各元素取默认值。例如:

```
int[] a = new int[10];
```

该数组在内存中各数组元素均取默认值 0。

2. 给定初始值的情况

如果给出初始值部分,各元素取相应的初值,而且给出的初值个数与“数组长度”相等。此时可以省略“数组长度”,因为后面的大括号中已列出了数组中的全部元素。例如:

```
int[] a = new int[10]{1,2,3,4,5,6,7,8,9,10};
```

或

```
int[] a = new int[]{1,2,3,4,5,6,7,8,9,10};
```

在这种情况下，不允许“数组长度”为变量，例如：

```
int n = 5;                                    //定义变量 n
int[] myarr = new int[n] {1,2,3,4,5};         //错误
```

如果给出“数组长度”，则初始值的个数应与“数组长度”相等，否则出错。例如：

```
int[] mya = new int[2] {1,2};                 //正确
int[] mya = new int[2] {1,2,3};               //错误
int[] mya = new int[2] {1};                   //错误
```

静态初始化数组时，必须与数组定义结合在一起，否则会出错。静态初始化数组的格式如下：

```
数据类型[]  数组名 = {元素值 0,元素值 1, …,元素值 n-1};
```

用这种方法对数组进行初始化时，无须说明数组元素的个数，只需按顺序列出数组中的全部元素即可，系统会自动计算并分配数组所需的内存空间。

例如，以下是对整型数组 myarr 的静态初始化：

```
int[] myarr = {1,2,3,4,5};
```

在这种情况下，不能将数组定义和静态初始化分开，例如，以下代码是错误的：

```
int[] myarr;
myarr = {1,2,3,4,5};                          //错误的数组的静态初始化
```

3.1.4 访问一维数组元素

对数组进行声明之后，就可以利用数组 Array 类的 Length 属性获取数组元素个数，使用 for 语句或 foreach 语句访问一维数组中的某个元素，格式为：

```
数组名[下标或索引]
```

所有元素下标从 0 开始，到数组长度减 1 为止。例如，以下语句输出数组 myarr 的所有元素值，例如：

```
for (i = 0;i < 5;i++)
    Console.Write("{0} ",a[i]);
Console.WriteLine();
```

C＃还提供 foreach 语句。该语句提供一种简单、明了的方法来循环访问数组的元素。例如：以下代码定义一个名称为 mya 的数组，并用 foreach 语句循环访问该数组。

```
int[] mya = {1,2,3,4,5,6};
foreach (int i in mya)
    System.Console.Write("{0} ",i);
Console.WriteLine();
```

输出为：1 2 3 4 5 6。

【例 3.1】 一维数组的声明和使用。

```
static void Main(string[] args)
```

```
{
    int count;
    Console.WriteLine("请输入准备登机的乘客人数 ");
    count = int.Parse(Console.ReadLine());
    //声明一个存放姓名的字符串数组,其长度等于乘客人数
    string[] names = new string[count];
    //用一个 for 循环来接受姓名
    for(int i = 0; i < count; i++)
    {
        Console.WriteLine("请输入第 {0} 个乘客的姓名 ",i + 1);
        names[i] = Console.ReadLine();
    }

    Console.WriteLine("已登机的乘客有: ");
    //用 foreach 循环显示姓名
    foreach(string disp in names)
    {
        Console.WriteLine("{0}",disp);
    }
}
```

若有如下语句定义并初始化数组 ca:

```
int[] ca = new int[10]{1,2,3,4,5,6,7,8,7,9,10};
```

数组 ca 的合法下标为 0～9,如果程序中使用 ca[10]或 ca[50],则超过了数组规定的下标,因此越界了。C#系统会提示以下出错信息。

未处理的异常: Syatem. IndexOutOfRangeException:索引超出了数组界限。

拓展与提高

根据教学内容,查找相关资料,完善学生成绩管理系统程序的开发。

3.2 二维数组

任务描述:学生成绩管理系统 V0.8 的优化

本情景进一步完善学生成绩管理系统 V0.8 的学生成绩的输入,实现了多个学生成绩的输入和保存,如图 3-2 所示。

任务实现

(1) 执行“开始”→“程序”→Microsoft Visual Studio 2012→Microsoft Visual Studio 2012 命令,打开 Visual Studio 2012。

(2) 执行 Visual Studio 2012 工具栏中的“文件”→“新建”→“项目”命令,打开“新建项目”对话框。

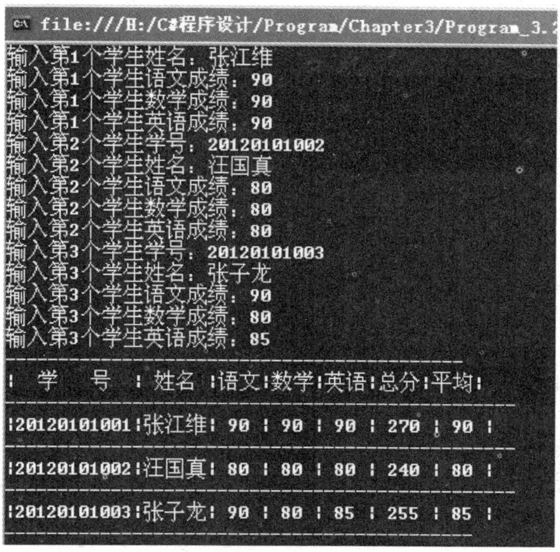

```
file:///H:/C#程序设计/Program/Chapter3/Program_3.
输入第1个学生姓名：张江维
输入第1个学生语文成绩：90
输入第1个学生数学成绩：90
输入第1个学生英语成绩：90
输入第2个学生学号：20120101002
输入第2个学生姓名：汪国真
输入第2个学生语文成绩：80
输入第2个学生数学成绩：80
输入第2个学生英语成绩：80
输入第3个学生学号：20120101003
输入第3个学生姓名：张子龙
输入第3个学生语文成绩：90
输入第3个学生数学成绩：80
输入第3个学生英语成绩：85
----------------------------------------
|  学    号   | 姓名 |语文|数学|英语|总分|平均|
----------------------------------------
|20120101001|张江维| 90 | 90 | 90 | 270 | 90 |
----------------------------------------
|20120101002|汪国真| 80 | 80 | 80 | 240 | 80 |
----------------------------------------
|20120101003|张子龙| 90 | 80 | 85 | 255 | 85 |
----------------------------------------
```

图 3-2　利用二维数组输入学生成绩

（3）在类 class Program 中输入如下代码：

```
const int NUM = 3;

    ///< summary >
    ///输入学生成绩
    ///</summary >
    static void InputStudentInformation(string[,] student)
    {
        Console.Clear();
        for (int i = 0; i < NUM; i++)
        {
          Console.Write("请输入第{0}个学生的学号：",i+1);
          student[i,0] = Console.ReadLine();
          Console.Write("请输入第{0}个学生的姓名：",i+1);
          student[i,1] = Console.ReadLine();
          Console.Write("请输入第{0}个学生的语文成绩：",i + 1);
          student[i,2] = Console.ReadLine();
          Console.Write("请输入第{0}个学生的数学成绩：",i + 1);
          student[i,3] = Console.ReadLine();
          Console.Write("请输入第{0}个学生的英语成绩：",i + 1);
          student[i,4] = Console.ReadLine();
          int temp = Convert.ToInt32(student[i,2]) + Convert.ToInt32(student[i,3]) +
Convert.ToInt32(student[i,4]);

          student[i,5] = Convert.ToString (temp);
          student[i,6] = string.Format("{0:00}",temp/3.0);
        }
    }
    ///< summary >
    ///输出学生成绩
    ///</summary >
```

```
    ///<param name = "student"></param>
    static void OutputStudent(string[,] student)
    {
        Console.Clear();
        Console.WriteLine("              学生成绩单");
        Console.WriteLine("-------------------------------------------------------");
        Console.WriteLine("| 学号 | 姓名 | 语文 | 数学 | 英语 | 总分 |平均分|");
        Console.WriteLine("-------------------------------------------------------");
        for (int i = 0; i < NUM; i++)
        {
            string temp = string.Format("|{0, - 6}|{1, - 6}|{2, - 6}|{3, - 6}|{4, - 6}|{5,
- 6}|{6, - 6}|",student[i,0],student[i,1 ],student[i,2],student[i,3],student[i,4],student
[i,5],student[i,6]);
            Console.WriteLine(temp);
            Console.WriteLine("-------------------------------------------------------");
        }
    }
  static void Main(string[] args)
    {
     string[,] student = new string[NUM,7];
     InputStudentInformation(student);
     OutputStudent(student);
     Console.ReadKey();
  }
```

相关知识点链接

3.2.1 二维数组的定义

在程序设计中，通常使用二维数组来存储二维表中的数据。定义二维数组的语法格式如下：

```
数组类型[,] 数组名;
```

其中，“数据类型”为C#中合法的数据类型，“数组名”为C#中合法的标识符。

例如，以下语句定义了三个二维数组，即整型数组x、双精度数组y和字符串数组z：

```
int[,] x;
double[,] y;
string[,] z;
```

对于多维数组，可以做类似的推广，例如，以下语句定义了一个整型三维数组p：

```
int[,,] p;
```

3.2.2 二维数组初始化

动态初始化二维数组的格式如下：

```
数据类型[,] 数组名 = new 数据类型[m,n]{
```

```
{元素值 0,0,元素值 0,1, … ,元素值 0,n-1},
{元素值 1,0,元素值 1,1, … ,元素值 1,n-1},
    ⋮
{元素值 m-1,0,元素值 m-1,1, … ,元素值 m-1,n-1}};
```

其中,“数据类型”是数组中数据元素的数据类型,m、n 分别为行数和列数,即各维的长度,可以是整型常量或变量。

1. 不给定初始值的情况

如果不给出初始值部分,各元素取默认值。例如:

```
int[,] x = new int[2,3];
```

该数组各元素均取默认值 0。

2. 给定初始值的情况

如果给出初始值部分,各元素取相应的初值,而且给出的初值个数与对应的“数组长度”相等。此时可以省略“数组长度”,因为后面的大括号中已列出了数组中的全部元素。例如:

```
int[,] x = new int[2,3]{{1,2,3},{4,5,6}};
```

或

```
int[,] x = new int[,]{{1,2,3},{4,5,6}};
```

静态初始化数组时,必须与数组定义结合在一起,否则会出错。静态初始化数组的格式如下:

```
数据类型[,]  数组名 = {{元素值 0,0,元素值 0,1, … ,元素值 0,n-1},
                      {元素值 1,0,元素值 1,1, … ,元素值 1,n-1},
                          ⋮
                      {元素值 m-1,0,元素值 m-1,1, … ,元素值 m-1,n-1}};
```

例如,以下语句是对整型数组 myarr 的静态初始化:

```
int[,] myarr = {{1,2,3},{4,5,6}};
```

3.2.3 访问二维数组元素

为了访问二维数组中的某个元素,需指定数组名称和数组中该元素的行下标和列下标。例如,以下语句输出数组 myarr 的所有元素值。

```
for (i = 0;i < 2;i++)
  for (j = 0;j < 3;j++)
    Console.Write("{0} ",myarr[i,j]);
Console.WriteLine();
```

对于多维数组,也可以使用 foreach 语句来循环访问每一个元素,例如:

```
int[,] myb = new int[3,2] { {1,2},{3,4},{5,6}};
foreach (int i in myb)
      Console.Write("{0} ",i);
Console.WriteLine();
```

其输出为：1 2 3 4 5 6。

拓展与提高

根据教学内容，查找相关资料，完善学生成绩管理系统程序的开发。

3.3 字符串处理

任务描述：学生成绩管理系统 V0.8 的实现

本情景实现学生成绩管理系统 V0.8 的功能，如图 3-3 所示。

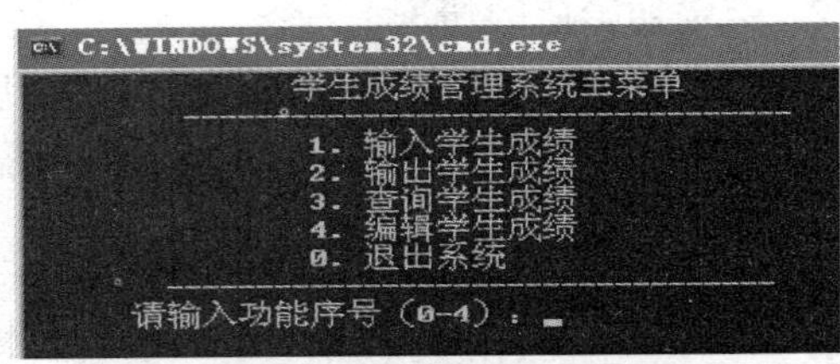

图 3-3 利用字符串实现学生成绩管理系统

任务实现

(1) 执行“开始”→“程序”→Microsoft Visual Studio 2012→Microsoft Visual Studio 2012 命令，打开 Visual Studio 2012。

(2) 执行 Visual Studio 2012 工具栏中的“文件”→“新建”→“项目”命令，打开“新建项目”对话框。

(3) 修改 Program.cs 文件，添加如下代码：

```
string[,] student = new string[3,7];
static void Main(string[] args)
{

    string choice;
    string username;
    string passwd;
    Program program = new Program();
    Console.Write("请输入用户名：");
```

```
        username = Convert.ToString(Console.ReadLine());
        Console.Write("请输入密码: ");
        passwd = Convert.ToString(Console.ReadLine());
        if (!((username.Equals("xcu123")) && (passwd.Equals("123456"))))
        {
            Console.WriteLine("用户名或密码错误,按任意键退出!");
            Console.Read();
            return;
        }
        while (true)
        {
            Console.Clear();
            program.Menu();
            Console.Write("        请输入功能序号(0-4): ");
            choice = Console.ReadLine();
            switch (choice.Trim())
            {
                case "0":
                    return;
                    break;
                case "1":
                    program.InputStudent();
                    break;
                case "2":
                    program.OutputStudent();
                    break;
                case "3":
                    string sid = string.Empty;
                    Console.Write("请输入学生学号: ");
                    sid = Console.ReadLine();
                    program.SearchStudent(sid);
                    break;
                case "4":
                    string id = string.Empty;
                    Console.Write("请输入学生学号: ");
                    id = Console.ReadLine();
                    program.ModifyStudent(id);
                    break;
                default:
                    Console.WriteLine("输入错误,请重新输入!");
                    break;
            }
        }
    }
    ///<summary>
    ///菜单显示
    ///</summary>
    public void Menu()
    {
        Console.WriteLine("                 学生成绩管理系统主菜单");
        Console.WriteLine("        -----------------------------------");
```

```
        Console.WriteLine("                    1. 输入学生成绩");
        Console.WriteLine("                    2. 输出学生成绩");
        Console.WriteLine("                    3. 查询学生成绩");
        Console.WriteLine("                    4. 编辑学生成绩");
        Console.WriteLine("                    0. 退出系统");
        Console.WriteLine("          ----------------------------------");
    }
    ///<summary>
    ///学生信息输入
    ///</summary>
    public void InputStudent()
    {
        int i;
        int j;
        int temp;
        string strstudent = string.Empty;
        string[] strinfo;
        //输入学生信息
        for (i = 0; i < 3; i++)
        {
            Console.Write("输入第{0}个学生学号、姓名、语文、数学和英语成绩(以顿号分割):",i + 1);
            strstudent = Console.ReadLine();
            strinfo = strstudent.Split('、');
            for (j = 0; j < strinfo.Length; j++)
            {
                student[i,j] = strinfo[j];
            }
            //计算学生总成绩
            temp = (Convert.ToInt32(student[i,2]) + Convert.ToInt32(student[i,3]) + Convert.
ToInt32(student[i,4]));
            student[i,5] = Convert.ToString(temp);
            student[i,6] = Convert.ToString(temp / 3);
        }
    }
    ///<summary>
    ///输出学生信息
    ///</summary>
    public void OutputStudent()
    {
        int i;
        string strtmp;
        //输出学生成绩
        Console.WriteLine("                    学生信息表      ");
        Console.WriteLine("--------------------------------------------");
        Console.WriteLine("|   学    号   | 姓名 |语文|数学|英语|总分|平均|");
        for (i = 0; i < 3; i++)
        {
            Console.WriteLine("--------------------------------------------");
            strtmp = string.Format("|{0, - 11}|{1, - 8}|{2, - 4}|{3, - 4}|{4, - 4}|{5, - 4}|{6, - 4} |",
student[i,0],student[i,1],student[i,2],student[i,3],student[i,4],student[i,5],student[i,
6]);
```

```
            Console.WriteLine(strtmp);
        }
        Console.WriteLine("-------------------------------------------------");
        Console.Read();
    }
    ///< summary >
    ///查找学生
    ///</summary >
    ///< param name = "sid"></param >
    public void SearchStudent(string sid)
    {
        int i;
        int j;
        int row = 0;
        bool flag = false;

        for (i = 0; i < 3; i++)
        {
            for (j = 0; j < 7; j++)
            {
                if (student[i,j].Equals(sid))
                {
                    row = i;
                    flag = true;
                    break;
                }
            }

            if (flag == true)
                break;
        }

        if (flag == true)
        {
        string  strtmp = string.Format("|{0, - 11}|{1, - 8}|{2, - 4}|{3, - 4}|{4, - 4}|{5, - 4}|
{6, - 4} |",student[row, 0],student[row, 1],student[row, 2],student[row, 3],student[row, 4],
student[row,5],student[row,6]);
        //输出学生成绩
        Console.WriteLine("                    学生信息表    ");
        Console.WriteLine("-------------------------------------------------");
        Console.WriteLine("|   学    号   | 姓名 |语文|数学|英语|总分|平均|");
        Console.WriteLine("-------------------------------------------------");
        Console.WriteLine(strtmp);
        Console.WriteLine("-------------------------------------------------");
        }
        else
        {
            Console.WriteLine("没有指定的学生!");
        }
        Console.ReadLine();
```

```
        }
        ///<summary>
        ///修改学生信息
        ///</summary>
        ///<param name="id"></param>
        public void ModifyStudent(string id)
        {
            int i;
            int j;
            bool flag = false;
            int index = 0;
            for (i = 0; i < 3; i++)
            {
                for (j = 0; j < 7; j++)
                {
                    if (student[i,j].Equals(id))
                    {
                        index = i;
                        flag = true;
                        break;
                    }
                }
                if (flag == true)
                    break;
            }
            if (flag == true)
            {
                Console.Clear();
                Console.Write("请输入第{0}个学生的信息(用,分割)",index + 1);
                string temp = Console.ReadLine();
                string[] tmp = temp.Split(',');
                for (j = 0; j < tmp.Length; j++)
                {
                    student[index,j] = tmp[j];
                }
                int sum = 0;
                for (int k = 2; k < 5; k++)
                {
                    sum = sum + Convert.ToInt32(student[index,k]);
                }
                student[index,5] = Convert.ToString(sum);
                student[index,6] = Convert.ToString(sum / 3.0);
                string strtmp = string.Format("|{0,-11}|{1,-8}|{2,-4}|{3,-4}|{4,-4}|{5,-4}|
{6,-4} |",student[index,0],student[index,1],student[index,2],student[index,3],student
[index,4],student[index,5],student[index,6]);
                //输出学生成绩
                Console.WriteLine("                学生信息表    ");
                Console.WriteLine("--------------------------------------------------");
                Console.WriteLine("|   学    号   | 姓名 |语文|数学|英语|总分|平均|");
                Console.WriteLine("--------------------------------------------------");
                Console.WriteLine(strtmp);
```

```
        Console.WriteLine(" ------------------------------------------------");
    }
    else
    {
        Console.Clear();
        Console.WriteLine(" 查无此人!");
    }
    Console.ReadLine();
}
```

相关知识点链接

3.3.1 C#中的字符

字符包括数字字符、英文字母、表达符号等，C#提供的字符类型按照国际上公认的标准，采用 Unicode 字符集。一个 Unicode 的标准字符长度为 16 位，用它可以来表示世界上大多数语言。可以按以下方法给一个字符变量赋值，例如：

```
char c = 'A';
```

另外，还可以直接通过十进制转义符（前缀\x）或 Unicode 表示法给字符型变量赋值（前缀\u），如下面对字符型变量的赋值写法都是正确的：

```
char c = '\x0032'; //
char c = '\u0032'; //
```

问题提出：

一个 char 类型的变量，如何判断其中包含的字符类型是字母、阿拉伯数字、标点符号、控制符号、分隔符、特殊符号、空格还是替代符（例如值大于 64K 的 Unicode 字符集）？同样，一个 string 类型的变量，如何判断其中某一个字符或某几个字符的类型？

解决方案：

要得到字符的类型，可以使用 System.Char 命名空间中的内置静态方法，具体如表 3-1 所示。

表 3-1　Char 类常用方法

char 方法	描　述
IsControl	是否属于在范围\U007F,\U0000～\U001F 和\U0080～\U009F 的控制字符代码
IsDigit	是否属于在 Unicode 字符集中任意 0～9 的十进制数
IsLetter	是否属于字母类别
IsNumber	是否属于十进制数或十六进制数，包含上标文字和下标文字
IsPunctuation	是否属于标点符号
IsSeparator	是否属于分隔字符、分隔线或段落分隔符
IsSurrogate	是否属于在范围\UD800～\UDFFF 之间的代理项字符
IsSymbol	是否属于任意的自述、货币或其他符号类别或其他修饰符
IsWhitespace	是否属于以下空白类型字符：\U0009,\U000A,\U000B,\U000C,\U000D,\U0085,\U2028,\U2029

3.3.2 C#中的字符串

C#语言中，string类型是引用类型，其表示零或更多个Unicode字符组成的序列。string是.NET Framework中String的别名，因此，String与string等效。其定义方法如下：

```
string s1 = "";                              //这是一个空字符串
string s2 = "hello,everyone!";               //非空字符串
```

可以使用"+"把两个字符串连接起来。例如：string s3="中国"+" 北京";则s3存储的内容为：中国　北京

1. 字符串构造函数

```
public String (char[] value)
public String (char c,int count)
public String (char[]value,startIndex,int length)
```

例：

```
char[] chArr = {'C','#','程','序','设','计'};
string str = new string(chArr);
```

字符串还有一种简捷的创建方法，例如，string str="C#程序设计";。

需要注意的是，字符串对象是不可变的。而String类是一个密封的类，不能以它为基类定义新的派生类。

2. 字符串属性

C#中字符串常用的Length属性，用来获取字符串中字符的数量，Chars属性获取字符串中指定位置的字符。

C#语言中，Chars属性实际上是一个索引器，定义形式如下：

```
public char this [int index]{ get;}
```

注意：字符串中第一个字符的索引为0。

3.3.3 字符串常用方法

1. 比较字符串

在C#中，可以使用string类的方法Compare、CompareTo来比较两个字符串在英文字典的位置，返回值为32位有符号整数，指示两个比较数之间的关系，常用形式如下：

```
public static int Compare(string strA,string strB)
public static int Compare(string strA,string strB,bool ignoreCase)
public int CompareTo(string strB)
```

示例：

```
string  s121 = "ABC";
string  s122 = "abc";
if(s121.CompareTo(s122)> 0)
{
```

```
    System.Console.WriteLine("Greater - than");
}
else
{
    System.Console.WriteLine("Less - than");
}
```

如果比较两个字符串是否相同，则可以采用 string 类的 Equals 方法。如果比较的字符串相同，返回值为 true，否则为 false，其常用的两种形式的语法如下：

```
public bool Equals(string value)
public static bool Equals(string a, string b)
```

示例：

```
string  s121 = "ABC";
string  s122 = "abc";
Console.WriteLine(s121.Equals(s122));                //输出"false"
Console.WriteLine(string.Equals(s121,s122));         //输出"false"
```

2. 查找字符串

若要在一个字符串中搜索另一个字符串，可以使用 IndexOf()。如果未找到搜索字符串，IndexOf()返回－1；否则，返回它出现的第一个位置的索引（从零开始），具体格式如下：

```
public int IndexOf(char value)
public int IndexOf(string value)
public int IndexOf(char value, int startIndex)
public int IndexOf(string value, int startIndex)
public int IndexOf(char value, int startIndex, int count)
public intIndexOf(string value, int start, int count)
```

示例：

```
strings13 = "BattleofHastings,1066";
System.Console.WriteLine(s13.IndexOf("Hastings"));      //outputs 8
System.Console.WriteLine(s13.IndexOf("1967"));          //outputs  - 1
```

3. 截取字符串

在 C# 中使用 string 类的 Substring 方法截取字符串中指定位置和指定长度的字符串，其语法如下：

```
Substring(int startindex, int len)
```

其中，参数 Startindex 索引从 0 开始，且最大值必须小于源字符串的长度，否则会编译异常；参数 len 的值必须不大于源字符串索引指定位置开始，之后的字符串字符总长度，否则会出现异常。

示例：

```
string s4 = "VisualC#Express";
System.Console.WriteLine(s4.Substring(7,2));        //outputs  "C#"
```

4. 复制字符串

在C#中，string类提供了Copy、CopyTo和ToCharArray方法将字符串或子字符串复制到另一个字符串或Char类型数组中，其主要形式如下：

```
public static string Copy(string str)
public void CopyTo(int sourceIndex,char[] destination,int destinationIndex,int count)
public char[] ToCharArray()
public char[] ToCharArray(int startIndex,int length)
```

示例：

```
string  s8 = "Hello,World";
char[] arr = s8.ToCharArray(0,s8.Length);
foreach (char c in arr)
{
      System.Console.Write(c);                         //outputs  "Hello,World"
}
```

示例：修改字符串内容。

字符串是不可变的，因此不能修改字符串的内容。但是，可以将字符串的内容提取到非不可变的对象中，并对其进行修改，以形成新的字符串实例。下面的示例使用ToCharArray方法来将字符串的内容提取到char类型的数组中，然后修改此数组中的某些元素。之后，使用char数组创建新的字符串实例。

```
string str = "Thequickbrownfoxjumpedoverthefence";
char [] chars = str.ToCharArray();
int animalIndex = str.IndexOf("fox");
if (animalIndex!= -1) {
  chars[animalIndex++] = 'c';
  chars[animalIndex++] = 'a';
  chars[animalIndex] = 't';
}
string  str2 = newstring(chars);
```

5. 分割字符串

String类的Split方法用于分割字符串，此方法的返回值是包含所有分割子字符串的数组对象，可以通过数组取得所有分割的子字符串，其语法如下：

```
public string[] split (params char[] separator)
```

示例：/输入一个字符串，输出每个单词，重新用下划线连接输出

```
string inputString = "Welcome to Xuchang!"
splitStrings  =  inputString.Split(' ');
//将分割后的字符串使用下划线连接在一起
joinString  =  string.Join("-",splitStrings);       //输出结果为：Welcome-to-Xuchang!
```

6. 格式化字符串

在C#中，String类提供了静态的Format方法，用于将字符串数据格式化成指定的格式，其语法格式如下：

```
public static string Format(string format,object obj);
```

示例：

```
//数值化输出
Console.WriteLine(string.Format("{0:C2}",2));
//C2 表示货币,其中 2 表示小数点后位数
Console.WriteLine(string.Format("{0:D2}",2));
//D2 表示十进制位数,其中 2 表示位数,不足用 0 占位
Console.WriteLine(string.Format("{0:E3}",22233333220000));
//E3 表示科学记数法,其中 3 表示小数点后保留的位数
Console.WriteLine(string.Format("{0:N}",2340000));
//N 表示用分号隔开的数字
Console.WriteLine(string.Format("{0:X}",12345));  //X 表示十六进制
Console.WriteLine(string.Format("{0:G}",12));     //常规输出
Console.WriteLine(string.Format("{0:000.00}",12));
//按提供的格式(000.00->012.00,0.0->12.0)格式化的形式输出
Console.WriteLine(string.Format("{0:F3}",12));
//F 浮点型,其中 3 表示小数点位数
```

7. 修改字符串

C#的 String 类提供的常见字符串修改方法的语法格式如下：

```
public string Insert(int startIndex,string value)    //向字符串的任意位置插入新元素
public string Replace(char oldChar,char newChar)     //将字符串中某个字符替换成其他字符
public string Replace(string oldValue,string newValue)
                                                     //将字符串中某个字符串替换成其他字符串
public string Remove(int startIndex)                 //删除字符串中从指定位置开始的所有字符
public string Remove(int startIndex,int count)
                                               //删除字符串中从指定位置开始的指定长度的字符
public string Trim ()                                //删除字符串开始和结束的空格
```

示例：

```
string str1 = "Hello! World".Insert(6,"C# ");      //结果为: Hello! C# World
string str2 = "123123123".Replace('1','A');        //结果为: A23A23A23
string str3 = "123123123".Replace("123","ABC");    //结果为: ABCABCABC
string str4 = "Hello! World".Remove(6);            //结果为: Hello!World
string str5 = "Hello!C# World".Remove (6,2);       //结果为: Hello! World
string str6 = " Hello ".Trim();                    //结果为: Hello
```

3.3.4 可变字符串类 StringBuilder

StringBuilder 类创建了一个字符串缓冲区，以便在程序执行大量字符串操作时提供更好的性能。

StringBuilder 字符串还允许重新分配个别字符，这些字符是内置字符串数据类型所不支持的。

对可变字符串进行操作时，要用到 StringBuilder 类提供的各种方法。例如，在可变字符串中追加和插入新内容。利用 Append 方法实现：

```
StringBuilder str = new StringBuilder("Hello!");
str.Append("C# World");
```

利用 Insert 方法实现：


```
StringBuilder str = new StringBuilder("Hello!World");
str.Insert(6,"C# ");
```

需要注意的是，string 类是不可改变的，每次使用 string 类中的方法时，都要在内存中创建一个新的字符串对象，并为其分配空间。这在重复修改字符串操作中，系统开销可能会非常大，此时可以使用 StringBuilder 类。

拓展与提高

编写一个程序，接收一个长度大于 3 的字符串，并完成下列功能：

(1) 输出字符串的长度。

(2) 输出字符串中第一个出现字母 a 的位置。

(3) 在字符串的第三个字符后面插入串"Hello"，输出新字符串。

(4) 将字符串"Hello"替换为"me"，输出新字符串。

(5) 以字符"m"为分隔符，将字符串分离，并输出分离后的字符串。

3.4 总结与提高

(1) C#提供了能够存储多个相同类型变量的集合，这种集合就是数组。数组是同一数据类型的一组值，它属于引用类型。

(2) 初始化数组有两种方法：动态初始化和静态初始化。动态初始化需要借助 new 运算符，为数组元素分配内存空间，并为数组元素赋初值。静态初始化数组时，必须与数组定义结合在一起，否则会出错。

(3) C#中的字符包括数字字符、英文字母、表达符号等，C#提供的字符类型按照国际上公认的标准，采用 Unicode 字符集。要得到字符的类型，可以使用 System. Char 命名空间中的内置静态方法。

(4) C#语言中，string 类型是引用类型，其表示零或更多个 Unicode 字符组成的序列。字符串常用的属性有 Length、Chars 等。

(5) C#中常用的字符串处理方法很多，如 Equals，Join，Split，IndexOf，SubString，ToLower，Trim 等。

(6) 可变字符串类 StringBuilder 创建了一个字符串缓冲区，允许重新分配个别字符，这些字符是内置字符串数据类型所不支持的。

第4章 C#面向对象编程基础

面向对象程序设计已经成为当前软件开发方法的主流技术，它将数据和对数据的操作封装成为一个不可分割的整体。面向对象的程序设计思想不仅符合人们的思维习惯，而且也可以提高软件的开发效率，方便后期的维护。本章介绍C#面向对象程序设计中基础的概念，包括类、对象、方法、方法重载、构造函数、析构函数、静态成员、继承、多态等概念。通过阅读本章内容，可以：

- 掌握类的定义，对象的声明与实例化
- 理解类的构造函数、析构函数
- 理解类的方法、静态成员定义与使用
- 掌握类的属性的定义与使用
- 掌握类的索引器的定义与使用
- 掌握派生类的定义与应用
- 理解面向对象的多态机制的实现

4.1 类与对象

任务描述：学生成绩管理系统V0.9的实现

本任务采用面向对象的程序设计思想实现学生成绩管理系统V0.9的学生信息的输入和输出，如图4-1所示。

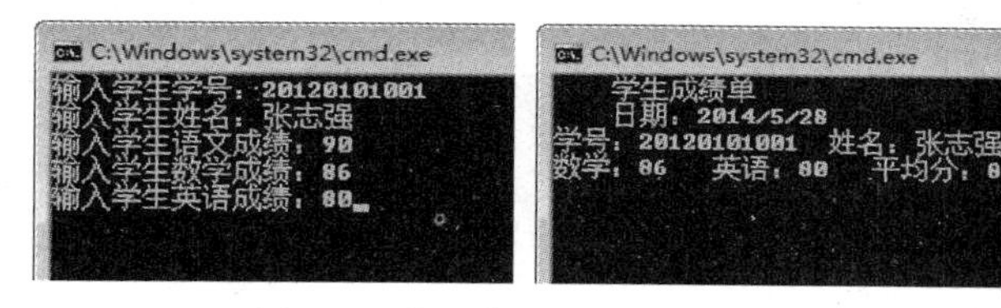

图4-1 学生信息的输入和输出运行效果

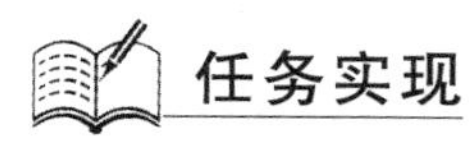

任务实现

(1) 选择“开始”→“程序”→Microsoft Visual Studio 2012→Microsoft Visual Studio 2012命令，打开Visual Studio 2012。

(2) 选择Visual Studio 2012工具栏中的“文件”→“新建”→“项目”命令，打开“新建项目”对话框，选择联机模板中的“控制台应用程序”，为项目命名为StudentGrades0.9，如

图 4-2 所示。

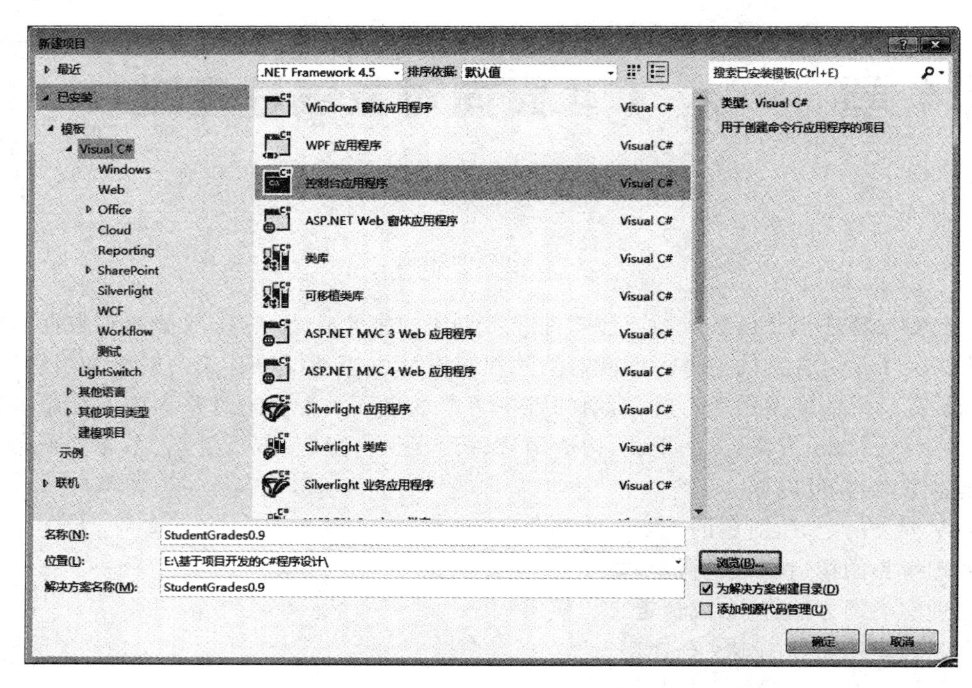

图 4-2　新建 StudentGrades0. 9 项目

（3）选择“项目”→“添加类”命令，打开“添加新项”对话框，如图 4-3 所示。

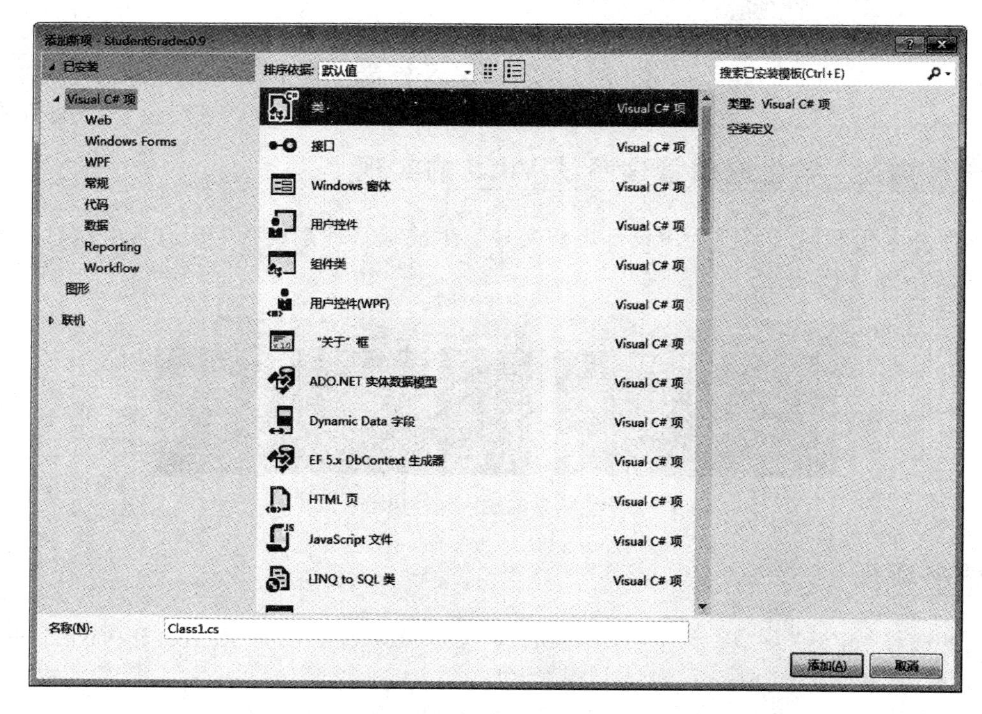

图 4-3　向项目 StudentGrades0. 9 中添加类

(4) 修改添加的类文件 student.cs，关键代码如下：

```
using System;
using System.Collections.Generic;
using System.Linq;
using System.Text;
using System.Threading.Tasks;

namespace StudentGrades0._9
{
  class Student
   {
     private string studentid;
     private string name;
     private string sex;
     private int chinese;
     private int math;
     private int english;
     private double average;
     ///<summary>
    ///构造函数
    ///</summary>
    public Student()
    {
        chinese = 0; math = 0; english = 0; average = 0;
    }
    ///<summary>
    ///输入学生信息
    ///</summary>
    public void InputStudent()
    {
        Console.Write("输入学生学号：");
        studentid = Console.ReadLine();
        Console.Write("输入学生姓名：");
        name = Console.ReadLine();
        Console.Write("输入学生语文成绩：");
        chinese = Convert.ToInt32(Console.ReadLine());
        Console.Write("输入学生数学成绩：");
        math = Convert.ToInt32(Console.ReadLine());
        Console.Write("输入学生英语成绩：");
        english = Convert.ToInt32(Console.ReadLine());
        average = (chinese + math + english) / 3;
    }
    ///<summary>
    ///输出学生信息
    ///</summary>
    public void PrintStudent()
    {
      Console.Clear();
      Console.WriteLine("     学生成绩单");
      Console.WriteLine("     日期：" + DateTime.Now.ToShortDateString());
```

```
            Console.WriteLine("学号: " + studentid + "姓名: " + name + "语文: " +chinese);
            Console.WriteLine("数学: " + math + "英语: " + english + "平均分: " + average);
        }
    }
}
```


(5) 修改 program.cs 文件,代码如下:

```
using System;
using System.Collections.Generic;
using System.Linq;
using System.Text;
using System.Threading.Tasks;

namespace StudentGrades0._9
{
    class Program
    {
        static void Main(string[] args)
        {
            //建立学生对象
            Student student = new Student();
            //输入学生信息
            student.InputStudent();
            //输出学生信息
            student.PrintStudent();
            Console.Read();
        }
    }
}
```

相关知识点链接

4.1.1 什么是面向对象编程

面向过程求解问题的一般步骤:首先分析出解决问题所需要的步骤,然后用函数把这些步骤一步一步实现,使用的时候一个一个依次调用就可以了。

面向对象求解问题是把构成问题事务分解成各个对象,建立对象的目的不是为了完成一个步骤,而是为了描述某个事物在整个解决问题的步骤中的行为。

面向对象具有以下三大特征。

(1) 封装:类是属性和方法的集合。

(2) 继承:通过继承可以创建子类和父类的层次关系,子类可以从父类继承属性和方法,从而简化类的操作。

(3) 多态:类的多态指不同的类进行同一操作可以有不同的行为。

例如汽车对象,其属性可以有型号、价格、里程,行为有行驶、启动、停车等。

4.1.2 类和对象

对象指的是一个实体的实例,在这个实体中包括特定的属性数据和对这些数据进行操作的函数。

对象可以是现实生活中的一个物理对象（一辆汽车，一个人，一本书），某一概念实体的实例（一个图形，一种管理方式）。

类是一组具有相同数据结构和相同操作的对象的抽象。类是 C＃ 中的一种结构，用于在程序中模拟现实生活的事物。相对对象而言，类是类似于蓝图，包含方法和数据。

如图 4-4 所示房屋建筑蓝图，相当于类，而图 4-5 所示依据蓝图修建的房屋则相当于实例化的对象。

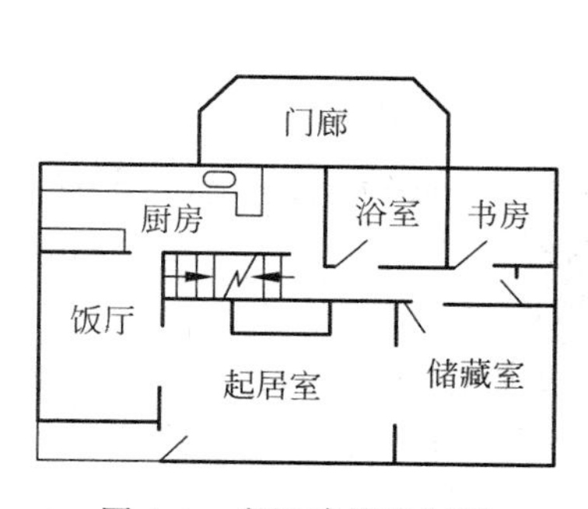

图 4-4　房屋建筑规划图

图 4-5　房屋建造图

在一个类中，每个对象都是类的实例，可以使用类中提供的方法。创建类的对象的操作，被称为类的实例化。

1. 类的定义

类的定义形式如下：

```
[访问修饰符] class <类名>
{
    //类的主体
    [字段声明]
    [属性]
    [构造函数]
    [方法]
    [事件]
}
```

示例：

```
…
class Student
{
    private string _name;
    private char _gender;
    private string _class;
    private uint _grade;
    …
}
```

其中，访问修饰符有：private、protected、internal、public。类的默认访问修饰符为

internal,而类成员为 private。访问修饰符的使用见表 4-1。

表 4-1　访问修饰符的使用

修饰符	说　明
public	所属类的成员以及非所属类的成员都可以访问
internal	当前程序集可以访问
private	只有所属类的成员可以访问
protected	所属类或派生自所属类的成员可以访问

2. 对象的声明及实例化

步骤 1：定义类。如上例定义了 Student 类。

步骤 2：创建一个类的对象,或称将类实例化一个对象：Student obj = new Student()；。

步骤 3：使用点号访问成员变量：obj. _name = "张三"；。

3. 构造函数

构造函数(constructor)是用来在创建对象时进行初始化操作的特殊方法。通过 new 运算符创建对象时,就会自动调用构造函数,以确保每一个对象在被使用之前都已经进行了必要的初始化。构造函数定义形式如下：

```
[访问修饰符] <类名>(参数表)
  {
  //构造函数体
  }
```

例如：

```
class Student
{
  private string _name;
  private char _gender;
  private string _class;
  private uint _grade;
  //默认构造函数
  private Student()
  {
    _class = "信管";
  }
  //带参数的构造函数
  private Student(string name,char gender,string class,int grade)
    {
      _name = name;_class = "信管;_gender = gender;_grade = grade;
    }
    static void Main(string[] args)
    {   //调用默认构造函数
        Student obj1 = new Student();
        //调用带参构造函数
        Student obj2 = new Student("张三 ",'M',"计算机",90);
        Console.WriteLine("班级 = " + obj1._class);
        Console.WriteLine("姓名 = " + obj2._name);
```

```
    }
}
```

构造函数的特点如下。

(1) 构造函数的命名必须和类名完全相同;

(2) 每个类至少有一个构造函数,如果类定义的代码中没有构造函数,系统会自动地提供一个默认的不带参数的构造函数;

(3) 一个类可以有多个构造函数,根据其参数的个数或类型的不同,实现构造函数的重载;

(4) 构造函数不包含任何返回值,也不能用 void 来修饰;

(5) 构造函数一般使用访问修饰符 public,以便在其他函数中可以创建该类的实例。

4. 析构函数

析构函数是用于执行清除操作的特殊方法。定义形式如下:

```
~ <类名>()
{
//析构函数体
}
```

说明:

(1) 一个类只能有一个析构函数。

(2) 析构函数不能重载。

(3) 不能显式或手动调用,只能由垃圾回收器自动调用。

5. 方法

类中的方法是包含在类体中的函数成员,用来执行某些预定义的操作,提供类对象的行为。方法定义如下:

```
[访问修饰符] 返回类型 <方法名>([参数列表])
{
    //方法主体
}
```

说明:

(1) 返回值类型指明调用方法后返回结果的数据类型,可以是普通数据类型,也可以是类或结构。

(2) 方法名是用户为方法定义的名称。

(3) 形式参数列表,指明调用方法所需的参数个数和数据类型,多个参数之间使用逗号进行分隔。如果调用方法不需要参数,圆括号也不能省略。

(4) 如果方法不要求返回值,返回值类型定义为 void,可以省略 return 语句。

(5) 访问修饰符可选,默认是 private。

示例:

```
…
class Point
{
```

```
    private int x;
    private int y;
    public void Assign()        //Assign 方法定义,没有参数,没有返回值。
    {
      System.Console.WriteLine(" 输入点的 x 和 y 坐标");
      x = int.Parse(System.Console.ReadLine());
      y = int.Parse(System.Console.ReadLine());
    }
  }
  …
```

方法的调用：对象名.方法名([实参数列表])；,如上例可在 main 方法中测试 Point 类的 Assign 方法：

```
static void Main(string[] args)
{
  Point p1 = new Point();
  p1.assign();                //调用对象的 assign 方法为其 x,y 成员赋值
}
```

6. 方法重载

在同一个类中,可以定义多个名称相同,但参数不同的方法,这就是方法重载。方法重载可有效达到对不同数据执行相似功能的目的。

例如：

```
…
Class Payment
{
  …
  void PayBill(int telephoneNumber)
  {
    //此方法用于支付固定电话话费
  }
  void PayBill(long consumerNumber)
  {
      //此方法用于支付电费
  }
  void PayBill(long consumerNumber,double amount)
  {
    //此方法用于支付移动电话话费
  }
  …
}
…
```

当程序中按名称调用重载的方法时,编译器将根据参数的个数、类型和顺序,选择执行与之匹配的方法。

7. 静态成员

静态成员是使用访问修饰符 static 定义的类的成员,包含静态字段和静态方法。主要用于解决类的所有对象数据共享问题。

静态成员和非静态成员之间的区别：静态成员属于整个类所有，而非静态成员属于对象。

静态成员的应用，在类外，常常使用：类名.静态公有成员；。类的静态方法只能操作类的静态字段和静态方法。

读者可试着给任务中的 Student 类添加学生人数静态字段：

```
private static int studentNumber;
```

接着再写一个公有静态方法处理静态字段 studentNumber。

```
public static int getStudentNumber()  //只能被 Student 类引用的静态方法
{
    return StudentNumber;
}
```

在 main 方法中添加：

```
Console.Write( = "学生总数：" + Student.getStudentNumber().ToString());
```

拓展与提高

设计银行账户类 Account，这个类包括：

(1) 一个名为 id 的 int 型数据域，表示账户的账号(默认为 0)。

(2) 一个名为 balance 的 double 型数据域，表示账户余额(默认为 0)。

(3) 一个无参构造函数，创建一个默认账户。

(4) 一个有参构造函数，创建带有账号和余额的账号。

(5) 一个名为 withDraw 的函数，从账户中支取指定金额。

(6) 一个名为 deposit 的函数，向账户中存入指定金额。

编写程序实现类，设计测试程序，它创建一个 Account 对象，id 为 1001，账户余额为 10 000。使用 withDraw 函数取出 1000 元，使用 deposit 函数存入 2500 元，然后输出账户余额。

4.2 属性和索引器

任务描述：完善学生信息的输入和输出

本情景进一步完善学生成绩管理系统 V0.9 的学生信息的输入和输出，当输入数据不合适时，能实现输入数据的验证，如图 4-6 所示。

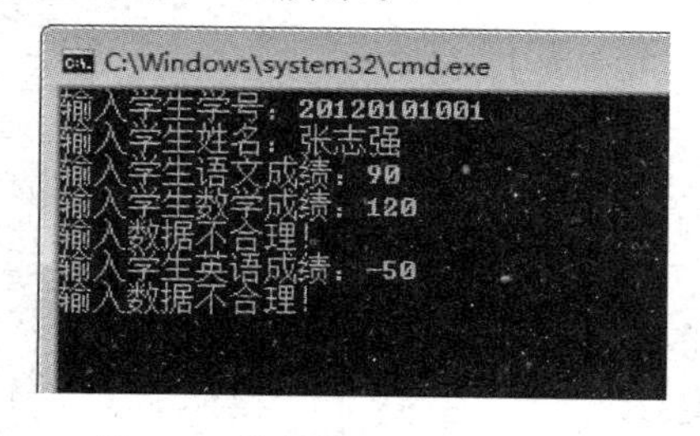

图 4-6　带数据验证改进 V0.9

任务实现

(1) 选择"开始"→"程序"→Microsoft Visual Studio 2012→Microsoft Visual Studio 2012 命令,打开 Visual Studio 2012。

(2) 选择 Visual Studio 2012 工具栏中的"文件"→"打开"→"项目"命令,打开"打开项目"对话框,选择 4.1 节所创建的控制台解决方案 StudentGrades0.9。

(3) 修改项目下 Student 类文件 Student.cs,代码如下:

```
class Student
{
    //成员变量
    private string studentid;
    private string name;
    private string sex;
    private int chinese;
    private int math;
    private int english;
    private double average;
    //属性
    public string StudentID
    {
        get
        {
            return studentid;
        }
        set
        {
            studentid = value;
        }
    }

    public string Name
    {
        get
        {
            return name;
        }
        set
        {
            name= value;
        }
    }

    public int Chinese
    {
        get
        {
            return chinese;
        }
```

```
            set
            {
                if (value > 0 && value <= 100)
                {
                    chinese = value;
                }
                else
                {
                    Console.WriteLine("输入数据不合理!");
                }
            }
        }

        public int Math
        {
            get
            {
                return math;
            }
            set
            {
                if (value > 0 && value <= 100)
                {
                    math = value;
                }
                else
                {
                    Console.WriteLine("输入数据不合理!");
                }
            }
        }

        public int English
        {
            get
            {
                return english;
            }
            set
            {
                if (value > 0 && value <= 100)
                {
                    english = value;
                }
                else
                {
                    Console.WriteLine("输入数据不合理!");
                }
            }
        }
    }
```

(4) 在 Main()方法中输入如下代码：

```
static void Main(string[] args)
        {
            Student student = new Student();
            Console.Write("输入学生学号：");
            student.StudentID = Console.ReadLine();
            Console.Write("输入学生姓名：");
            student.Name = Console.ReadLine();
            Console.Write("输入学生语文成绩：");
            student.Chinese = Convert.ToInt32(Console.ReadLine());
            Console.Write("输入学生数学成绩：");
            student.Math = Convert.ToInt32(Console.ReadLine());
            Console.Write("输入学生英语成绩：");
            student.English = Convert.ToInt32(Console.ReadLine());
            int average = (student.Chinese + student.Math + student.English) / 3;
            Console.ReadKey();
        }
```

相关知识点链接

4.2.1 属性

1. 属性的概念

属性是这样的成员：它提供灵活的机制来读取、编写或计算某个私有字段的值。可以像使用公共数据成员一样使用属性，但实际上它们是称作“访问器”的特殊方法。这使得可以轻松访问数据，此外还有助于提高方法的安全性和灵活性。

属性使类能够以一种公开的方法获取和设置值，同时隐藏实现或验证代码。

get 属性访问器用于返回属性值，而 set 访问器用于分配新值。这些访问器可以有不同的访问级别。

value 关键字用于定义由 set 取值函数分配的值。不实现 set 取值函数的属性是只读的。

2. 使用属性

属性结合了字段和方法的多个方面。对于对象的用户，属性显示为字段，访问该属性需要相同的语法。对于类的实现者，属性是一个或两个代码块，表示一个 get 访问器和/或一个 set 访问器。当读取属性时，执行 get 访问器的代码块；当向属性分配一个新值时，执行 set 访问器的代码块。

不具有 set 访问器的属性被视为只读属性。不具有 get 访问器的属性被视为只写属性。同时具有这两个访问器的属性是读写属性。

具有读/写的属性定义：

```
[访问修饰符] 数据类型 属性名
{
  get                              //读取属性值的访问器
  {
```

```
        //可执行代码
        return <表达式>;
    }
    set                            //设置属性值的访问器
    {
        //可执行代码
        //表达式(可以使用关键字 value)
    }
    }
}
```

只读属性定义：

```
[访问修饰符] 数据类型 属性名
{
  get{ };
}
```

只写属性定义：

```
[访问修饰符] 数据类型 属性名
{
  get{ };
  set{ };
}
```

与字段不同，属性不作为变量来分类。因此，不能将属性作为 ref 参数或 out 参数传递。尽管属性名不能和字段名重名。

属性在类块中是按以下方式来声明的：指定字段的访问级别，一般是公有访问符。接下来指定属性的类型和名称，然后跟上声明 get 访问器和/或 set 访问器的代码块。

3. 定义和调用属性

请看如下示例：

```
class Account
{
    private int accountNo;   //账号
    private double balance;  //余额
    private double interest; //利息
    private static double interestRate;          //利率是静态的，因为所有账户获得的利息相同
    //构造函数初始化类成员
    public Account(int No,double bal)
    {
        this.accountNo = No;
        this.balance = bal;
    }
     //只读 AccountNumber 属性
    public int AccountNumber
     {
        get
        {     return accountNo;      }
     }
```

```
public double InterestEarned
{
  get
  {     return interest;        }
  set
  {  //验证数据
    if (value < 0.0)
    {
        Console.WriteLine("利息不能为负数");
        return;
    }
    interest  =  value;
  }
}
public static double InterestRate
{
    get
    {     return interestRate;        }
    set
    {
    //验证数据
    if (value < 0.0)
    {
        Console.WriteLine("利率不能为负数");
        return;
    }
    else
    {     interestRate  =  value / 100;}
}
public double Balance
{
    get
    {
      if (balance < 0)
      Console.WriteLine("没有可用余额");
      return balance;
    }
}
static void Main(string[ ] args)
{
  //创建 Account 的对象
  Account objAccount  =  new Account(5000,2500);
  Console.WriteLine(" 输入到现在为止已获得的利息和利率");
  objAccount.InterestEarned  =  Int64.Parse(Console.ReadLine());
  Account.InterestRate  =  Int64.Parse(Console.ReadLine());          //类名访问静态成员
  objAccount.InterestEarned  +=  objAccount.Balance * Account.InterestRate;
  Console.WriteLine("获得的总利息为: {0}",objAccount.InterestEarned);
}
```

4.2.2 索引器

1. 索引器的概念

(1) 索引器是 C#引入的一个新型的类成员,它允许类或结构的实例按照与数组相同的方式进行索引。

(2) 索引器类同于属性,它们的不同之处在于索引器的访问器采用参数。

(3) 定义了索引器之后,就可以像访问数组一样,使用[]运算符访问类的成员。

定义索引器的方式与定义属性有些类似,其一般形式如下:

```
[访问修饰符] 数据类型 this[数据类型 标识符]
{
    get{};
    set{};
}
```

2. 索引器应用

例:

```
class Photo
{
  string _title;
  public Photo(string title)
  {
      this._title = title;
  }
  public string Title
  {
      get
      {
          return _title;
      }
  }
}
class Album
{
    //该数组用于存放照片
    Photo[ ] photos;
    public Album(int capacity)
    {
        photos = new Photo[capacity];
    }
//带有 int 参数的 Photo 读写索引器
public Photo this[int index]
{
get
{  //验证索引范围
    if (index < 0 || index >= photos.Length)
    {
        Console.WriteLine("索引无效");
        //使用 null 指示失败
        return null;
    }
    //对于有效索引,返回请求的照片
        return photos[index];
```

```
    }
    set
    {
        if (index < 0 || index >= photos.Length)
        {
            Console.WriteLine("索引无效");
            return;
        }
        photos[index] = value;
    }
}
//带有 string 参数的 Photo 只读索引器
public Photo this[string title]
{
    get
    {
        //遍历数组中的所有照片
        foreach (Photo p in photos)
        {
            //将照片中的标题与索引器参数进行比较
            if (p.Title == title)
            return p;
        }
        Console.WriteLine("未找到");
        //使用 null 指示失败
        return null;
    }
}
}
static void Main(string[] args)
{
    //创建一个容量为 3 的相册
    Album family = new Album(3);
    //创建三张照片
    Photo first = new Photo("Jeny");
    Photo second = new Photo("Smith");
    Photo third = new Photo("Lono");
    //向相册加载照片
    family[0] = first;
    family[1] = second;
    family[2] = third;
    //按索引检索
    Photo objPhoto1 = family[2];
    Console.WriteLine(objPhoto1.Title);
    //按名称检索
    Photo objPhoto2 = family["Jeny"];
    Console.WriteLine(objPhoto2.Title);
}
```

拓展与提高

在银行账户类的基础上，为字段成员 balance 增添 Balance 属性，保证现金存取在 100～1000 元之间。设计测试主程序进行验证。

4.3　继承与多态

任务描述：工资管理系统实现

本任务编写一个简单的工资单系统，输出雇员的工资单，要求如下。

（1）定义一个雇员类 Employee，它包括雇员的姓名以及计算工资的方法 earnings()、输出雇员姓名的 print()方法。

（2）从雇员类中派生出老板类 boss，不管工作时间多长，他总有固定的月薪。

（3）从雇员类中派生出销售员类 CommissionWorker，他的收入是一小部分基本工资加上销售额的一定百分比。

（4）从雇员类中派生出计件工人类 PieceworkWorker，他的收入取决于他生产的产品数量。

任务实现

（1）选择"开始"→"程序"→Microsoft Visual Studio 2012→Microsoft Visual Studio 2012 命令，打开 Visual Studio 2012。

（2）选择 Visual Studio 2012 菜单栏中的"文件"→"新建"→"项目/解决方案"命令，打开"新建项目"对话框，创建控制台应用程序 program_4.3，如图 4-7 所示。

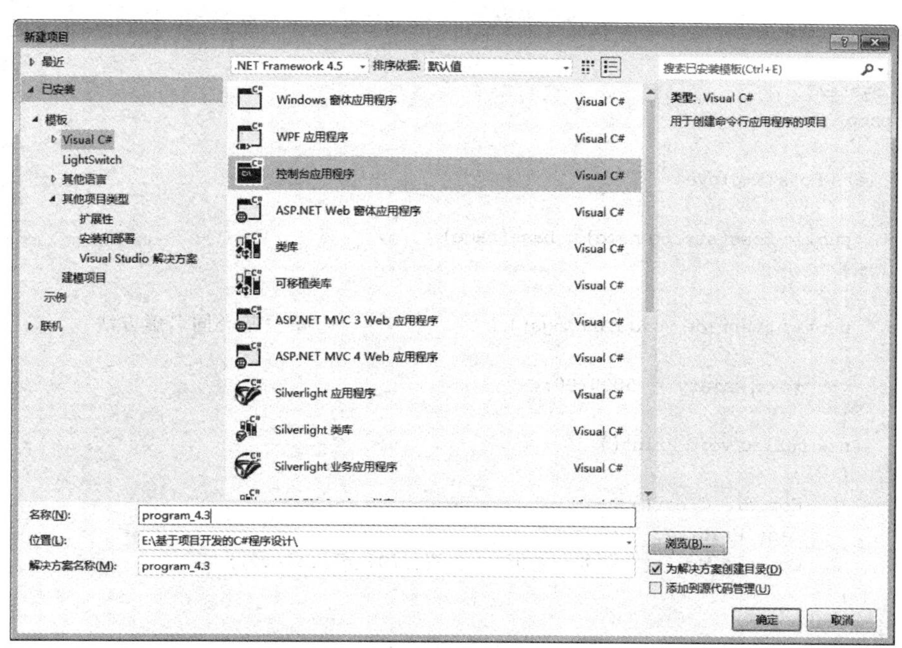

图 4-7　创建控制台项目

(3) 选择“项目”→“添加类”命令，打开“添加新项”对话框，添加类 Employee、boss、CommissionWorker 和 PieceworkWorker，并编写各类的具体实现。

Employee 类：

```
using System;
namespace Program_4.3
    {
        class Employee
        {
          protected  string name;
          protected double salary;
          public Employee(string name)
          {
             this.name = name;
          }
          ///<summary>
          ///计算工资
          ///</summary>
          public virtual void  Earnings()                    //定义虚方法
          {
          }
          ///<summary>
          ///输出工资
          ///</summary>
          public void Print()
          {
            Console.Write("姓名:{0}",name);
          }
        }
}
```

Boss 类：

```
using System;
namespace Program_4.3
{
      class Boss:Employee
      {
          public Boss(string name) : base(name)
          {
          }
          public override void Earnings()                   //重写基类同名虚方法
          {
              this.salary = 5000.00;
          }
          new public void Print()
          {
              Console.Clear();
              base.Print();
              Console.Write(" 职务: 老板    工资: {0}\n",salary);
          }
      }
}
```

CommissionWorker 类：

```
using System;
namespace Program_4.3
{
        class CommissionWorker:Employee
        {
          private int quantity;
          public CommissionWorker(string name,int quantity) : base(name)
          {
                this.quantity = quantity;
          }
          public override void Earnings()    //重写基类同名虚方法
          {
              this.salary = 2000 + quantity * 12.00 * 0.05;
          }
          new public void Print()
          {
              base.Print();
              Console.Write("  职务：销售员   工资：{0}",salary);
          }
      }
}
```

Program 类：

```
using System;
namespace Program_4.3
{
     class Program
      {
         static void Main(string[] args)
         {
             Boss boss = new Boss("赵 **");
             CommissionWorker comm = new CommissionWorker("张 *",300);
             boss.Earnings();
             boss.Print();
             comm.Earnings();
             comm.Print();
             Console.ReadKey();
         }
      }
}
```

程序运行结果：

```
姓名:赵 **   职务：老板    工资：5000
姓名:张 *   职务：销售员   工资：2180
```

相关知识点链接

4.3.1 继承

(1) 继承是重用现有类(基类，也称超类、父类)去创建新类(子类，也称派生类)的过程。

(2) 子类将获取基类的所有非私有数据和行为，子类可以定义其他数据或行为。

(3) 子类具有两个有效类型：子类的类型和它继承的基类的类型。

对比图 4-8 中的两个类:Student 和 Teacher。可以发现两个类的 Age、Gender 及 Name 属性是相同的,这两个类的共同的属性代码能否共用呢？如果在问题域中再加入院长类、班主任类,若都有这些属性,就显得代码有些冗余。如何解决代码复用？利用面向对象技术的继承机制可有效解决这类问题。

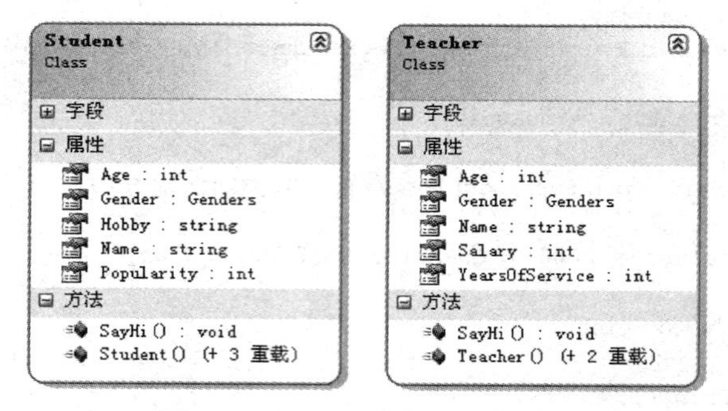

图 4-8　Student 类与 Teacher 类

新增父类 Person,将两个类的共同成员放在父类中,子类在继承的基础上,保留自己独有的成员,见图 4-9。

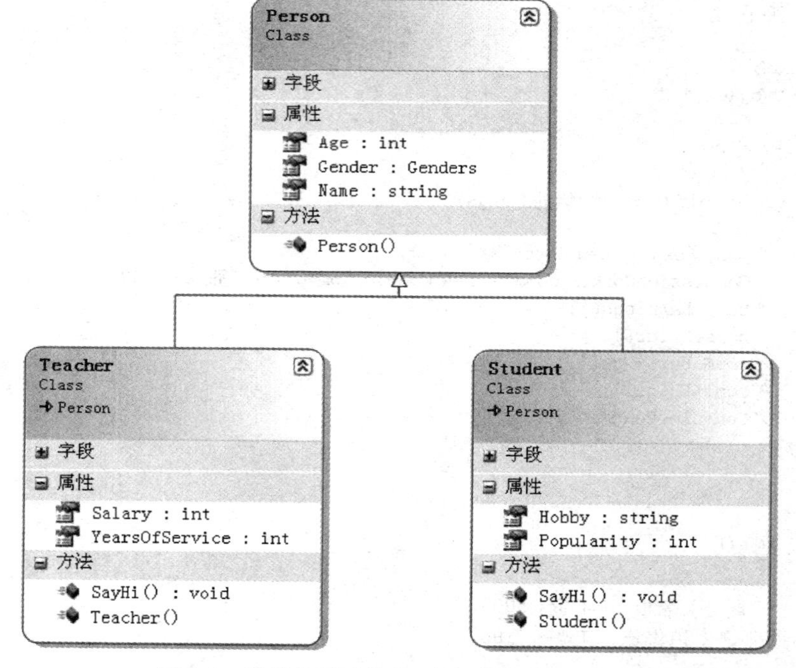

图 4-9　继承机制下的 Student 类和 Teacher 类

4.3.2　派生类

1. 派生类概述

继承了基类的新类称为派生类,它具有如下特点。

(1) C#不支持多重继承,即一个派生类只能继承于一个基类。

(2) 在声明派生类时，在类名称后放置一个冒号，然后在冒号后指定要从中继承的类(即基类)。

(3) 如果没指定基类，假定 System.Object 是基类。

(4) 派生类可以访问基类的非 private 成员，但是派生类的属性和方法不能直接访问基类的 private 成员。

(5) 派生类可以影响基类 private 成员的状态改变，但只能通过基类提供并由派生类继承的非 private 的属性和方法来改变。

2. 访问关键字 this 和 base

(1) this 关键字引用类的当前实例。注意：静态成员方法中不能使用 this 关键字，this 关键字只能在实例构造函数、实例方法或实例访问器中使用。

(2) base 关键字用于从派生类中访问基类的成员。常见的使用场合为：指定创建派生类实例时应调用的基类构造函数；调用基类上已被其他方法重写的方法。注意：不能从静态方法中使用 base 关键字。

3. 虚方法、重写方法和隐藏方法

(1) C# 允许派生类中方法与基类中的方法有相同的签名。

重写方法步骤如下。

① 在基类中使用关键字 virtual 定义虚方法，virtual 可用于方法、属性、索引器、事件。注意：virtual 不能和 static、abstract、override、private 同用。默认情况下，C# 方法都是非虚拟的，不能重写，要重写必须显式声明为 virtual。

② 派生类中使用关键字 override 来重写方法。如果一个基类的方法声明为虚函数，任何继承该虚函数的子类可以声明 override 方法重写它。override 用于扩展或修改继承的且声明为 abstract 或 virtual 的方法、属性、索引器、事件。

override 使用注意事项：

① 被重写的方法必须是 virtual 或 abstract 或 override。

② 子类重写的方法必须和父类的虚函数有相同的签名。

③ override 不能和 static、virtual、new 同用。

④ override 不能改变基类虚函数的访问权限。

⑤ 可以通过 base 调用继承的基类的虚函数。

(2) 隐藏方法。

在派生类中使用 new 关键字来覆盖方法(隐藏方法)。

隐藏方法注意事项：

① 子类方法不加 new 关键字，也认为是方法隐藏，但编译会产生警告，所以最好显式使用 new 关键字。

② 类或结构中的常量、字段、属性、类型隐藏基类中的同名成员。

③ 不可以与 override 同用。

4.3.3 多态

多态是面向对象编程的三大机制之一，其原理建立在“从父类继承而来的子类可以转换为其父类”这个规则之上，换句话说，能用父类的地方，就能用该类的子类。

当从父类派生了很多子类时，由于每个子类都有其不同的代码实现，所以当用父类来引用这些子类时，同样的操作而可以表现出不同的操作结果，这就是所谓的多态。

同一操作作用于不同的对象，可以有不同的解释，产生不同的执行结果，这就是多态性。多态性通过派生类覆写基类中的虚函数型方法或者抽象方法来实现。

多态性分为两种，一种是编译时的多态性，一种是运行时的多态性。编译时的多态性：编译时的多态性是通过重载来实现的。对于非虚的成员来说，系统在编译时，根据传递的参数、返回的类型等信息决定实现何种操作。运行时的多态性：运行时的多态性就是指直到系统运行时，才根据实际情况决定实现何种操作。C＃中运行时的多态性是通过覆写虚成员实现的。

拓展与提高

设计一个抽象基类 Worker，并从该基类中派生出计时工人类 HourlyWorker 和计薪工人类 SalariedWorker。每名工人都具有姓名 name、年龄 age、性别 sex 和小时工资额 pay_per_hour 等属性；周薪计算成员函数 void Compute_pay(double hours)(其中参数 hours 为每周的实际工作时数)。

工人的薪金等级以小时工资额划分：

计时工人的薪金等级分为 10 元/小时、20 元/小时和 40 元/小时三个等级。

计薪工人的薪金等级，分为 30 元/小时和 50 元/小时两个等级。

不同类别和等级工人的周薪计算方法不同，计时工人周薪的计算方法是：如果每周的工作时数在 40 个小时以内，则周薪＝小时工资额×实际工作时数；如果每周的工作时数(hours)超过 40，则周薪＝小时工资额× 40 ＋ 1.5×小时工资额×(实际工作时数－40)。

而计薪工周薪的计算方法是：如果每周的实际工作时数不少于 35 小时，则按 40 小时计周薪(允许有半个工作日的事/病假)，超出 40 小时部分不计薪，即周薪＝小时工资额×40；如果每周的实际工作时数少于 35 小时(不含 35 小时)，则周薪＝小时工资额×实际工作时数＋ 0.5×小时工资额× (35－实际工作时数)。

要求：

(1) 定义 Worker、HourlyWorker 和 SalariedWorker 类，并实现它们的不同周薪计算方法。

(2) 在主函数 main()中使用 HourlyWorker 和 SalariedWorker 类完成如下操作。

① 通过控制台输入、输出操作顺序完成对 5 个不同工人的基本信息(姓名、年龄、性别、类别和薪金等级)的注册。注意，5 个工人应分属于两类工人的 5 个等级。

② 通过一个菜单结构实现在 5 个工人中可以任意选择一个工人，显示该工人的基本信息，根据每周的实际工作时数(通过控制台输入)计算并显示该工人的周薪。直至选择退出操作。

4.4　总结与提高

(1) 面向对象编程是软件开发的一种新思想、新方法，其精要就是“一切皆为对象”。面向对象的基本特征是封装、继承和多态。

(2) 类是对象概念在面向对象编程语言中的反映。类描述了一系列在概念上有相同含义的对象，并为这些对象统一定义了编程语言的属性和方法。

(3) 类是一种数据结构，它可以包含数据成员、函数成员（方法、属性、事件、索引器、构造函数和析构函数）和嵌套类型。

(4) 对象是具有数据、行为和标识的编程结构，是类具体实例，是面向对象程序的重要组成部分。应用程序通过调用对象的方法来进行对象之间的通信，完成计算任务。

第 5 章 Windows 程序设计基础

目前,在微软的 Windows 系统中,使用最多的还是 Windows 窗体应用程序,如记事本、画图、计算器和写字板等。这类程序提供了友好的操作界面,完全可视化的操作,使用起来简单方便,容易让用户理解。本章将向读者介绍利用 C# 语言开发 Windows 应用程序的基础知识。通过阅读本章内容,可以:

- 了解什么是 Windows Form 窗体和如何建立 Windows Form 窗体应用程序
- 掌握窗体的基本属性和方法以及如何向应用程序添加窗体、启动窗体
- 了解和掌握常用文本类控件的特点和属性
- 了解和掌握常用选择类控件的特点和属性

5.1 建立 Windows 窗体应用程序

任务描述:设计学生成绩管理系统主界面

在学生成绩管理系统中,用户通过窗体与系统进行交互,完成计算任务,本任务完成学生成绩管理系统主界面的设计,如图 5-1 所示。

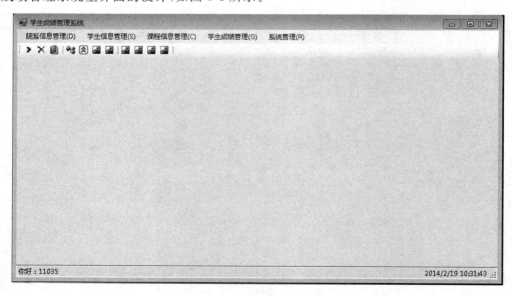

图 5-1 学生成绩管理系统主界面

任务实现

(1) 启动 VS 2012,在菜单栏中选择“文件”→“新建”→“项目”命令,打开“新建项目”对话框,如图 5-2 所示,在应用程序模板中选择“Windows 窗体应用程序”,输入应用程序名称“StudentGrade”,选择保存位置后,单击“确定”按钮,创建一个 Windows 窗体。

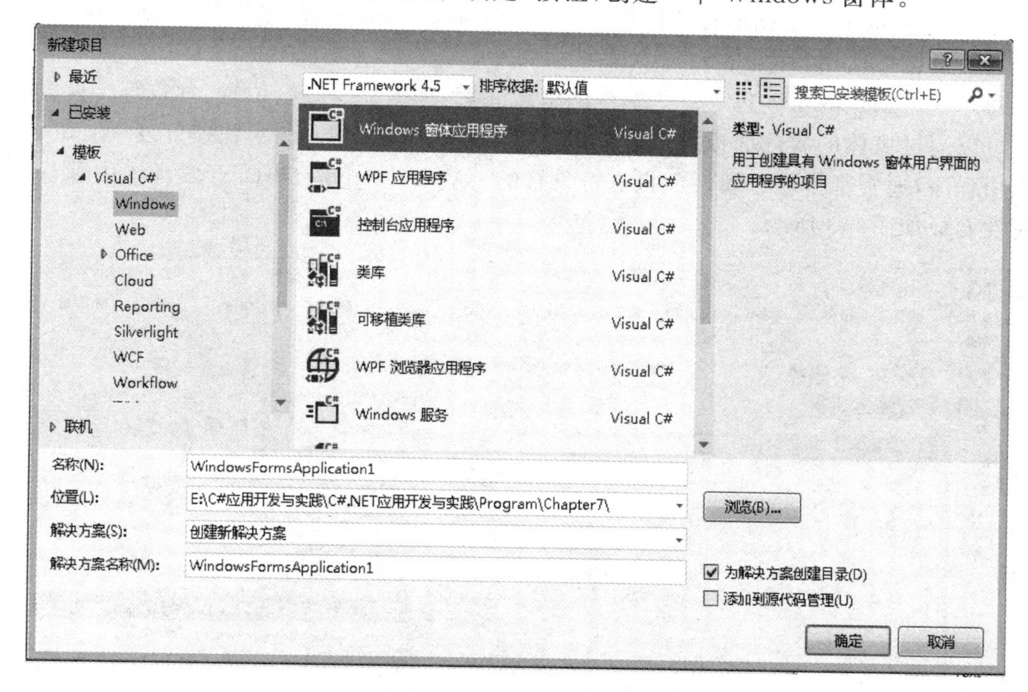

图 5-2 “新建项目”对话框

(2) 打开窗体属性面板,按照表 5-1 设置窗体的属性。

表 5-1 学生成绩管理系统窗体属性设置

属　　性	属 性 值	说　　明
(Name)	MainForm	窗体名称
StartPosition	CenterScreen	窗体显示位置
Text	学生成绩管理系统	窗体的标题

相关知识点链接

5.1.1 Windows 窗体概述

在 Windows 应用程序中,窗体是屏幕上与一个应用程序相对应的矩形区域,是用户与产生该窗口的应用程序之间的可视界面,是 Windows 窗体应用程序的基本单元。每当用户开始运行一个应用程序时,应用程序就创建并显示一个窗口;当用户操作窗口中的对象时,程序会作出相应反应。用户通过关闭一个窗口来终止一个程序的运行;通过选择相应的应用程序窗口来选择相应的应用程序。窗体都具有自己的特征,开发人员可以通过编程方式来设置。在.NET环境中，窗体也是对象，窗体类定义了生成窗体的模板，每实例化一个窗体类，就产生一个窗体。.NET框架类库的System.Windows.Forms命名空间中定义的Form类是所有窗体类的基类。编写窗体应用程序时，首先要设计窗体的外观和在窗体中添加控件或组件。虽然可以通过编写代码来实现，但是不直观也不方便，而且很难精确地控制界面。如果要编写窗体应用程序，推荐使用集成开发环境Visual Studio 2012。Visual Studio 2012提供了一个图形化的可视化窗体设计器，可以实现所见即所得的设计效果，以便快速开发窗体应用程序。

通常一个新建的窗体包含一些基本的组成元素，如图标、标题、位置、背景等。设置这些要素可以通过窗体的属性面板进行设置，也可以通过代码实现。为了快速开发Windows窗体应用程序，通常都是通过属性面板进行设置的。Visual Studio 2012开发环境中默认窗体及属性面板如图5-3所示。

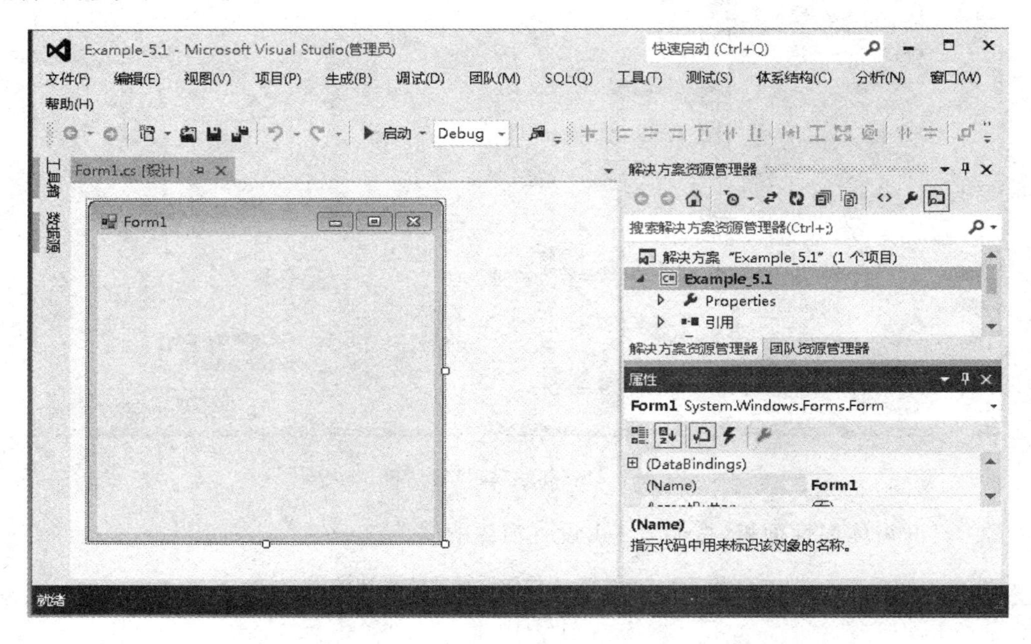

图5-3 Visual Studio 2012开发环境中默认窗体及属性面板

5.1.2 Windows窗体属性

窗体的属性决定了窗体的外观和操作，表5-2给出了Windows窗体常用属性及其说明。

表5-2 Windows窗体常用属性及其说明

属性	说明
Name	用来获取或设置窗体的名称。窗体的名称是用来标识该对象的属性的。任何对窗体的引用都需要使用窗体名称(在实际代码中引用属性时如果省略，默认为窗体名)。对象名不同于其他属性，在代码中窗体名称是不能修改的，只能在设计阶段设置对象名，在程序代码中通过对象名来引用对象及其属性、方法和事件
WindowState	用来获取或设置窗体的窗口状态。其属性有：Normal(正常，默认值)、Minimized(最小化)和Maximized(最大化)

续表

属　　性	说　　明
StartPosition	用来获取或设置运行时窗体的起始位置
Text	该属性是一个字符串属性，用来设置或返回在窗口标题栏中显示的文字
Width	用来获取或设置窗体的宽度
Height	用来获取或设置窗体的高度
Left	用来获取或设置窗体的左边缘的 x 坐标(以像素为单位)
Top	用来获取或设置窗体的上边缘的 y 坐标(以像素为单位)
ControlBox	用来获取或设置一个值，该值指示在该窗体的标题栏中是否显示控制框。控制框可以包含 Minimize 按钮、Maximize 按钮、Help 按钮和 Close 按钮
MaximumBox	用来获取或设置一个值，该值指示是否在窗体的标题栏中显示最大化按钮
MinimizeBox	用来获取或设置一个值，该值指示是否在窗体的标题栏中显示最小化按钮
Enabled	用来获取或设置一个值，该值指示控件是否可以对用户交互作出响应
Font	该属性用来获取或设置控件显示的文本的字体。Font 属性实际上是返回一个 Font 对象，然后通过设置 Font 的属性来改变对象的字体
ForeColor	用来获取或设置控件的前景色
ShowInTaskbar	该属性用来获取或设置一个值，该值指示是否在 Windows 任务栏中显示窗体
Visible	该属性获取或设置一个值，该值指示是否显示该窗体或控件。该属性只有在运行阶段才起作用
IsMdiChild	获取一个值，该值指示该窗体是否为多文档界面(MDI)子窗体
IsMdiContainer	获取或设置一个值，该值指示窗体是否为多文档界面(MDI)中的子窗体的容器
MdiParent	该属性用来获取或设置此窗体的当前多文档界面(MDI)父窗体
Icon	该属性用于获取或设置窗体的图标
FormBorderStyle	设置窗体边框的外观(以前叫作窗体的风格)
ContextMenu	该属性用于获取或设置与控件关联的快捷菜单
Opacity	该属性主要用来获取或设置窗体的不透明度，其默认值为 100%
AcceptButton	该属性用来获取或设置一个值，该值是一个按钮的名称，当用户按 Enter 键时就相当于单击了窗体上的该按钮。注意：窗体上必须至少有一个按钮时，才能使用该属性
CancelButton	该属性用来获取或设置一个值，该值是一个按钮的名称，当用户按 Esc 键时就相当于单击了窗体上的该按钮
BackColor	该属性用来获取或设置窗体的背景色。用户可以直接在背景属性文本框中输入颜色值，也可以通过系统颜色列表和调色板来选择。系统颜色列表和调色板可以通过单击文本框右侧的下拉箭头显示出来
AutoScroll	用来获取或设置一个值，该值指示窗体是否实现自动滚动
BackgroundImage	用来获取或设置窗体的背景图像

5.1.3 Windows 窗体的常用方法和事件

Windows 窗体作为窗体类的实例，能够执行.NET Framework 中窗体类的方法，也能够对事件作出响应。

1. Windows 窗体的常用方法

(1) Show 方法：该方法的作用是让窗体显示出来。其调用格式为：

```
窗体名.Show();
```

(2) Hide 方法：该方法的作用是把窗体隐藏起来。其调用格式为：

```
窗体名.Hide();
```

(3) Refresh 方法：该方法的作用是刷新并重画窗体。其调用格式为：

```
窗体名.Refresh();
```

(4) Activate 方法：该方法的作用是激活窗体并给予它焦点。其调用格式为：

```
窗体名.Activate();
```

(5) Close 方法：该方法的作用是关闭窗体。其调用格式为：

```
窗体名.Close();
```

(6) ShowDialog 方法：该方法的作用是将窗体显示为模式对话框。其调用格式为：

```
窗体名.ShowDialog();
```

2. Windows 窗体的常用事件

Windows 应用程序的一个主要特点就是事件驱动，所以在开发 Windows 应用程序时，必须先处理各种各样的事件。窗体类中包含许多事件成员，例如，Click 事件、Load 事件和 FormClosed 事件等。在窗体事件中，有的事件由用户操作触发，有的事件则由系统触发。

(1) Load 事件：当窗体被首次显示时，将发生 Load 事件。通常，在 Load 事件过程中用来将窗体和窗体上控件的启动代码进行初始化。例如，指定控件的设置值，指明将要装入的列表框控件的内容，以及初始化窗体的位置等。

(2) Activated 事件：窗体被代码(或用户)激活时发生。

(3) Paint 事件：在一个窗体被移动或放大之后，或在一个覆盖该窗体的对象被移开之后，该窗体的部分或全部显示时，Paint 事件发生。

注意：在使用 Refresh 方法时，Paint 事件会自动被调用。

(4) GotFocus 事件和 LostFocus 事件：当窗体对象获得焦点时产生 GotFocus 事件。当窗体对象失去焦点时发生 LostFocus 事件。

说明：对象只有当其 Enabled 和 Visible 属性都设置为 True 时才能接受焦点。获得焦点和失去焦点都可以通过诸如 Tab 键的切换，或者单击对象之类的用户动作，或者在代码中使用 SetFocus 方法改变焦点来实现。

(5) Click 事件：在窗体上按下然后释放一个鼠标按钮时 Click 事件发生。对窗体对象而言，Click 事件是在单击一个空白区或一个无效控件时发生的。

(6) Closed 事件：窗体被用户(或窗体的 Close 方法)关闭时发生。

当一个窗体启动时，执行事件过程的次序如下。

① 本窗体上的 Load 事件过程。

② 本窗体上的 Activated 事件过程。

③ 本窗体上的其他 Form 级事件过程。

④ 本窗体上包含对象的相应事件过程。

一个窗体被卸载时，执行事件过程的次序如下。

① 本窗体上的 FormClosing 事件过程。

② 本窗体上的 FormClosed 事件过程。

5.1.4 Windows 应用程序的结构

利用 C# 开发应用程序一般包括建立项目、界面设计、属性设计和代码设计等步骤。下面通过具体的例子来说明开发 Windows 程序的步骤和方法。

【例 5.1】 创建一个 Windows 应用程序，单击窗体时会弹出对话框。具体步骤如下。

（1）建立项目

在 Visual Studio 2012 开发环境中选择"文件"菜单，然后选择"新建"选项中的"项目"命令，如图 5-4 所示。在"名称"框中输入项目文件的名称，在"位置"列表框中选择文件的保存位置，然后单击"确定"按钮，返回 Visual Studio 2012 的主界面。

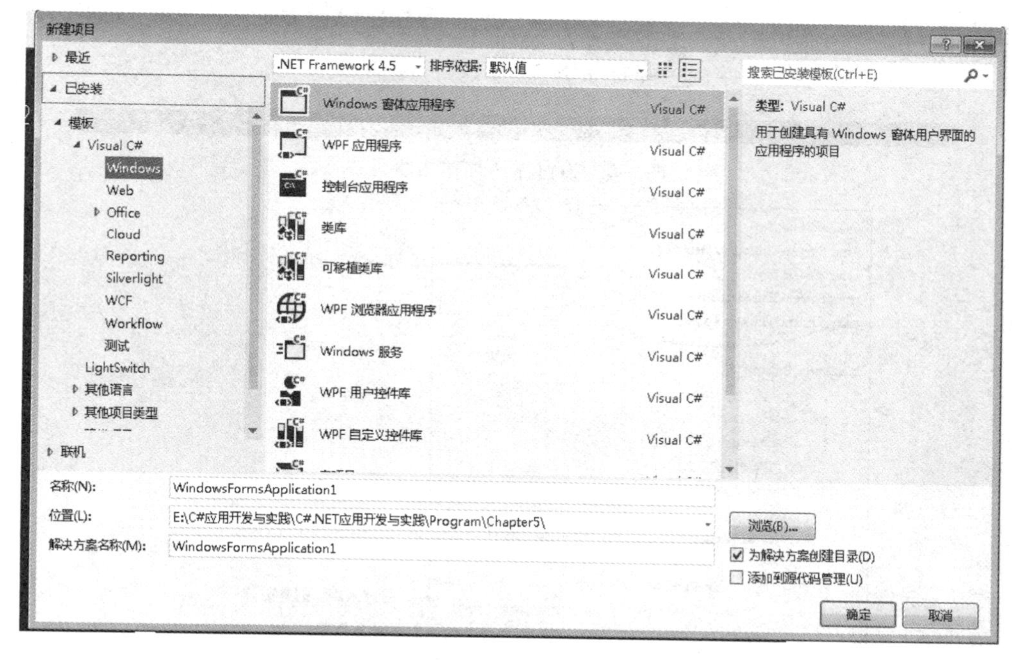

图 5-4 "新建项目"对话框

（2）为窗体添加单击事件响应函数，弹出对话框。

选中窗体，单击"属性"面板中的闪电图标，选中 Click 事件，如图 5-5 所示。

双击 Click 后面的属性栏跳转到编辑模式，输入以下代码：

```
private void Form1_Click(object sender,System.EventArgs e)
{
  MessageBox.Show("这是一个窗体单击事件演示程序!","窗体事件");  //弹出对话框
}
```

为了更好地理解 Windows 应用程序的结构，在 VS 2012 集成开发环境中展开例 5.1 的解决方案管理器，可以看到一个典型的 Windows 应用程序的文件组织目录结构。这些文件之间的调用关系如图 5-6 所示。

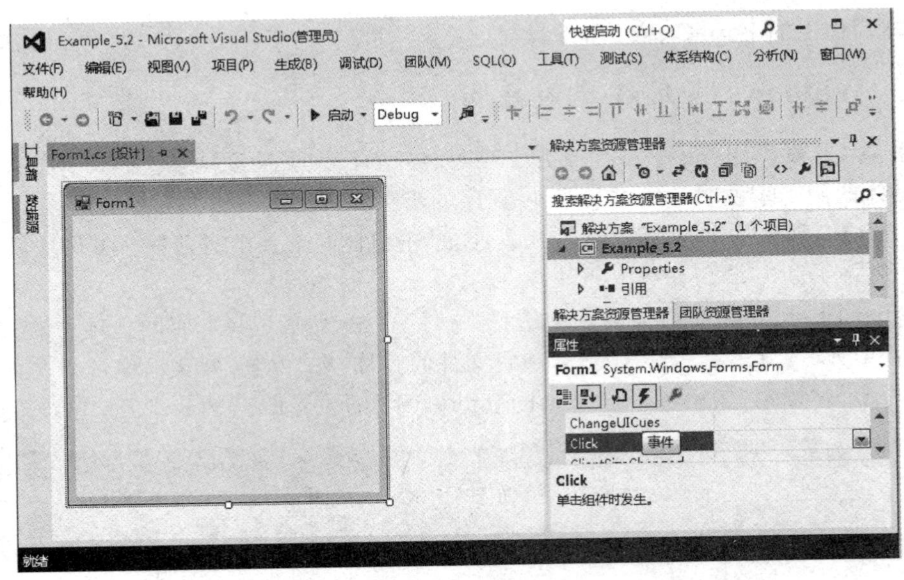

图 5-5 为窗体添加单击事件

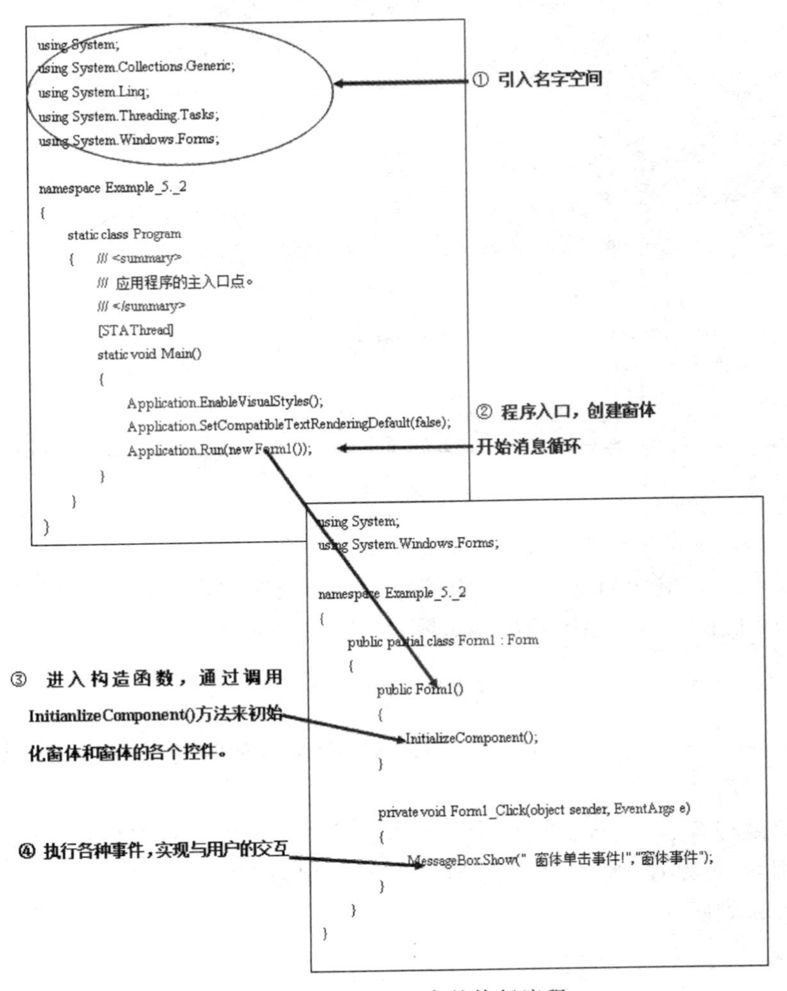

图 5-6 Windows 程序的执行流程

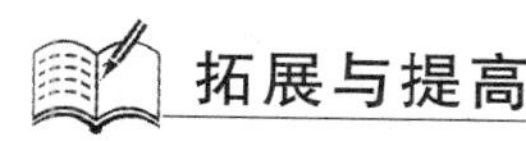

拓展与提高

借助 Internet 以及其他书籍了解 Windows 程序的常用属性、方法和事件，在此基础上创建一个 Windows 应用程序，设置断点，并跟踪程序的执行，掌握 Windows 程序的执行流程。

5.2 文本类控件

任务描述：用户登录界面

用户登录是学生成绩管理系统中必不可少的功能模块。用户只有输入正确的用户名和密码，才能使用学生成绩管理系统。本任务完成学生成绩管理系统的用户登录界面，如图 5-7 所示。

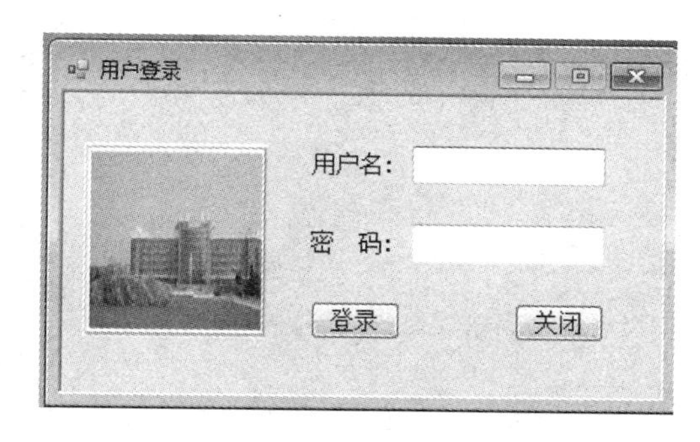

图 5-7　用户登录界面

任务实现

(1) 启动 VS 2012，打开学生成绩管理系统项目文件 StudentGrade. sln，然后向项目中添加一个窗体，拖动窗体到合适位置，并按照表 5-3 设置窗体的属性。

表 5-3　用户登录窗体属性设置

属　　性	值
(Name)	LoginForm
StartPosition	CenterScreen
MaxmizeBox	False
Text	用户登录

(2) 在窗体中拖入如下控件，调整控件位置(如图 5-8 所示)，并按照表 5-4 来修改控件的属性。

(3) 为 Button1 和 Button2 的 Click 事件分别生成事件处理函数，实现用户身份验证流程，关键代码如下(假设正确的用户名为 admin，密码为 123。编写“登录”按钮事件处理函数，验证输入用户名和密码是否正确，如果正确，打开下一个窗体)：

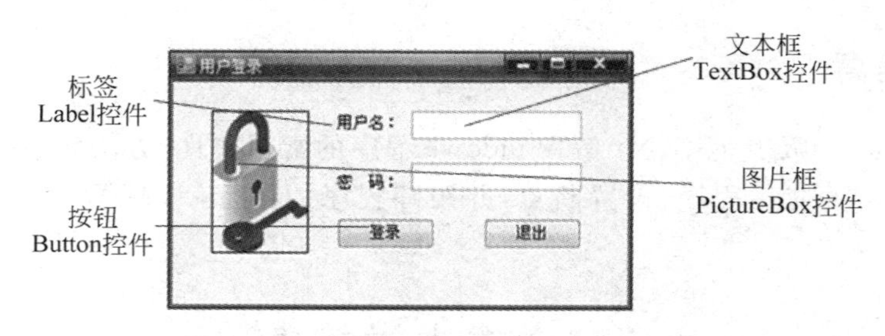

图 5-8 用户登录界面

```
private void btnLogin_Click(object sender,EventArgs e)
{
  string username = this.txtUserName.Text.Trim();             //用户名
  string passwd = this.txtPasswd.Text.Trim();                  //密码

  if (username.Equals("admin") && passwd.Equals("123"))
  {
      MainForm mainform = new MainForm();                      //建立主窗体
      this.Hide();                                             //隐藏登录窗体
      mainform.Show();                                         //显示主窗体
  }
  else
  {
    MessageBox.Show("用户名或密码错误,请重新输入!","提示");
  }
}
//"退出"按钮事件响应函数
private void btnExit_Click(object sender,EventArgs e)
{
   Application.Exit();                                         //退出应用程序
}
```

表 5-4 用户登录界面控件属性设置

控 件 名	属 性	值
Label1	Text	用户名：
Label2	Text	密码：
TextBox2	PasswordChar	*
Button1	Text	登录
Button2	Text	退出
PictureBox1	Image	选择图片

相关知识点链接

文本类控件主要包括标签控件(Label 控件)、按钮控件(Button 控件)、文本框控件(TextBox 控件)和有格式文本控件(RichTextBox 控件)。

5.2.1 标签控件

标签控件(Label 控件)主要用于显示不能编辑的文本，标识窗体上的对象(例如，给文本框、列表框添加描述信息等)。如果添加一个标签控件，系统会自动创建标签控件的对象。图 5-9 给出了标签控件及其常用属性、方法和事件的说明。

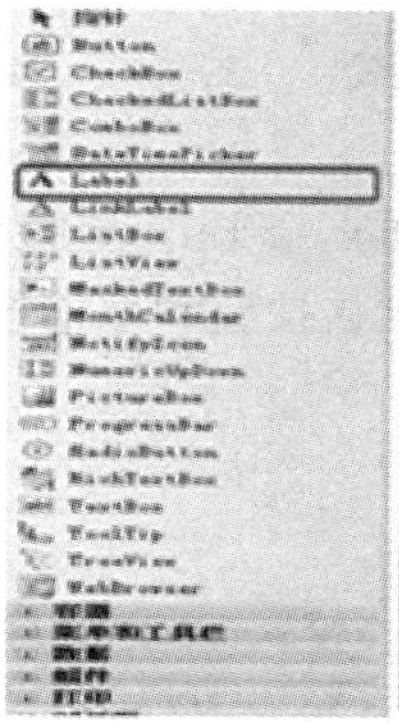

属性	说明
Text	该属性用于设置或获取与该控件关联的文本
方法	**说明**
Hide	隐藏控件，调用该方法时，即使 Visible 属性设置为 True，控件也不可见
Show	相当于将控件的 Visible 属性设置为 True 并显示控件
事件	**说明**
Click	用户单击控件时将发生该事件

图 5-9　标签控件及其常用属性、方法和事件

5.2.2 按钮控件

按钮控件(Button 控件)允许用户通过单击来执行操作。按钮控件既可以显示文本，又可以显示图像。当该控件被单击时，先被按下，然后释放。图 5-10 给出了按钮控件及其常用属性、方法和事件的说明。

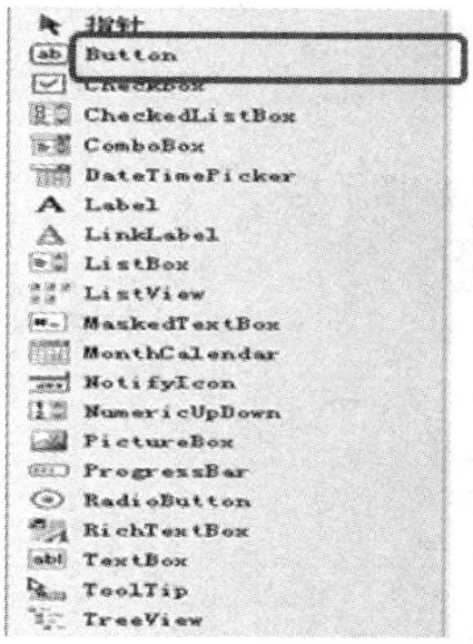

属性	说明
Enabled	确定是否可以启用或禁用该控件
方法	**说明**
PerformClick	Button 控件的 Click 事件
事件	**说明**
Click	单击按钮时将触发该事件

图 5-10　按钮控件及其属性、方法和事件

在任何 Windows 窗体上都可以指定某个 Button 控件为接受按钮(也称默认按钮)。每当用户按下 Enter 键时，即单击默认按钮，而不管当前窗体上其他哪个控件具有焦点。在窗体设计器中指定接受按钮的方法是：选择按钮所驻留的窗体，在属性面板中将属性的 AcceptButton 属性设置为 Button 控件的名称，也可以通过编程的方式指定接受按钮，在代码中将窗体的 AcceptButton 属性设置为适当的 Button。例如：

```
this.AcceptButton = this.btnLogin;
```

在任何 Windows 窗体上都可以指定某个 Button 控件为取消按钮。每当用户按 Esc 键时，即单击取消按钮，而不管当前窗体上其他哪个控件具有焦点。通常设计这样的按钮可以允许用户快速退出操作而无须执行任何动作。在窗体设计器中指定取消按钮的方法是：选择按钮所驻留的窗体，在属性面板中将窗体的 CancelButton 属性设置为 Button 控件的名称，也可以通过编程的方式指定取消按钮，在代码中将窗体的 CancelButton 属性设置为适当的 Button。例如：

```
this.CancelButton = this.btnExit;
```

【例 5.2】 创建一个 Windows 应用程序，在默认窗体中添加 4 个 Button 控件，然后设置这 4 个 Button 控件的样式来制作不同的按钮，并设置窗体的默认按钮和取消按钮。主要代码如下：

```
private void Form1_Load(object sender,EventArgs e)
{
this.button1.BackgroundImage = Properties.Resources.bg;            //设置 button1 的背景
this.button1.BackgroundImageLayout = ImageLayout.Stretch;          //设置 button1 背景布局
this.button2.Image = Properties.Resources.qie;                     //设置 Button1 显示的图像
this.button2.ImageAlign = ContentAlignment.MiddleCenter;           //设置图像居中对齐
this.button2.Text = "图像按钮";                                     //设置 button2 的文本
this.button3.FlatStyle = FlatStyle.Flat;                           //设置 button3 的样式
this.button3.Text = "接受按钮";                                     //设置 button3 的文本
this.button4.Text = "取消按钮";                                     //设置 button4 的文本
this.AcceptButton = button3;                                       //设置窗体的默认按钮为 button3
this.CancelButton = button4;                                       //设置窗体的取消按钮为 button4
}
//button3 的单击事件
  private void button3_Click(object sender,EventArgs e)
  {
    MessageBox.Show("接受按钮事件","提示");                          //消息提示框
  }
  //button4 的单击事件
  private void button4_Click(object sender,EventArgs e)
  {
    MessageBox.Show("取消按钮事件","提示");
  }
```

程序的运行结果如图 5-11 所示。

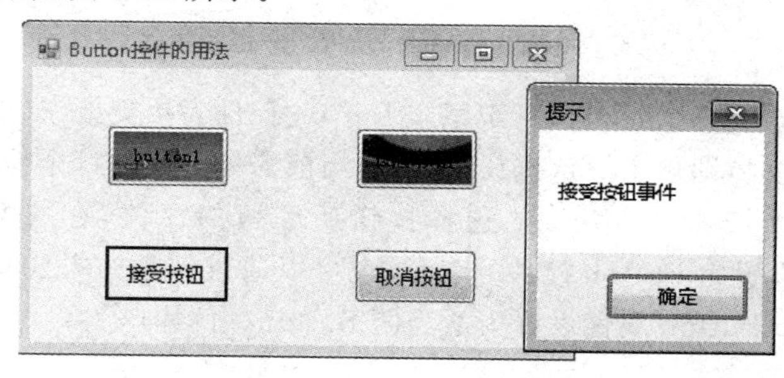

图 5-11　Button 控件的用法

5.2.3 文本控件

文本控件(TextBox 控件)用于获取用户的输入数据或者显示文本。文本框控件通常用于可编辑文本,也可以使其成为只读控件。文本框可以显示多行,开发人员可以使文本换行以便符合控件的大小。图 5-12 给出 TextBox 控件的常用属性、方法和事件。

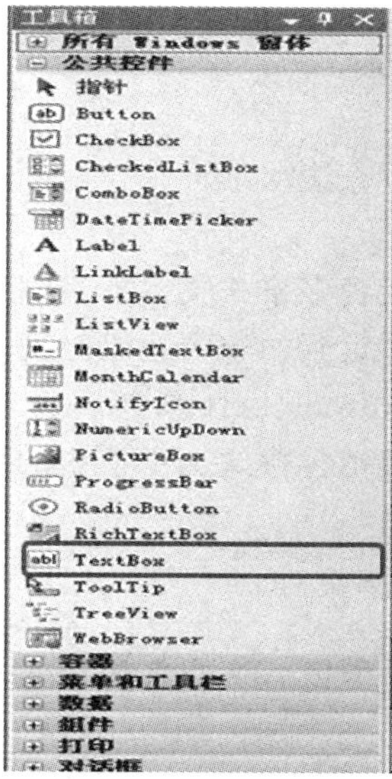

属性	说明
MaxLength	可在文本框中输入的最大字符数
Multiline	表示是否可在文本框中输入多行文本
Passwordchar	机密和敏感数据,密码输入字符
ReadOnly	文本框中的文本为只读
Text	检索在控件中输入的文本
方法	**说明**
Clear	删除现有的所有文本
事件	**说明**
KeyPress	用户按一个键结束时将发生该事件

图 5-12 文本框控件的属性、方法和事件

5.2.4 多格式文本框控件

Windows 窗体 RichTextBox 控件用于显示、输入和操作带有格式的文本。RichTextBox 控件除了执行 TextBox 控件的所有功能之外,还可以显示字体、颜色和链接,从文件加载文本和嵌入的图像,撤销和重复编辑操作以及查找指定的字符。与字处理应用程序(如 Microsoft Word)类似,RichTextBox 通常用于提供文本操作和显示功能。与 TextBox 控件一样,RichTextBox 控件也可以显示滚动条;但与 TextBox 控件不同的是,默认情况下,该控件将同时显示水平滚动条和垂直滚动条,并具有更多的滚动条设置。

下面简单介绍 RichTextBox 控件的常用属性与方法。

(1) Text 属性:RichTextBox 控件的 Text 属性用于返回或设置多格式文本框的文本内容。设置时可以使用属性面板,也可以使用代码,代码示例如下:

```
rtxtNotepad.Text = "Visual C#  2010";
```

(2) MaxLength 属性:RichTextBox 控件的 MaxLength 属性用于获取或设置在多格式文本框控件中能够输入或者粘贴的最大字符数。

(3) MultiLine 属性:RichTextBox 控件的 MultiLine 属性用于获取或设置多格式文本框控件的文本内容是否可以显示为多行。MultiLine 属性有 True 和 False 两个值,默认值为 True,即默认以多行形式显示文本。

(4) ScrollBars属性：RichTextBox控件的ScrollBars属性设置文本框是否有垂直或水平滚动条。它有以下7种属性值。

① None,没有滚动条。

② Horizontal,多格式文本框有水平滚动条。

③ Vertical,多格式文本框具有垂直滚动条。

④ Both,多格式文本框既有水平滚动条又有垂直滚动条。

⑤ ForceHorizontal,不管文本内容多少,始终显示水平滚动条。

⑥ ForceVertical,不管文本内容多少,始终显示垂直滚动条。

⑦ ForceBoth,不管文本内容多少,始终显示水平滚动条和垂直滚动条。

其默认值为Both,显示水平滚动条和垂直滚动条。

(5) Anchor属性：RichTextBox控件的Anchor属性用于设置多格式文本框控件绑定到容器(例如窗体)的边缘,绑定后多格式文本框控件的边缘与绑定到的容器边缘之间的距离保持不变。可以设置Anchor属性的4个方向,分别为Top、Bottom、Left和Right。

(6) Undo()方法：RichTextBox控件的Undo()方法用于撤销多格式文本框中的上一个编辑操作。Undo()方法使用的代码示例如下：

```
rtxtNotepad.Undo();
```

(7) Copy()方法：RichTextBox控件的Copy()方法用于将多格式文本框中被选定的内容复制到剪贴板中。Copy()方法使用的代码示例如下：

```
rtxtNotepad.Copy();
```

(8) Cut()方法：RichTextBox控件的Cut()方法用于将多格式文本框中被选定的内容移动到剪贴板中。Cut()方法使用的代码示例如下：

```
rtxtNotepad.Cut();
```

(9) Paste()方法：RichTextBox控件的Paste()方法用于将剪贴板中的内容粘贴到多格式文本框中光标所在的位置。Paste()方法使用的代码示例如下：

```
rtxtNotepad.Paste();
```

(10) SelectAll()方法：RichTextBox控件的SelectAll()方法用于选定多格式文本框中的所有内容。SelectAll()方法使用的代码示例如下：

```
rtxtNotepad.SelectAll();
```

(11) LoadFile()方法：LoadFile()方法将文件加载到RichTextBox对象中,其一般格式为：

```
RichTextBox对象名.LoadFile(文件名,文件类型)
```

其中,文件类型是RichTextBoxStreamType枚举类型的值,默认为RTF格式文件。例如,使用“打开”对话框选择一个文本文件并加载到richTextBox1控件中,代码如下：

```
openFileDialog1.Filter = "文本文件(*.txt)|*.txt|所有文件(*.*)|*.*";
if (openFileDialog1.ShowDialog() == DialogResult.OK)
```

```
{
    string fName = openFileDialog1.FileName;
    richTextBox1.LoadFile(fName,RichTextBoxStreamType.PlainText);
}
```

(12) SaveFile()方法：SaveFile()方法保存 RichTextBox 对象中的文件，一般格式如下：

```
RichTextBox 对象名.SaveFile(文件名,文件类型);
```

例如，使用“保存”对话框选择一个文本文件，并将 richTextBox1 控件的内容保存到该文件，代码如下：

```
//保存 RTF 格式文件
saveFileDialog1.Filter = "RTF 文件( * .rtf)| * .rtf";
saveFileDialog1.DefaultExt = "rtf";                    //默认的文件扩展名
if (saveFileDialog1.ShowDialog() == DialogResult.OK)
  richTextBox1.SaveFile(saveFileDialog1.FileName,RichTextBoxStreamType.RichText);
```

下面通过一个例子来详细说明 RichTextBox 控件的用法。

【例 5.3】 编写一个 Windows 应用程序，在默认窗体中添加三个 Button 控件和一个 RichTextBox 控件，其中 Button 控件用来执行打开文件、设置字体属性和插入图片操作，RichTextBox 控件用来显示文件和图片。关键代码如下：

```
private void Form1_Load(object sender,EventArgs e)
{
  this.richTextBox1.BorderStyle = BorderStyle.Fixed3D;          //设置边框样式
  this.richTextBox1.DetectUrls = true;                          //设置自动识别超链接
  this.richTextBox1.ScrollBars = RichTextBoxScrollBars.Both;    //设置滚动条
    }
//打开文件
private void button1_Click(object sender,EventArgs e)
{
  OpenFileDialog openFile = new OpenFileDialog();               //实例化打开文件对话框
  openFile.Filter = "rtf 文件( * .rtf) | * .rtf";                //设置文件筛选器

  if (openFile.ShowDialog() == DialogResult.OK)                 //判断是否选中文件
  {
    this.richTextBox1.Clear();                                  //清空文本框
    //加载文件
    this.richTextBox1.LoadFile(openFile.FileName,RichTextBoxStreamType.RichText);
  }
}
//设置字体属性
private void button2_Click(object sender,EventArgs e)
{
this.richTextBox1.SelectionFont = new Font("楷体",12,FontStyle.Bold);  //设置文本字体
this.richTextBox1.SelectionColor = System.Drawing.Color.Red;          //设置文本字体为红色
}
//插入图片
private void button3_Click(object sender,EventArgs e)
{
```

```
    OpenFileDialog openFile = new OpenFileDialog();                 //实例化打开文件对话框
    openFile.Filter = "bmp 文件(*.bmp)|*.bmp|jpg 文件(*.jpg)|*.jpg";
    openFile.Title = "打开图片";
    if (openFile.ShowDialog() == DialogResult.OK)                   //判断是否选中文件
    {
      Bitmap bmp = new Bitmap(openFile.FileName);              //使用选择图片实例化 Bitmap
      Clipboard.SetDataObject(bmp,false);                         //将图像放于系统剪贴板
        //判断控件是否可以粘贴图片信息
      if (this.richTextBox1.CanPaste(DataFormats.GetFormat(DataFormats.Bitmap)))
              this.richTextBox1.Paste();                              //粘贴图片
    }
}
```

程序的运行结果如图 5-13 所示。

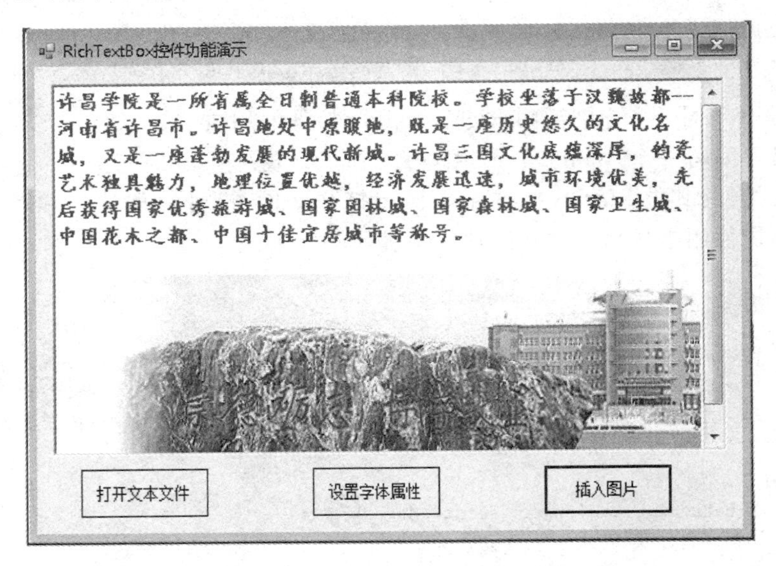

图 5-13　RichTextBox 控件的用法

拓展与提高

创建一个 Windows 应用程序，添加 RichText 控件、Button 控件和文本框控件。运行程序，打开一个文本文件，在文本框中输入查找的字符串，单击“查找”按钮开始在文本文件中查找。如果找到字符串，设置找到字符串的颜色为红色。如果没有找到，则给出提示信息。

5.3　选择类控件

任务描述：学生信息添加界面

在学生成绩管理系统中需要添加学生的基本信息，如学号、姓名等。本任务将利用相关控件完成学生信息添加界面，如图 5-14 所示。

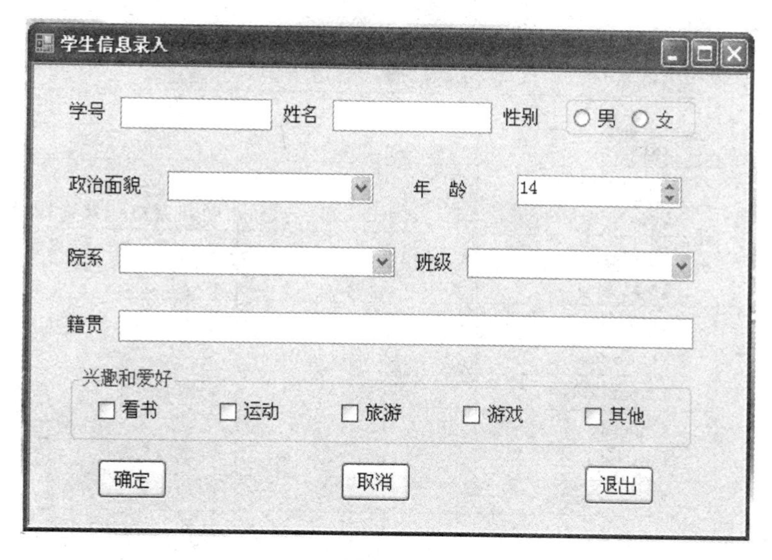

图 5-14　添加学生信息界面

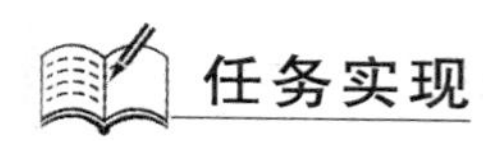

任务实现

(1) 启动 VS 2012,打开学生成绩管理系统项目文件 StudentGrade.sln,然后向项目中添加一个窗体,拖动窗体到合适位置,并按照表 5-5 设置窗体的属性。

表 5-5　添加窗体属性设置

属　　性	值
(Name)	AddStudent
StartPosition	CenterScreen
MaxmizeBox	False
Text	学生信息录入

(2) 按照图 5-14 在窗体中添加相关控件,调整控件到合适位置,按照表 5-6 来修改控件的属性。

表 5-6　添加学生信息窗体控件属性设置

控件类型	控　件　名	属　　性	值
Label	label1	Text	学号
	label2	Text	姓名
	label3	Text	性别
	label4	Text	政治面貌
	label5	Text	年龄
	label6	Text	院系
	label7	Text	班级
	label8	Text	籍贯

续表

控件类型	控件名	属性	值
TextBox	txtStuID		
	txtName		
	txtLocation		
ComboBox	comNation	Items	中共党员　共青团员　学生　其他
	comDepart		
	comClass		
RadioButton	rbtMale	Text	男
	rbtFemal	Text	女
CheckBox	Checkbox1	Text	旅游
	Checkbox2	Text	运动
	Checkbox3	Text	看书
	Checkbox4	Text	游戏
	Checkbox5	Text	其他
NumericUpDown	numAge	Maximun Minimum Value	30 14 14
Button	btnConfirm	Text	确定
	btnCancel	Text	取消
	btnClose	Text	退出

(3) 在窗体 AddStudent 的 Load 事件中添加院系信息，主要代码如下：

```
private void AddStudent_Load(object sender,EventArgs e)
{
    rdbMale.Checked = true;
    rdbFemal.Checked = false;
    comDepart.Items.Add("计算机学院");
    comDepart.Items.Add("机电工程学院");
    comDepart.Items.Add("通信工程学院");
    comDepart.Items.Add("机械与自动化学院");
    comDepart.Items.Add("土木工程学院");
}
```

(4) 添加组合框 comDepart 的选择改变事件 SelectedValueChanged，用来向“班级”组合框中添加相应院系的班级，关键代码如下：

```
private void comDepart_SelectedValueChanged(object sender,EventArgs e)
{
    string depart = comDepart.Text.Trim ();
    if (depart.Equals("计算机学院"))
    {
      this.comClass.Items.Add("2012 级计算机班");
      this.comClass.Items.Add("2012 级数字媒体班");
      this.comClass.Items.Add("2012 级网络工程班");
      this.comClass.Items.Add("2011 级计算机班");
      this.comClass.Items.Add("2011 级数字媒体班");
```

```
        this.comClass.Items.Add("2011 级网络工程班");
      }
}
```

(5) 添加“确定”按钮的单击事件,显示添加的学生信息,关键代码如下:

```
//获取学生性别
private string GetGender()
  {
    string gender = "";
   if (this.rdbMale.Checked == true)
   {
     gender = "男";
   }
   else
   {
     if (this.rdbFemal.Checked == true)
     {
        gender = "女";
     }
   }
   return gender;
   }
   //获取学生兴趣
   private string GetHobby()
   {
    string interest = string.Empty;
    if (this.checkBox1.CheckState == CheckState.Checked)
   {
        interest = "看书、";
   }
  if (this.checkBox2.CheckState == CheckState.Checked)
  {
      interest = interest +"运动、";
  }
  if (this.checkBox3.CheckState == CheckState.Checked)
  {
    interest = interest + "旅游、";
  }
  if (this.checkBox4.CheckState == CheckState.Checked)
  {
      interest = interest + "游戏、";
  }
  if (this.checkBox5.CheckState == CheckState.Checked)
  {
      interest = interest + "其他、";
  }
  return interest.Substring (0,interest.Length - 1);
}
//“确定”按钮单击事件
private void btnConfirm_Click(object sender,EventArgs e)
```

```
{
string stuid = this.txtStudentID.Text.Trim();
string name = this.txtName.Text.Trim();
string gender = GetGender();
string nationality = this.comZZ.Text.Trim();
string age = Convert.ToString (this.numericUpDown1.Value);
string depart = this.comDepart.Text.Trim();
string inclass = this.comClass.Text.Trim();
string nation = this.txtNationality.Text;
string hobby = GetHobby();
string stuinfo = "学号：" + stuid + "  姓名：" + name + "   性别：" + gender +
"\n\n政治面貌：" + nationality + "  年龄：" + age + "    院系：" + depart + "\n\n班级：" +
inclass + "  籍贯：" + nation + "\n\n兴趣和爱好：" + hobby;
MessageBox.Show(stuinfo,"学生信息显示");
}
```

相关知识点链接

5.3.1 单选按钮控件

单选按钮控件(RadioButton 控件)为用户提供由两个或多个互斥选项组成的选项集。当用户选中某个单选按钮时，同一组中其他单选按钮不能同时被选定。通常情况下，单选按钮(RadioButton)显示为一个标签，左边是一个圆点，该点可以是选中或未选中。

表 5-7 给出了 RadioButton 控件的常用属性、事件及其描述。

表 5-7 RadioButton 控件的常用属性、事件及其描述

属 性	描 述
Appearance	RadioButton 可以显示为一个圆形选中标签，放在左边、中间或右边，或者显示为标准按钮。当它显示为按钮时，控件被选中时显示为按下状态，否则显示为弹起状态
AutoCheck	如果这个属性为 true，用户单击单选按钮时，会显示一个选中标记。如果该属性为 false，就必须在 Click 事件处理程序的代码中手工检查单选按钮
CheckAlign	使用这个属性，可以改变单选按钮的复选框的对齐形式，默认是 ContentAlignment.MiddleLeft
Checked	表示控件的状态。如果控件有一个选中标记，它就是 true，否则为 false
事件名称	**描 述**
CheckChanged	当 RadioButton 的选中选项发生改变时，引发这个事件
Click	每次单击 RadioButton 时，都会引发该事件。这与 CheckChanged 事件是不同的，因为连续单击 RadioButton 两次或多次只改变 Checked 属性一次，且只改变以前未选中的控件的 Checked 属性。而且，如果被单击按钮的 AutoCheck 属性是 false，则该按钮根本不会被选中，只引发 Click 事件

5.3.2 复选框控件

复选框控件(CheckBox 控件)显示为一个标签，左边是一个带有标记的小方框。在希望用户可以选择一个或多个选项时，就应使用复选框。

表 5-8 给出了 CheckBox 控件的常用属性、事件及其描述。

表 5-8 CheckBox 控件的常用属性、事件及其描述

属　　性	描　　述
CheckState	与 RadioButton 不同，CheckBox 有三种状态：Checked、Indeterminate 和 Unchecked。复选框的状态是 Indeterminate 时，控件旁边的复选框通常是灰色的，表示复选框的当前值是无效的，或者无法确定(例如，如果选中标记表示文件的只读状态，且选中了两个文件，则其中一个文件是只读的，另一个文件不是)，或者在当前环境下没有意义
ThreeState	这个属性为 false 时，用户就不能把 CheckState 属性改为 Indeterminate。但仍可以在代码中把 CheckState 属性改为 Indeterminate
事件名称	**描　　述**
CheckedChanged	当复选框的 Checked 属性发生改变时，就引发该事件。注意在复选框中，当 ThreeState 属性为 true 时，单击复选框不会改变 Checked 属性。在复选框从 Checked 变为 Indeterminate 状态时，就会出现这种情况
CheckedStateChanged	当 CheckedState 属性改变时，引发该事件。CheckedState 属性的值可以是 Checked 和 Unchecked。只要 Checked 属性改变了，就引发该事件。另外，当状态从 Checked 变为 Indeterminate 时，也会引发该事件

5.3.3　列表控件

列表控件(ListBox 控件)用于显示一个列表，用户可以从中选择一项或多项。如果选项总数超过可以显示的项数，则控件会自动添加滚动条。

1. 列表控件的常用属性

(1) Items 属性：用于存放列表框中的列表项，是一个集合。通过该属性，可以添加列表项、移除列表项和获得列表项的数目。

(2) MultiColumn 属性：用来获取或设置一个值，该值指示 ListBox 是否支持多列。值为 true 时表示支持多列，值为 false 时不支持多列。当使用多列模式时，可以使控件得以显示更多可见项。

(3) SelectionMode 属性：用来获取或设置在 ListBox 控件中选择列表项的方法。当 SelectionMode 属性设置为 SelectionMode. MultiExtended 时，按下 Shift 键的同时单击鼠标或者同时按 Shift 键和箭头键之一(上箭头键、下箭头键、左箭头键和右箭头键)，会将选定内容从前一选定项扩展到当前项。按 Ctrl 键的同时单击鼠标将选择或撤销选择列表中的某项；当该属性设置为 SelectionMode. MultiSimple 时，鼠标单击或按空格键将选择或撤销选择列表中的某项；该属性的默认值为 SelectionMode. One，则只能选择一项。

(4) SelectedIndex 属性：用来获取或设置 ListBox 控件中当前选定项的从零开始的索引。如果未选定任何项，则返回值为 1。对于只能选择一项的 ListBox 控件，可使用此属性确定 ListBox 中选定的项的索引。如果 ListBox 控件的 SelectionMode 属性设置为 SelectionMode. MultiSimple 或 SelectionMode. MultiExtended，并在该列表中选定多个项，此时应用 SelectedIndices 来获取选定项的索引。

(5) SelectedItem 属性：获取或设置 ListBox 中的当前选定项。

(6) SelectedItems 属性：获取 ListBox 控件中选定项的集合，通常在 ListBox 控件的 SelectionMode 属性值设置为 SelectionMode. MultiSimple 或 SelectionMode. MultiExtended(它指示多重选择 ListBox)时使用。

(7) Sorted 属性：获取或设置一个值，该值指示 ListBox 控件中的列表项是否按字母顺序排序。如果列表项按字母排序，该属性值为 true；如果列表项不按字母排序，该属性值为 false。默认值为 false。在向已排序的 ListBox 控件中添加项时，这些项会移动到排序列表中适当的位置。

(8) Text 属性：该属性用来获取或搜索 ListBox 控件中当前选定项的文本。当把此属性值设置为字符串值时，ListBox 控件将在列表内搜索与指定文本匹配的项并选择该项。若在列表中选择了一项或多项，该属性将返回第一个选定项的文本。

(9) ItemsCount 属性：该属性用来返回列表项的数目。

2. 常用方法

(1) Items. Add 方法：用来向列表框中增添一个列表项。调用格式如下：

```
ListBox 对象.Items.Add(s);
```

(2) Items. Insert 方法：用来在列表框中指定位置插入一个列表项。调用格式如下：

```
ListBox 对象.Items.Insert(n,s);
```

其中，参数 n 代表要插入的项的位置索引，参数 s 代表要插入的项，其功能是把 s 插入到 ListBox 对象指定的列表框的索引为 n 的位置处。

(3) Items. Remove 方法：用来从列表框中删除一个列表项，调用格式如下：

```
ListBox 对象.Items.Remove(k);
```

(4) Items. Clear 方法：用来清除列表框中的所有项。其调用格式如下：

```
ListBox 对象.Items.Clear();
```

(5) BeginUpdate 方法和 EndUpdate 方法：这两个方法均无参数。调用格式分别如下：

```
ListBox 对象.BeginUpdate();
ListBox 对象.EndUpdate();
```

这两个方法的作用是保证使用 Items. Add 方法向列表框中添加列表项时，不重绘列表框。即在向列表框添加项之前，调用 BeginUpdate 方法，以防止每次向列表框中添加项时都重新绘制 ListBox 控件。完成向列表框中添加项的任务后，再调用 EndUpdate 方法使 ListBox 控件重新绘制。当向列表框中添加大量的列表项时，使用这种方法添加项可以防止在绘制 ListBox 时的闪烁现象。

ListBox 控件常用事件有 Click 和 SelectedIndexChanged，SelectedIndexChanged 事件在列表框中改变选中项时发生。

下面通过一个例子来说明如何使用 ListBox 控件。

【例 5.4】 创建一个 Windows 应用程序，在默认窗体中添加两个 ListBox 控件，4 个 Button 控件，其中一个 ListBox 控件用来显示课程列表，另外一个 ListBox 控件演示选择的课程列表，4 个 Button 按钮分别用来实现添加全部、删除全部、添加选定和删除选定。关键代码如下：

```
private void Form1_Load(object sender,EventArgs e)
{
    this.lstLeft.HorizontalScrollbar = true;                        //显示水平滚动条
    this.lstLeft.ScrollAlwaysVisible = true;                        //使垂直滚动条可见
    this.lstLeft.SelectionMode = SelectionMode.MultiExtended;       //可以在控件中选择多项
    this.lstRight.HorizontalScrollbar = true;                       //显示水平滚动条
    this.lstRight.ScrollAlwaysVisible = true;                       //使垂直滚动条可见
    this.lstRight.SelectionMode = SelectionMode.MultiExtended;      //可以在控件中选择多项
    //向列表控件中添加选项
    this.lstLeft.Items.Clear();
    this.lstLeft.Items.Add("高级语言程序设计");
    this.lstLeft.Items.Add("数据结构与算法");
    this.lstLeft.Items.Add("操作系统原理与实践");
    this.lstLeft.Items.Add("计算机网络");
    this.lstLeft.Items.Add("计算机系统结构");
    this.lstLeft.Items.Add("数据库原理与应用");
}
//全选按钮事件
private void btnAllSelction_Click(object sender,EventArgs e)
{
    this.lstRight.Items.Clear();
    for (int i = 0; i < this.lstLeft.Items.Count; i++)              //循环遍历左边列表
    {
        this.lstRight.Items.Add(lstLeft.Items[i]);                  //将列表添加到右边列表
    }
}
//移除所有项按钮事件
private void btnClearAll_Click(object sender,EventArgs e)
{
    this.lstRight.Items.Clear();
}
//添加选定项按钮事件
private void btnAddSelcted_Click(object sender,EventArgs e)
{
    for (int i = 0; i < lstLeft.SelectedItems.Count; i++)
    {
        this.lstRight.Items.Add(lstLeft.SelectedItems[i]);          //将列表添加到右边列表
    }
}
//删除选定项按钮事件
private void btnClearSelected_Click(object sender,EventArgs e)
{
    for (int i = this.lstRight.SelectedItems.Count - 1; i >= 0; i--)
    {
        this.lstRight.Items.Remove(this.lstRight.SelectedItems[i]);  //移除选定项
    }
}
```

程序的运行结果如图 5-15 所示。

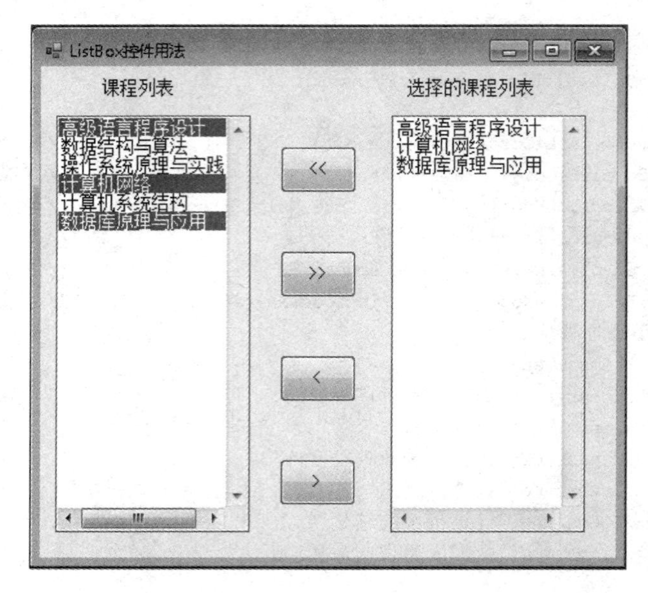

图 5-15 ListBox 控件用法

5.3.4 组合框控件

组合框控件(ComboBox 控件)用于在下拉组合框中显示数据。它结合 TextBox 控件和 ListBox 控件的功能。默认情况下,ComboBox 控件分为两个部分显示:顶部是一个允许用户输入列表项的文本框;第二部分是一个列表框,它显示一个项列表,用户可从中选择一项。

表 5-9 给出了组合框控件的常用属性、方法及其说明。

表 5-9 组合框控件常用属性、方法及其说明

属　性	说　明
DropDownStyle	获取或设置指定组合框样式的值,确定用户能否在文本部分中输入新值以及列表部分是否总显示。它包含三个值,默认值为 DropDown
Items	获取一个对象,该对象表示该 ComboBox 中所包含项的集合
MaxDropDownItems	下拉部分中可显示的最大项数。该属性的最小值为 1,最大值为 100
Text	ComboBox 控件中文本输入框中显示的文本
SelectedIndex	SelectedIndex 属性返回一个表示与当前选定列表项的索引的整数值,可以编程更改它,列表中相应项将出现在组合框的文本框内。如果未选定任何项,则 SelectedIndex 为−1;如果选择了某个项,则 SelectedIndex 是从 0 开始的整数值
SelectedItem	SelectedItem 属性与 SelectedIndex 属性类似,但是 SelectedItem 属性返回的是项
SelectedText	表示组合框中当前选定文本的字符串。如果 DropDownStyle 设置为 ComboBoxStyle. DropDownList,则返回值为空字符串。可以将文本分配给此属性,以更改组合框中当前选定的文本。如果组合框中当前没有选定的文本,则此属性返回一个零长度字符串

续表

方　法	说　明
BeginUpdate()和 EndUpdate()	当使用 Add 方法一次添加一个项时，则可以使用 BeginUpdate 方法，以防止每次向列表添加项时控件都重新绘制 ComboBox。完成向列表添加项的任务后，调用 EndUpdate 方法来启用 ComboBox 进行重新绘制。当向列表添加大量的项时，使用这种方法添加项可以防止绘制 ComboBox 时闪烁
Add	Items 属性的方法之一，通过该方法可以向控件中添加项，还可以使用 Items 属性的 Clear 方法来清除所有的列表项

5.3.5 数值选择控件

数值选择控件(NumericUpDown 控件)是一个显示和输入数值的控件。该控件提供一对上下箭头，用户可以单击上下箭头选择数值，也可以直接输入。该控件的 Maximum 属性可以设置数值的最大值，如果输入的数值大于这个属性的值，则自动把数值改为设置的最大值。该控件的 Minimum 属性可以设置数值的最小值，如果输入的数值小于这个属性的值，则自动把数值改为设置的最小值。通过控件的 Value 属性，可以获取 NumericUpDown 控件中显示的数值。图 5-16 给出了 NumericUpDown 控件。

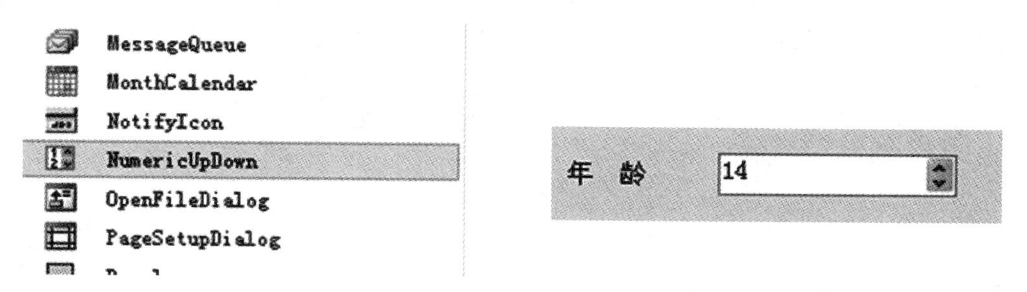

图 5-16　NumericUpDown 控件

拓展与提高

借助 Internet 和书籍，了解和掌握选择类控件的功能、属性和常用事件，并完成以下问题。

（1）根据 ListBox 控件的特点，编写程序实现拒绝向 ListBox 控件中添加重复信息。

（2）利用所学知识，完成学生成绩管理系统中“编辑学生信息”界面的设计，为后续学习奠定基础。

5.4 总结与提高

（1）在 Windows 窗体应用程序中，窗体实现用户显示信息的可视化界面，它是 Windows 程序窗体应用程序的基本单元。

（2）窗体通常由一系列控件组成。所有的可见控件都是由 Control 类派生而来，Control 基类包括许多为控件所共享的属性、事件和方法的基本实现。

(3) Label控件主要用来显示用户不能编辑的文本，标识窗体上的对象。TextBox控件主要用于获取用户输入的数据或显示文本，它通常用于可编辑文本，也可以使其成为只读控件。

(4) Button控件允许用户通过单击来执行一些操作。

(5) RadioButton控件只能选择一个，选项之间互斥，显示为一个标签，左边是一个原点。

(6) CheckBox控件可以实现多个选项同时选择，CheckBox显示为一个标签，左边是一个带有标记的小方框。

(7) ComboBox控件用于在下拉组合框中显示数据。组合框控件结合了文本框和列表框控件的特点，用户可以在组合框内输入文本，也可以在列表框中选择项目。

(8) ListBox控件显示一个项列表，用户可从中选择一项或多项。

第6章 Windows 高级编程

Windows 应用程序提供丰富的用户接口对象，包括菜单、工具栏、状态栏以及对话框等。用户借助这些接口对象，可以方便地实现用户界面的设计，实现一些特殊的效果。本章将向读者介绍如何利用 C# 语言来完善 Windows 应用程序，更好地实现用户界面。通过阅读本章内容，可以：

- 了解和掌握 Windows 菜单的运行机制以及利用 C# 控件来制作菜单
- 了解和掌握如何向应用程序中添加工具栏和状态栏
- 了解和掌握 C# 的高级数据显示控件（如 TreeView、ListView 等）的用法
- 了解和掌握对话框控件的用法

6.1 菜单、工具栏和状态栏

任务描述：学生成绩管理系统的菜单、工具栏和状态栏

在学生成绩管理系统中，用户可以通过菜单、工具栏方便地与系统进行交互。本任务进一步完善学生成绩管理系统主界面的设计，向主窗体中添加标准的菜单、工具栏以及状态栏，如图 6-1 所示。

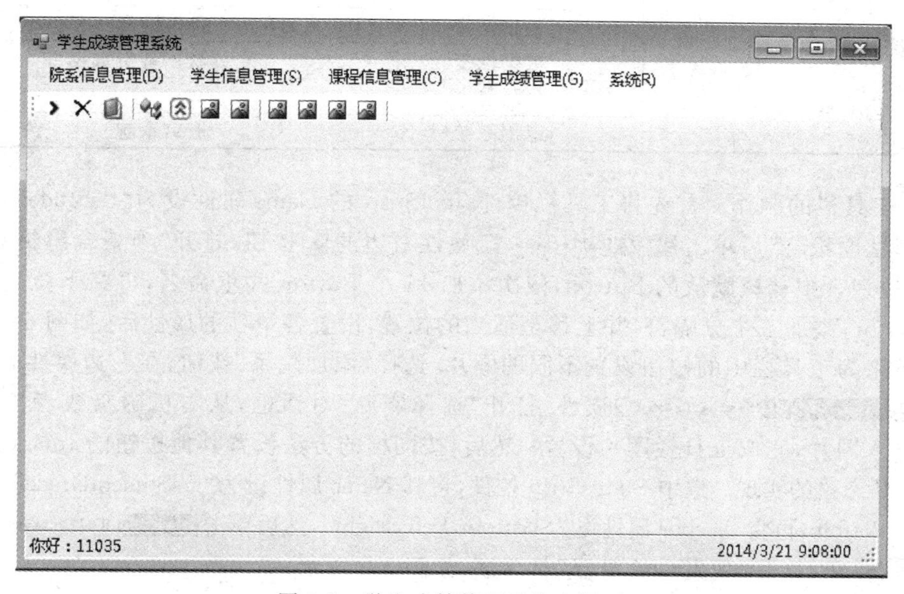

图 6-1　学生成绩管理系统主界面

任务实现

任务实现的步骤如下：

(1) 启动 VS 2012，打开学生成绩管理系统项目，选中主窗体 MainForm，然后在主窗体中添加主菜单控件 MenuStrip、工具栏控件 ToolStrip 和状态栏控件 StatusStrip。

(2) 主菜单的制作。将菜单控件 MenuStrip 的 Name 属性设置为“mnusStudentGrade”，按照表 6-1 设置学生成绩管理系统的菜单项，并为每个二级菜单项添加相应的单击事件。

表 6-1　学生成绩管理系统菜单属性设置

一级菜单项	二级菜单项	
	Text 属性	备注
院系信息管理(&D)	添加院系	添加院系信息
	院系列表	修改、删除院系
	分隔符	
	添加班级	添加班级信息
	班级列表	修改、删除班级
学生信息管理(&S)	添加学生	添加学生信息
	编辑学生	修改和删除学生信息
	查询学生	查询学生信息
课程信息管理(&C)	添加课程	添加课程信息
	课程列表	修改和删除课程信息
	查询课程	查询课程信息
学生成绩管理(&G)	添加成绩	添加学生成绩
	成绩列表	修改和删除学生成绩
	分隔符	
	成绩查询	查询学生成绩
系统(&R)	关于…	关于对话框
	分隔符	
	数据备份	备份数据
	数据恢复	恢复备份数据
	分隔符	
	退出系统(&X)	退出系统

(3) 工具栏的制作。首先将工具栏控件 ToolStrip 的 Name 属性设为“tlsStudentGrade”，打开其属性面板，然后单击 Items (Collection) ... 属性右边的 ... 按钮，打开“项集合编辑器”对话框，在下拉列表中选择默认的 Button，依次添加 11 个 Button 并重命名，再在下拉列表中选择 Separator，添加三个分隔符，并上移至适当的位置，设置各子项的属性后，如图 6-2 所示。

接下来为工具栏中的按钮设置不同的图片，选择“添加院系”按钮，在右边属性面板中找到 Image System.Drawin... 属性，打开“选择资源”对话框，从本机磁盘或者项目资源文件中导入图片，完成工具栏图片设置；然后，按同样的方法设置其他按钮的 Image 属性。

(4) 状态栏的实现。选中 StatusStrip 控件，将其 Name 属性设为“stsStudentGrade”，将 Dock 属性设为 Bottom，再将 Anchor 属性设为 Bottom，Left，Right。然后单击 Items (Collection) ... 属性右边的 ... 按钮，打开“项集合编辑器”对话框，如图 6-3 所示。

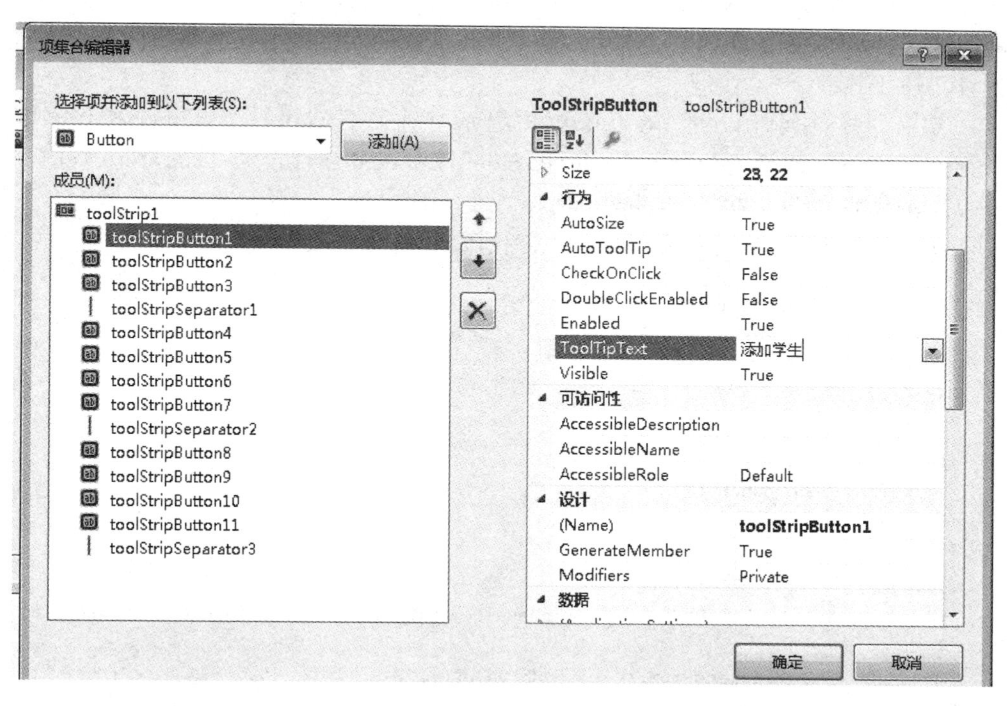

图 6-2 “项集合编辑器”对话框 1

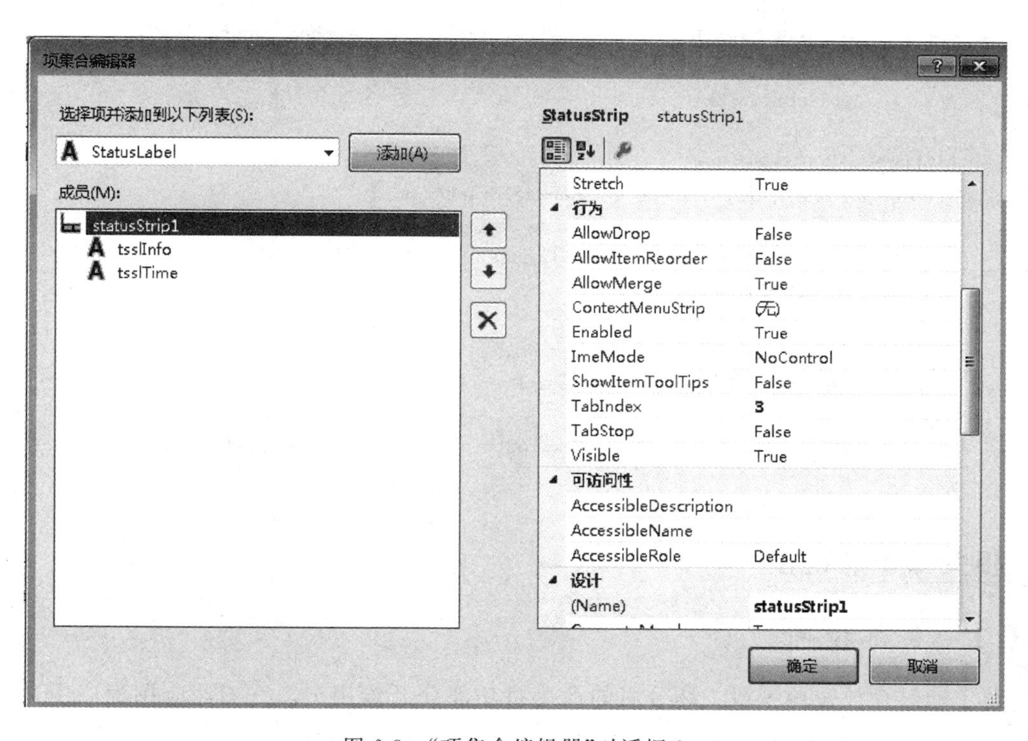

图 6-3 “项集合编辑器”对话框 2

下拉列表中保留默认的选择 StatusLabel，然后单击“添加”按钮，依次添加两个 StatusLabel，并分别命名为“tsslInfo 和“tsslTime”，并将 tsslTime 的 Spring 属性设为 True，以填充整个状态栏区域。

(5) 定时器控件属性设置。在状态栏中显示时钟需要使用一个 Timer 控件来实现。Timer 控件的 Name 属性设为“tmrStudentGrade”，Enabled 属性设为 True，Interval 属性设为“1000”，表示 1s 触发一次 Tick 事件，即 1s 改变一次时钟。

(6) 编写程序代码，实现相应功能。关键代码如下：

```
public partial class MainForm : Form
{
    private string name;                                        //用户名
    //代参构造函数
    public MainForm(string name)
    {
      InitializeComponent();
        this.name = name;
    }
    //添加学生菜单单击事件代码
    private void 添加学生信息 AToolStripMenuItem_Click(object sender,EventArgs e)
    {
            AddStudent addFrom = new AddStudent();
            addFrom.Show();
    }
    //退出系统菜单项单击代码
    private void 退出系统 XToolStripMenuItem_Click(object sender,EventArgs e)
    {
            Application.Exit();
    }
    //窗体装入事件代码
    private void MainForm_Load(object sender,EventArgs e)
    {
        this.tsslInfo.Text = "你好: " + name;             //设置状态栏信息
        this.timer1.Enabled = true;                       //启动定时器
    }
    //定时器事件
    private void timer1_Tick(object sender,EventArgs e)
    {
      this.tsslTime.Text = DateTime.Now.ToString();     //设置状态栏信息为系统时间
    }
```

相关知识点链接

6.1.1 菜单控件

菜单通过存放按照一般主题分组的命令将功能公开给用户。在 C# 应用程序中，可以使用 MenuStrip 控件轻松创建 Microsoft Office 中那样的菜单。MenuStrip 控件支持多文档界面和菜单合并、工具提示和溢出。用户可以通过添加访问键、快捷键、选中标记、图像和分隔条，来增强菜单的可用性和可读性。

使用 MenuStrip 控件设计菜单栏的具体步骤如下。

(1) 从工具箱中拖放一个 MenuStrip 控件置于窗体中，如图 6-4 所示。

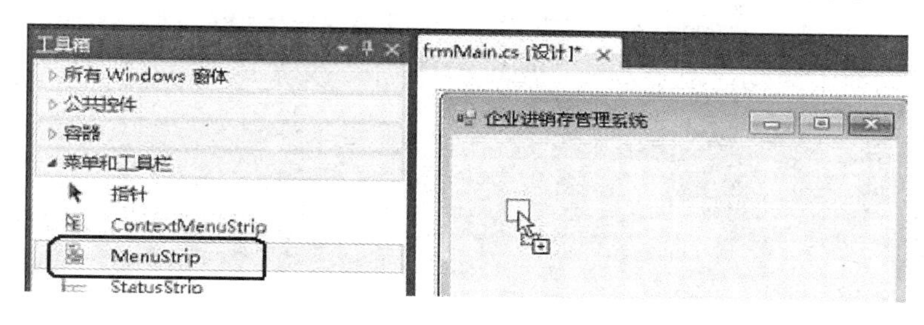

图 6-4 拖放 MenuStrip 控件

(2) 为菜单栏中的各个菜单项设置名称，如图 6-5 所示。在输入菜单项名称时，系统会自动产生输入下一个菜单项名称的提示。

图 6-5 为菜单栏添加菜单项

(3) 选中菜单项，单击其“属性”面板中 DropDownItems 属性后面的按钮，弹出“项集合编辑器”对话框，如图 6-6 所示。在该对话框中可以为菜单项设置 Name(名称)，也可以继续通过单击其 DropDownItems 属性后面的按钮添加子项。

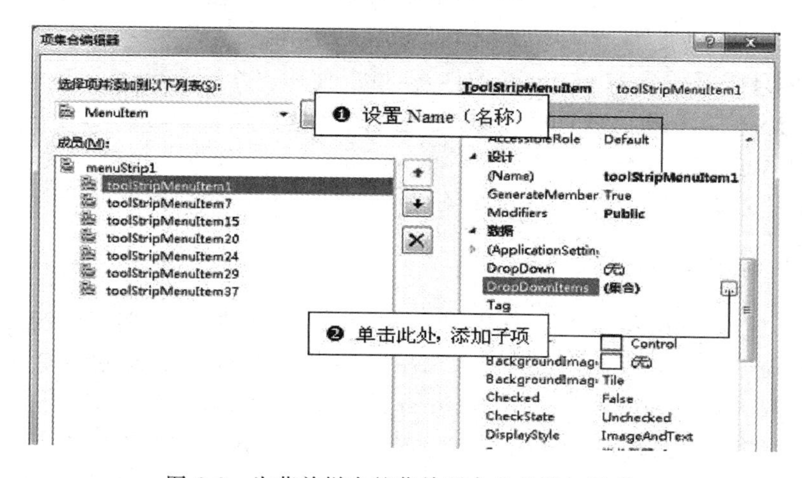

图 6-6 为菜单栏中的菜单项命名并添加子项

6.1.2 上下文菜单

上下文菜单，也称为弹出式菜单、右键菜单或快捷菜单。该菜单不同于固定在菜单栏中的主菜单，它是在窗体上面的浮动式菜单，通常在单击鼠标右键时显示。菜单会因用户右键单击位置的不同而不同。如图 6-7 所示为 Word 的上下文菜单。

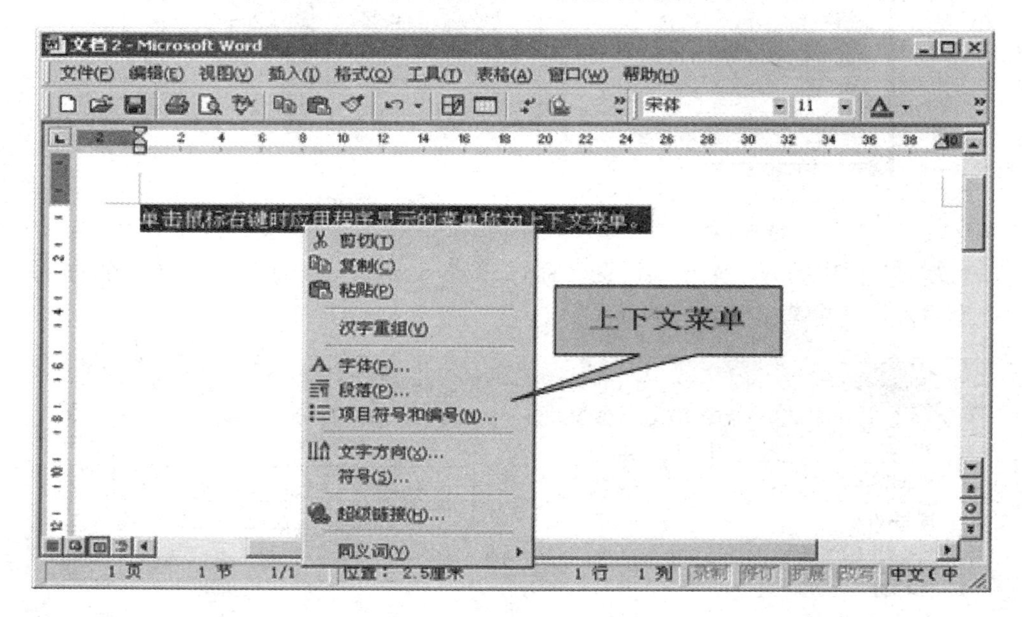

图 6-7　Word 上下文菜单

在 C#应用程序中，可使用 ContextMenuStrip 控件为对象创建快捷菜单。具体步骤如下。

(1) 从工具箱中选取 ContextMenuStrip 控件并添加到窗体上，即为该窗体创建了快捷菜单。

(2) 单击窗体设计器下方窗格中的 ContextMenuStrip 控件，窗体上显示提示文本"请在此处输入"。单击此文本，然后输入所需菜单项的名称。

一个窗体只需要一个 MenuStrip 控件，但可以使用多个 ContextMenuStrip 控件，这些控件既可以与窗体本身相关联，也可以与窗体上的其他控件相关联。使上下文快捷菜单与窗体或控件关联的方法是使用窗体或控件的 ContextMenu 属性。也就是说，将窗体或控件的 ContextMenu 属性设置为前面定义的 ContextMenu 控件的名称即可。

6.1.3 工具栏控件

Windows 窗体 ToolStrip 控件及其关联类提供一个公共框架，用于将用户界面元素组合到工具栏、状态栏和菜单中。使用 ToolStrip 及其关联的类，可以创建具有 Windows XP、Microsoft Office、Microsoft Internet Explorer 或自定义的外观和行为的工具栏及其他用户界面元素。这些元素支持溢出及运行时项重新排序。ToolStrip 控件提供丰富的设计时体验，包括就地激活和编辑、自定义布局、漂浮(即工具栏共享水平或垂直空间的能力)。

使用 ToolStrip 控件设计工具栏的具体步骤如下。

(1) 创建一个 Windows 应用程序,从工具箱中将 ToolStrip 控件拖曳到窗体,如图 6-8 所示。

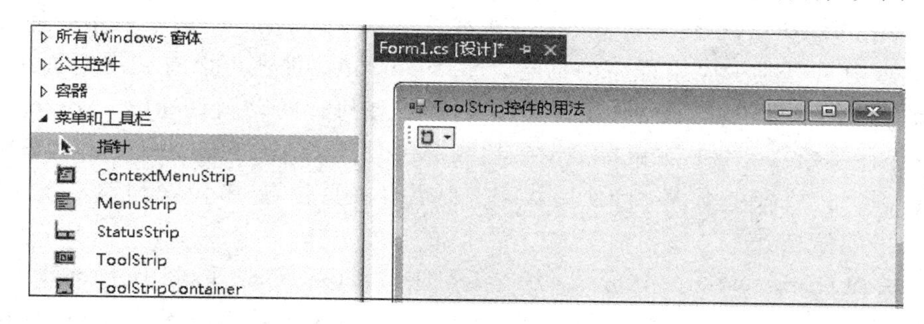

图 6-8　拖曳 ToolStrip 控件到窗体中

(2) 单击工具栏上向下箭头的图标,添加工具栏项目,如图 6-9 所示。

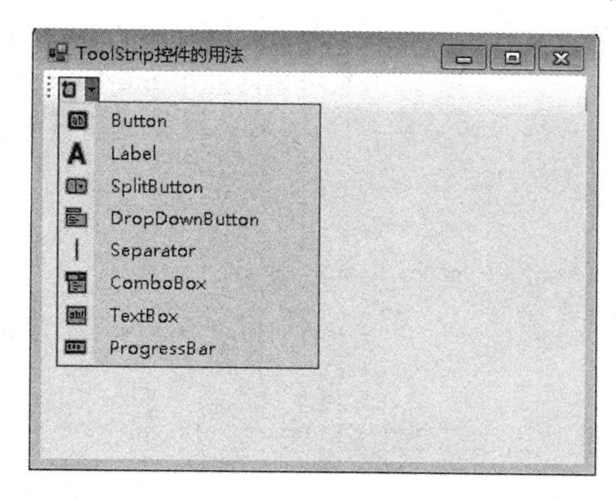

图 6-9　添加工具栏项目

从图 6-9 中可以看出,当单击工具栏中向下的箭头,添加工具栏项目时,在下拉菜单中有 8 种不同类型,下面分别介绍。

① Button:包含文本和图像中可让用户选择的项。

② Label:包含文本和图像的项,不可以让用户选择,可以显示超链接。

③ SplitButton:在 Button 的基础上增加了一个下拉菜单。

④ DropDownButton:用于下拉菜单选择项。

⑤ Separator:分隔符。

⑥ ComboBox:显示一个组合框的项。

⑦ TextBox:显示一个文本框的项。

⑧ ProgressBar:显示一个进度条的项。

(3) 添加相应的工具栏按钮后,可以设置其要显示的图像,具体方法是:选中要设置图像的工具栏按钮,单击鼠标右键,在弹出的快捷菜单中选择"设置图像"选项。

说明:工具栏中的按钮默认只显示图像,如果要以其他方式(比如只显示文本、同时显示图像和文本等)显示工具栏按钮,可以选中工具栏按钮,单击鼠标右键,在弹出的快捷菜单中选择 DisplayStyle 菜单项下面的各个子菜单项。

6.1.4 状态栏控件

Windows 窗体的状态栏(StatusStrip)通常显示在窗口的底部,用于显示窗体上对象的相关信息,或者可以显示应用程序的信息。StatusStrip 控件上可以有状态栏面板,用于显示指示状态的文本或图标,或者一系列指示进程正在执行的动画图标(如 Microsoft Word 指示正在保存文档)。例如,在鼠标滚动到超级链接时,Internet Explore 使用状态栏指示某个页面的 URL。Microsoft Word 使用状态栏提供有关页位置、节位置和编辑模式(如修改和修订跟踪)的信息。

状态栏控件 StatusStrip 中可以包含 ToolStripStatusLabel、ToolStripDropDownButton、ToolStripSplitButton 和 ToolStripProgressBar 等对象,这些对象都属于 ToolStrip 控件的 Items 集合属性。Items 集合属性是状态栏控件 StatusStrip 的常用属性。状态栏控件也有许多事件,一般情况下,不在状态栏的事件过程中编写代码,状态栏的主要作用是用来显示系统信息。通常在其他的过程中编写代码,通过实时改变状态栏中对象的 Text 属性来显示系统信息。下面通过一个具体的实例来演示如何使用 StatusStrip 控件。

【例 6.1】 创建一个 Windows 应用程序,在状态栏中显示当前日期和进度条。关键代码如下:

```
//窗体装入事件
private void Form1_Load(object sender,EventArgs e)
{
  this.toolStripStatusLabel1.Text = "当前日期为:" + DateTime.Now.ToShortDateString();
}
//加载进度条按钮事件
private void button1_Click(object sender,EventArgs e)
{
    this.toolStripProgressBar1.Minimum = 0;          //进度条最小值
    this.toolStripProgressBar1.Maximum = 5000;       //进度条最大值
    this.toolStripProgressBar1.Step = 2;             //进度条的增值
    for (int i = 0; i < 5000; i++)
    {
      this.toolStripProgressBar1.PerformStep();      //增加进度条当前位置
    }
}
```

程序的运行结果如图 6-10 所示。

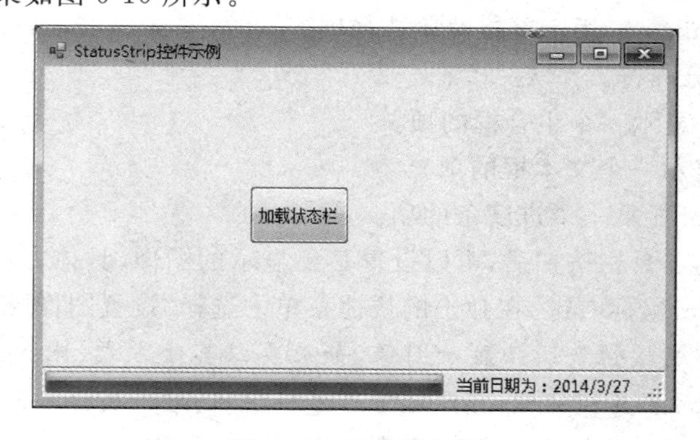

图 6-10 状态栏应用

6.1.5 计时器组件

计时器组件(Timer 组件)可以按照用户指定的时间间隔来触发事件,时间间隔的长度由其 Interval 属性定义,其属性值以毫秒为单位。如果启动该组件,则每个事件间隔会引发一次 Tick 事件。开发人员可以在 Tick 事件中添加要执行操作的代码。

Timer 组件的常用属性、方法和事件及其说明如表 6-2 所示。

表 6-2 Timer 组件的常用属性、方法和事件及其说明

属性	说明
Enabled	获取或设置计时器是否正在运行
Interval	获取或设置计时器触发事件的时间间隔,单位是毫秒
方法	**说明**
Start	启动计数器
Stop	停止计时器
事件	**说明**
Tick	当计时器处于运行状态时,每当到达指定时间间隔,就触发该事件

下面通过一个例子来说明如何使用计时器组件来实现图片的移动。

【例 6.2】 新建一个 Windows 应用程序,在默认窗体中添加 PictureBox 控件、一个 Timer 组件和两个 Button 控件,其中 PictureBox 控件用来显示图片,设置其 SizeMode 属性为 StretchImage。关键代码如下:

```
public partial class Form1 : Form
 {
   private int location;                          //图片控件的位置

//"开始移动"按钮单击事件
private void button1_Click(object sender,EventArgs e)
{
        location = this.pictureBox1.Left;         //获取图片框的位置
        this.timer1.Start();                      //开始计时器
    }
    //"停止移动"按钮单击事件
    private void button2_Click(object sender,EventArgs e)
    {
        this.timer1.Stop();                       //停止计时器
    }
    //计时器间隔事件响应函数
    private void timer1_Tick(object sender,EventArgs e)
    {
         if (this.pictureBox1.Left >= this.Width)
        {
            this.pictureBox1.Left = location;
        }
         this.pictureBox1.Left = this.pictureBox1.Left + 1;
    }
}
```

程序的运行结果如图 6-11 所示。

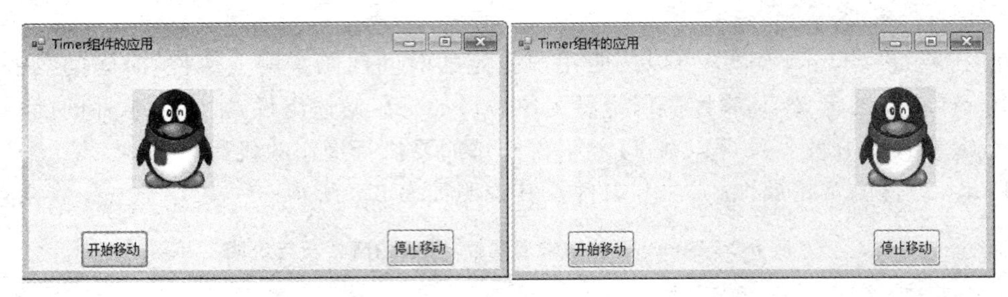

图 6-11　Timer 组件的用法

拓展与提高

查阅 Internet 相关资源，了解和掌握菜单、工具栏和状态栏控件的运行机制，并完成以下问题。

(1) 如何实现动态菜单以及根据操作情况来设置菜单的可用情况。

(2) 结合学习内容，完善学生成绩管理系统主界面的设计，探讨在不同窗体之间传递信息的方法。

(3) 利用 Timer 组件实现简单的动画效果，即图片在窗体上随机移动，当到达窗体边界时自动改变移动方向。

6.2　数据显示控件

任务描述：设计学生信息查询界面

信息浏览作为信息管理系统的重要部分，主要提供用户浏览数据信息的需要，数据浏览主要有两种方式：一是树；二是数据网格视图，它们在各类软件系统中都有广泛的使用。本任务将利用树形控件实现学生信息查询界面的设计，如图 6-12 所示。

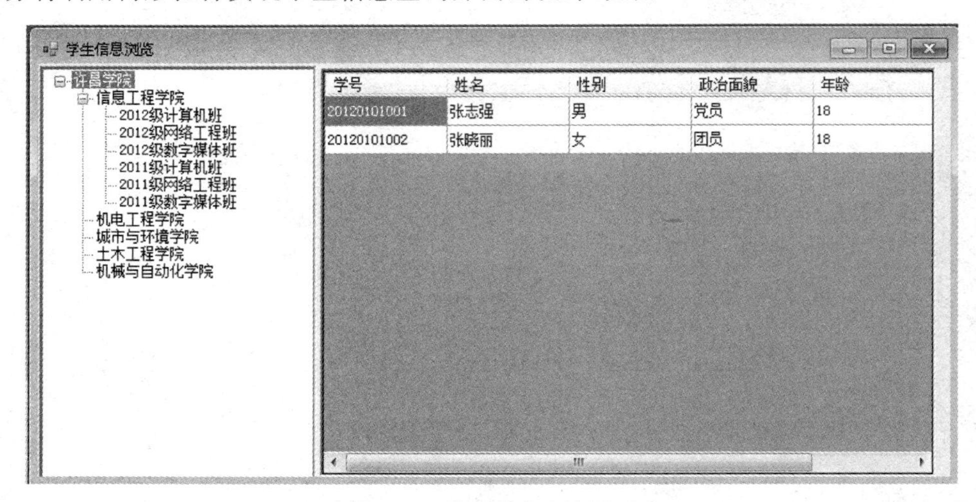

图 6-12　学生信息查询界面

任务实现

(1) 启动 VS 2012,打开学生成绩管理系统项目 StudentGrade,然后在该项目中添加一个窗体,并将该窗体的 Name 属性设置为 BrowseStudent,Text 属性设置为“学生信息浏览”,其他属性选择默认值。

(2) 向 BrowseStudent 窗体中添加两个 Panel 控件、一个 TreeView 控件和一个 DataGridView 控件,其中 Panel 控件使容器用来装载 TreeView 控件和 DataGridView 控件。将 Panel1、Panel2、TreeView 和 DataGridView 控件的 Anchor 设置为 Top,Left;将 TreeView 控件的 Name 属性设置为 tvwDepart,Dock 属性设置为 Fill;将 DataGridView 控件的 Name 属性设置为 dgvStudent,Dock 属性设置为 Fill。

(3) 向项目中添加一个学生类 Student,类中每一个字段代表一个数据列,每一个 Student 对象代表一个数据行。学生类代码如下:

```
class Student
{
    private string stuid;                                   //学号
    private string name;                                    //姓名
    private string gender;                                  //性别
    private string politics;                                //政治面貌
    private string age;                                     //年龄
    private string nation;                                  //籍贯

    public Student(string stuid, string name, string gender, string politics, string age, string
nation)
    {
        this.stuid = stuid;
        this.name = name;
        this.gender = gender;
        this.politics = politics;
        this.age = age;
        this.nation = nation;
    }
    public string Stuid
    {
        get { return stuid; }
    }
    public string Name
    {
        get { return name; }
    }
    public string Gender
    {
        get { return gender; }
    }
    public string Politics
    {
        get { return politics; }
```

```
        }
        public string Nation
        {
            get { return nation; }
        }
        public string Age
        {
            get { return age; }
        }
    }
```

(4) 在窗体的 Load 事件处理函数中构造数据行,并将其作为数据源与 DataGridView 关联。关键代码如下:

```
private void BrowseStudent_Load(object sender,EventArgs e)
{
    this.AddTree();                                         //建立树形结构
    this.AddStudent();                                      //绑定数据
}
//生成树
private void AddTree()
{ //建立树根节点
 TreeNode root = this.tvDepart.Nodes.Add("许昌学院");
//建立父节点
  TreeNode depart1 = root.Nodes.Add("信息工程学院");
  TreeNode depart2 = root.Nodes.Add("机电工程学院");
  TreeNode depart3 = root.Nodes.Add("城市与环境学院");
  TreeNode depart4 = root.Nodes.Add("土木工程学院");
  TreeNode depart5 = root.Nodes.Add("机械与自动化学院");
  //建立子节点
  TreeNode cs1 = new TreeNode("2012 级计算机班");
  TreeNode cs2 = new TreeNode("2012 级网络工程班");
  TreeNode cs3 = new TreeNode("2012 级数字媒体班");
  TreeNode cs4 = new TreeNode("2011 级计算机班");
  TreeNode cs5 = new TreeNode("2011 级网络工程班");
  TreeNode cs6 = new TreeNode("2011 级数字媒体班");
  //将子节点添加到父节点
  depart1.Nodes.Add(cs1);
  depart1.Nodes.Add(cs2);
  depart1.Nodes.Add(cs3);
  depart1.Nodes.Add(cs4);
  depart1.Nodes.Add(cs5);
  depart1.Nodes.Add(cs6);
 }
  //添加学生信息
  private void AddStudent()
  {
  Student[] stu = new Student[] { new Student("20120101001","张志强","男","党员","18","河
南省许昌市"),new Student("20120101002","张晓丽","女","团员","18","河南省洛阳市") };
    this.dgvStudent.DataSource = stu;                      //数据绑定
    }
}
```

（5）设置 DataGridView 控件的 Columns 属性，修改 DataPropertyName 属性，将每一列映射到数据行中的字段，如图 6-13 所示。

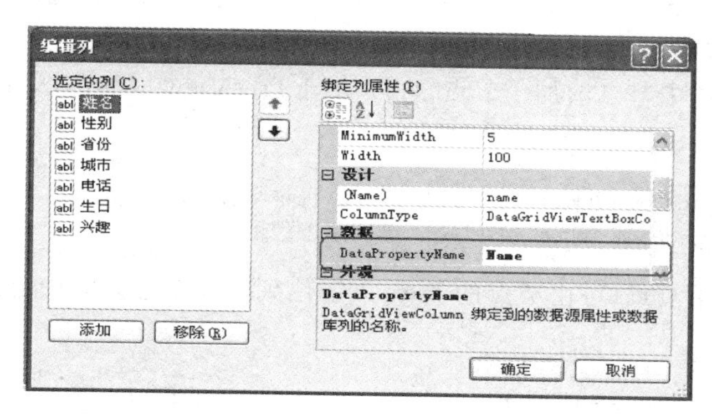

图 6-13　编辑 DataGridView 控件的列

相关知识点链接

6.2.1　树控件

TreeView 控件可以为用户显示节点层次结构，每个节点又可以包含子节点，包含子节点的节点叫父节点，其效果就像 Windows 操作系统的 Windows 资源管理器功能的左窗口中显示文件和文件夹一样。

TreeView 组件虽然是一个操作起来比较麻烦的组件，但归根到底，可以总结为三种基本操作：添加节点、删除节点、节点的其他操作。

1. 添加节点

在许多软件系统中，所有的节点都是由数据库查询得到的数据动态生成的，下面介绍生成节点的代码。

（1）TreeView 对象含有 Nodes 集合，支持 Add()方法向树中增加节点，添加的节点被添加到树节点集合的末尾。Add 方法的语法如下：

```
public virtual int Add(TreeNode node)
```

其中，参数 node 表示要添加到集合中的 TreeNode。返回值表示添加到树节点集合中的 TreeNode 的从零开始的索引值。

（2）TreeView 对象中每一个节点都是 TreeNode 对象，该对象也含有 Nodes 集合属性，支持 Add()方法向树中添加节点，添加的节点被添加到该 TreeNode 对象下，作为一个子节点。

因此，使用下面的代码可以向树控件 treeView1 中添加一个根节点。

```
TreeNode root = treeView1.Nodes.Add("许昌学院");
```

在根节点“许昌学院”下面添加子节点的代码如下：

```
TreeView ParentNode1 = root.Nodes.Add(new TreeNode("信息工程学院"));
TreeView ParentNode2 = root.Nodes.Add(new TreeNode("机电工程学院"));
```

```
TreeView ParentNode2 = root.Nodes.Add(new TreeNode("材料工程学院"));
```

说明：由于树中每一个节点都是 TreeNode 类型的对象，因此要为某一个节点添加子节点，首先应定位到该节点，再调用其 Nodes 集合的 Add()方法。

如果要为用户选中节点增加子节点，可以访问 TreeView 对象的 SelectedNode 属性，该属性返回 TreeNode 对象。具体代码如下：

```
treeView1. SelectedNode.Nodes.Add("2012 级计算机科学班");
treeView1. SelectedNode.Nodes.Add("2012 级网络工程班");
```

如果要添加兄弟节点，可由节点的 Parent 定位到其父节点，再访问父节点的 Nodes 属性。具体代码如下：

```
treeView1. SelectedNode.Parent.Nodes.Add("2012 级网络工程班");
treeView1. SelectedNode.Parent.Nodes.Add("2012 级计算机科学班");
```

2. 删除节点

删除节点可以是根节点、子节点，无论节点的性质如何，必须保证即将被删除的节点没有子节点。具体方法是：首先判断要删除的节点是否存在下一级节点，如果不存在，调用 TreeView 类中的 Remove ()方法，就可以删除节点。Remove 方法的语法如下：

```
public void Remove(TreeNode node)                    //参数 node 表示要删除的节点。
```

下面的代码演示了使用 Remove 方法删除选定节点。

```
if (treeView1.SelectedNode.Nodes.Count == 0)          //没有子节点
{
  treeView1.Nodes.Remove (treeView1.SelectedNode);     ////删除节点
}
else
{
MessageBox.Show ("请先删除此节点中的子节点!","提示信息",MessageBoxButtons.OK,MessageBoxIcon.
Information);
}
```

3. TreeView 控件的其他操作

(1) 展开所有节点：treeView1. ExpandAll()；

(2) 展开选定节点的所有节点：treeView1. SelectNode. ExpandAll()；

(3) 展开选定节点的下一级节点：treeView1. SelectedNode. Expand()；

(4) 折叠所有节点：折叠所有节点和展开所有节点是一组互操作，具体实现的思路也大致相同，折叠所有节点也是首先要把选定的节点指针定位在根节点上，然后调用选定组件的 Collapse ()方法就可以了。

【例 6.3】 创建一个 Windows 应用程序，在默认窗体上添加一个 TreeView 控件和一个 ContextMenuStrip 控件。其中，TreeView 控件用来显示院系和班级信息，ContextMenuStrip 控件用作 TreeView 控件的快捷菜单。主要代码如下：

```
//窗体装入事件
private void Form1_Load(object sender,EventArgs e)
```

```
{
    treeView1.LabelEdit = true;                         //可编辑状态
    treeView1.ContextMenuStrip = contextMenuStrip1;     //设置树控件的上下文菜单
}
//添加节点
private void AddNodes()
{
    TreeNode root = treeView1.Nodes.Add("许昌学院");   //建立顶层节点
     //建立 4 个基础节点
     TreeNode ParentNode1 = root.Nodes.Add("通信工程学院");
     TreeNode ParentNode2 = root.Nodes.Add("机电工程学院");
     TreeNode ParentNode3 = root.Nodes.Add("计算机科学与工程学院");
     TreeNode ParentNode4 = root.Nodes.Add("机械工程学院");
      //向基础节点添加子节点
     ParentNode1.Nodes.Add("2011 级通信工程班");
     ParentNode1.Nodes.Add("2012 级通信工程班");
     ParentNode1.Nodes.Add("2013 级通信工程班");
     ParentNode2.Nodes.Add("2011 级电子信息班");
     ParentNode2.Nodes.Add("2012 级电子信息班");
     ParentNode2.Nodes.Add("2013 级电子信息班");
     ParentNode3.Nodes.Add("2011 级计算机班");
     ParentNode3.Nodes.Add("2012 级网络工程班");
     ParentNode3.Nodes.Add("2013 级软件工程班");
     ParentNode4.Nodes.Add("2011 级机械工程班");
     ParentNode4.Nodes.Add("2012 级机械工程班");
     ParentNode4.Nodes.Add("2013 级机械工程班");
}
//添加节点
private void 添加 ToolStripMenuItem_Click(object sender,EventArgs e)
{
    AddNodes();
}
//删除节点
private void 删除 ToolStripMenuItem_Click(object sender,EventArgs e)
{
    if (treeView1.SelectedNode.Nodes.Count == 0)
    {
        treeView1.Nodes.Remove(treeView1.SelectedNode);
    }
    else
    {
      MessageBox.Show("请先删除此节点中的子节点!","提示信息",MessageBoxButtons.OK,
MessageBoxIcon.Information);
    }
  }
  //编辑节点
  private void 编辑 ToolStripMenuItem_Click(object sender,EventArgs e)
  {
    treeView1.SelectedNode.BeginEdit();
  }
  //全部展开
  private void 全部展开 ToolStripMenuItem_Click(object sender,EventArgs e)
  {
   treeView1.ExpandAll();
```

```
    }
    //全部折叠
    private void 全部折叠ToolStripMenuItem_Click(object sender,EventArgs e)
    {
      treeView1.CollapseAll();
    }
}
```

程序运行结果如图 6-14 所示。

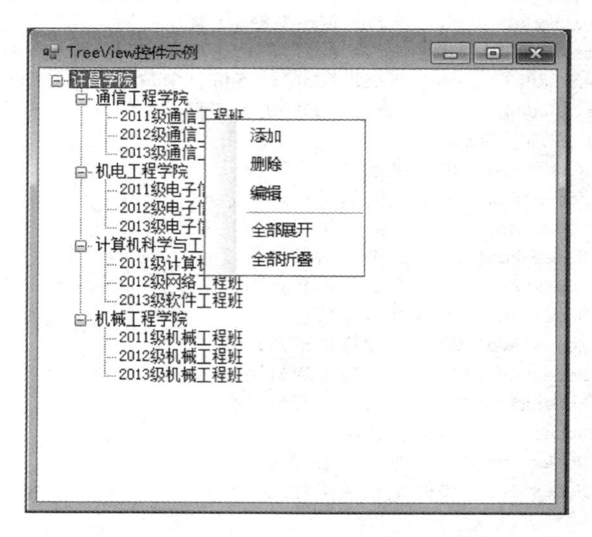

图 6-14　TreeView 控件的用法

6.2.2　列表视图控件

列表视图控件(ListView 控件)主要用于显示带图标的项列表,其中可以显示大图标、小图标和数据。使用 ListView 控件可以创建类似 Windows 资源管理器右边窗口的用户界面。它有 5 种视图模式:大图标(LargeIcon),小图标(SmallIcon),列表(List),详细信息(Details)和平铺(Tile)。平铺视图只能在 Windows XP 和 Windows 2003 中使用。

表 6-3 给出了 ListView 控件的常用属性、方法和事件。

表 6-3　ListView 控件的常用属性、方法和事件及其说明

常用属性	说　明
FullRowSelect	设置是否行选择模式(默认为 false)。 提示:只有在 Details 视图下该属性才有意义
GridLines	设置行和列之间是否显示网格线(默认为 false)。 提示:只有在 Details 视图下该属性才有意义
AllowColumnReorder	设置是否可拖动列标头来改变列的顺序(默认为 false)。 提示:只有在 Details 视图下该属性才有意义
View	获取或设置项在控件中的显示方式,包括 Details、LargeIcon、List、SmallIcon、Tile(默认为 LargeIcon)

续表

常用属性	说明
MultiSelect	设置是否可以选择多个项(默认为 false)。
HeaderStyle	Clickable：列标头的作用类似于按钮，单击时可以执行操作(例如排序)。 NonClickable：列标头不响应鼠标单击。 None：不显示列标头
SelectedItems	获取在控件中选定的项
常用方法	**说明**
BeginUpdate	避免在调用 EndUpdate 方法之前描述控件。当插入大量数据时，可以有效地避免控件闪烁，并能大大提高速度
EndUpdate	在 BeginUpdate 方法挂起描述后，继续描述列表视图控件(结束更新)
常用事件	**说明**
AfterLabelEdit	当用户编辑完项的标签时发生，需要 LabelEdit 属性为 true
ColumnClick	当用户在列表视图控件中单击列标头时发生
BeforeLabelEdit	当用户开始编辑项的标签时发生

下面通过一个例子来说明如何使用 ListView 控件。

【例 6.4】 创建一个 Windows 应用程序，在默认窗体中添加一个 ListView 控件和 5 个 Button 控件以及两个 ImageList 控件，其中 ListView 用来显示信息，5 个按钮分别用来实现大图标显示、小图标显示、详细显示、添加新项和删除选定项。关键代码如下：

```
private void Form1_Load(object sender,EventArgs e)
{
  this.listView1.View = View.Details;                    //设置显示视图为 Details
    //添加列标题
    this.listView1.Columns.Add("姓名",90,HorizontalAlignment.Center);
    this.listView1.Columns.Add("性别",60,HorizontalAlignment.Center);
    this.listView1.Columns.Add("专业",120,HorizontalAlignment.Center);
    this.listView1.Columns.Add("毕业学校",220,HorizontalAlignment.Center);
  //初始化列表项数据
  string[] subItem0 = {"王斌","男","计算机科学与技术","武汉大学"};
  this.listView1.Items.Add (new ListViewItem(subItem0));
  string[] subItem1 = {"汪兰","女","财会电算化","西南财经大学"};
  this.listView1.Items.Add(new ListViewItem(subItem1));
  string[] subItem2 = {"汤波","男","软件工程","上海交通大学"};
  this.listView1.Items.Add(new ListViewItem(subItem2));
  string[] subItem3  =  { "张倩","女","经济管理","中央财经大学" };
  this.listView1.Items.Add(new ListViewItem(subItem3));
  //添加控件图标索引
  this.listView1.Items[0].ImageIndex = 0;
  this.listView1.Items[1].ImageIndex  =  1;
  this.listView1.Items[2].ImageIndex  =  2;
  this.listView1.Items[3].ImageIndex  =  3;
 }
//大图标显示
private void button1_Click(object sender,EventArgs e)
{
```

```
        this.listView1.View = View.LargeIcon;              //以大图标方式显示列表项数据
    }
    //小图标显示
    private void button2_Click(object sender,EventArgs e)
    {
        this.listView1.View = View.SmallIcon;              //以小图标方式显示列表项数据
    }
    //详细方式显示
    private void button3_Click(object sender,EventArgs e)
    {
        this.listView1.View = View.Details;                //以详细资料方式显示列表项数据
    }
    //添加列表
    private void button4_Click(object sender,EventArgs e)
    {
      //增加列表项数据
        string[] subItem = { "罗成","男","工业与民用建筑","重庆大学" };
        this.listView1.Items.Add(new ListViewItem(subItem));
        this.listView1.Items[4].ImageIndex = 4;
      }
      //删除列表项
      private void button5_Click(object sender,EventArgs e)
      {
        //删除已经选择的列表项数据
        for (int i = this.listView1.SelectedItems.Count - 1; i >= 0; i-- )
        {
          ListViewItem item = this.listView1.SelectedItems[i];
           this.listView1.Items.Remove(item);
        }
      }
   }
```

程序的运行结果如图 6-15 所示。

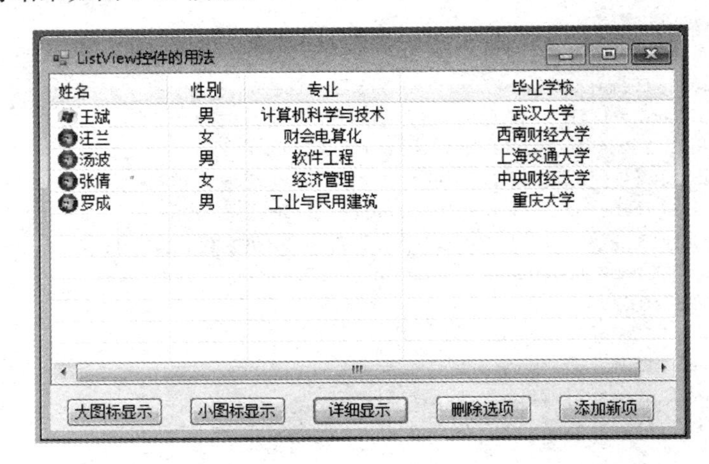

图 6-15　ListView 控件的用法

6.2.3　图片控件

Windows 窗体 PictureBox 控件用于显示位图、GIF、JPEG、图元文件或图标格式的图形。显示的图片由 Image 属性确定，SizeMode 属性控制图像和控件彼此适合的方式。

PictureBox 控件常用的基本属性如下。

(1) Image：在 PictureBox 中显示的图片。

(2) SizeMode：图片在控件中的显示方式，有以下 5 种选择。

① AutoSize：自动调整控件 PictureBox 大小，使其等于所包含的图片大小。

② CenterImage：将控件的中心和图片的中心对齐显示。如果控件比图片大，则图片将居中显示。如果图片比控件大，则图片将居于控件中心，而外边缘将被剪裁掉。

③ Normal：图片被置于控件的左上角。如果图片比控件大，则图片的超出部分被剪裁掉。

④ StretchImage：控件中的图像被拉伸或收缩，以适合控件的大小，完全占满控件。

⑤ Zoom：控件中的图片按照比例拉伸或收缩，以适合控件的大小，占满控件的长度或高度。

下面的一段代码说明了 PictureBox 控件的用法。

```
private voidbutton1_Click(object sender,EventArgs e)
{
    //如果需要,改变一个有效的 bit 图像的路径
    string path = @"C:\Windows\Waves.bmp";
    //调整图像以适应控件
    PictureBox1.SizeMode = PictureBoxSizeMode.StretchImage;
    //加载图像到控件中
    PictureBox1.Image = Image.FromFile(path);
}
```

拓展与提高

查阅 Internet 资源和有关书籍，了解和掌握 TreeView 控件和 ListView 控件的常用属性、方法和事件，掌握这两个控件的用法，并完成以下问题。

(1) 参考 Windows 操作系统的资源管理器利用 TreeView 控件实现用户目录的显示功能。

(2) 在程序设计中，可以通过设置 ListView 控件的 LabelEdit 属性为 true，从而允许用户手动修改 ListView 控件中的数据项。请向 ListView 控件中添加数据，并更改 ListView 控件中数据项的标签。

6.3　通用对话框

任务描述：设计数据备份界面

数据的备份和恢复对于数据库应用程序而言是至关重要的。一旦数据丢失，将影响程序的正常运行。因此，一个完善的数据库应用程序应提供数据库的备份与恢复功能。本任

务完成学生成绩管理系统数据备份界面的设计，如图6-16所示。

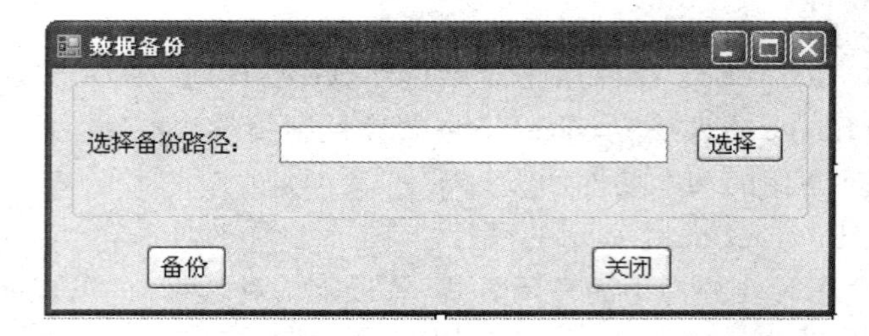

图6-16 数据备份的界面

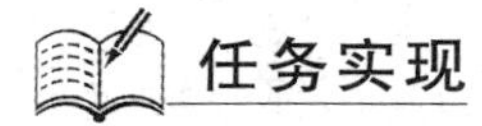

任务实现

任务实现步骤如下。

（1）启动VS 2012，打开学生成绩管理系统项目StudentGrade，然后在该项目中添加一个窗体，并将该窗体的Name属性设置为DBBackupForm，Text属性设置为“数据备份”，其他属性选择默认值。

（2）向窗体DBBackupForm中添加一个Label控件，将其Text属性设置为“选择备份路径：”；添加一个TextBox控件，将其Name属性设置为“txtBackup”；添加三个Button控件，分别将Name属性设计为btnBackupPath、btnBackup和btnClose，Text属性设置为“选择”、“备份”和“关闭”；添加SaveFileDialog控件，将其Name属性设置为sfdlgBackup。

（3）实现备份路径选择按钮的单击事件。主要代码如下：

```
//"选择"按钮单击事件
private void btnBackupPath_Click(object sender,EventArgs e)
{
    sfdlgBackup.FilterIndex = 1;
    sfdlgBackup.FileName = "";
    sfdlgBackup.Filter = "Bak Files( * .bak)| * bak";
    if (sfdlgBackup.ShowDialog() == DialogResult.OK)
    {
        txtBackup.Text = sfdlgBackup.FileName.ToString();
        txtBackup.ReadOnly = true;
    }
        backuppath = txtBackup.Text.Trim();
}
```

（4）在主窗体MainForm中为“系统”菜单下的“数据备份”菜单添加单击事件，用来显示数据备份界面，关键代码如下：

```
private void 数据备份ToolStripMenuItem_Click(object sender,EventArgs e)
{
    DBBachupForm backup = new DBBachupForm();
     backup.ShowDialog();
}
```

相关知识点链接

6.3.1 通用对话框

许多日常任务都要求用户指定某些形式的信息。例如,假如用户想打开或保存一个文件,那么通常会打开一个对话框,询问他们要打开哪个文件或者要将文件保存到哪里。读者可能已经注意到,许多不同的应用程序都在使用相同的"打开"和"保存"对话框。这不是因为应用程序的开发者缺乏想象力,而是因为这些功能如此常用,以至于 Microsoft 对它们进行了标准化,并把它们设计成"通用对话框"组件。这种组件是由 Microsoft Windows 操作系统提供的,可以在自己的应用程序中使用它。

Microsoft .NET Framework 类库提供了 7 个通用对话框,除了 PrintPreviewDialog 外,其他对话框类都派生于抽象基类 CommonDialog,这个基类的方法可以管理 Windows 通用对话框,如图 6-17 所示。

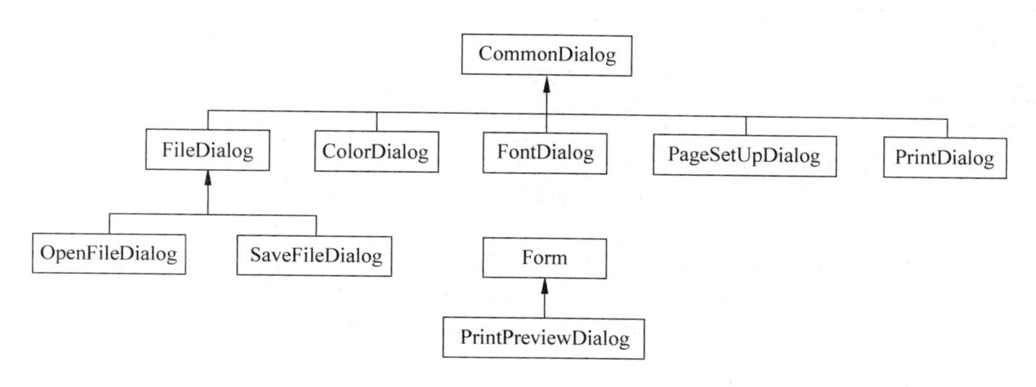

图 6-17 .NET 通用对话框

通用对话框的适用场合如下:如果想让用户选择和浏览要打开的文件,应使用 OpenFileDialog。这个对话框可以配置为只允许选择一个文件,或可以选择多个文件。使用 SaveFileDialog,用户可以为要保存的文件指定一个文件名和浏览的路径。PrintDialog 允许用户选择一个打印机,并设置打印选项。配置页面的边距,通常使用 PageSetupDialog。PrintViewDialog 是在屏幕上进行打印预览的一种方法,并有一些选项,如缩放。FontDialog 列出了所有已安装的 Windows 字体、样式和字号,以及各字体的预览效果,以便选择字体。ColorDialog 用于选择颜色。

6.3.2 打开文件对话框

OpenFileDialog 是一个选择文件的组件,如图 6-18 所示。该组件允许用户浏览文件夹和选择要打开的文件,指定组件的 Filter 属性可以过滤文件类型。

OpenFileDialog 组件的常用属性、方法和事件如表 6-4 所示。

图 6-18 “打开”对话框

表 6-4 OpenFileDialog 组件的常用属性、方法和事件

属性/方法/事件	说　明
InitialDirectory 属性	获取或设置文件对话框显示的初始目录
Filter 属性	获取或设置当前文件名筛选器字符串,例如,"文本文件(*.txt)|*.txt|所有文件(*.*)|*.*"
FilterIndex 属性	获取或设置文件对话框中当前选定筛选器的索引。注意,索引项是从 1 开始的
FileName 属性	获取在文件对话框中选定打开的文件的完整路径或设置显示在文件对话框中的文件名。注意,如果是多选(Multiselect),获取的将是在选择对话框中排第一位的文件名(不论选择顺序是什么)
Multiselect 属性	设置是否允许选择多个文件(默认为 false)
Title 属性	获取或设置文件对话框标题(默认值为“打开”)
CheckFileExists 属性	在对话框返回之前,如果用户指定的文件不存在,对话框是否显示警告(默认为 true)
CheckPathExists 属性	在对话框返回之前,如果用户指定的路径不存在,对话框是否显示警告(默认为 true)
ShowDialog()方法	弹出文件对话框
FileOk 事件	当用户单击文件对话框中的“打开”或“保存”按钮时发生

下面的代码说明了 OpenFileDialog 组件的用法。

```
OpenFileDialog opd = new OpenFileDialog();//建立打开文件对话框对象
opd.InitialDirectory = @"D:\";           //对话框初始路径
opd.Filter = "C#文件(*.cs)|*.cs|文本文件(*.txt)|*.txt|所有文件(*.*)|*.*";
opd.FilterIndex = 2;                      //默认就选择在文本文件(*.txt)过滤条件上
opd.Title = "打开对话框";
opd.RestoreDirectory = true;              //每次打开都回到 InitialDirectory 设置的初始路径
opd.ShowHelp = true;                      //对话框多了个"帮助"按钮
opd.ShowReadOnly = true;                  //对话框多了"只读打开"的复选框
```

```
opd.ReadOnlyChecked = true;                //默认"只读打开"复选框勾选

//判定在打开文件对话框中单击了哪个按钮
  if(opd.ShowDialog() == DialogResult.OK)
  {
    string filePath = opd.FileName;        //文件完整路径
    string fileName = opd.SafeFileName;    //文件名
  }
```

6.3.3 保存文件对话框

SaveFileDialog 组件显示一个预先配置的对话框，用户可以使用该对话框将文件保存到指定位置，如图 6-19 所示。SaveFileDialog 组件继承了 OpenFileDialog 组件的大部分属性、方法和事件。表 6-5 给出了 SaveFileDialog 组件常用的属性、方法和事件。

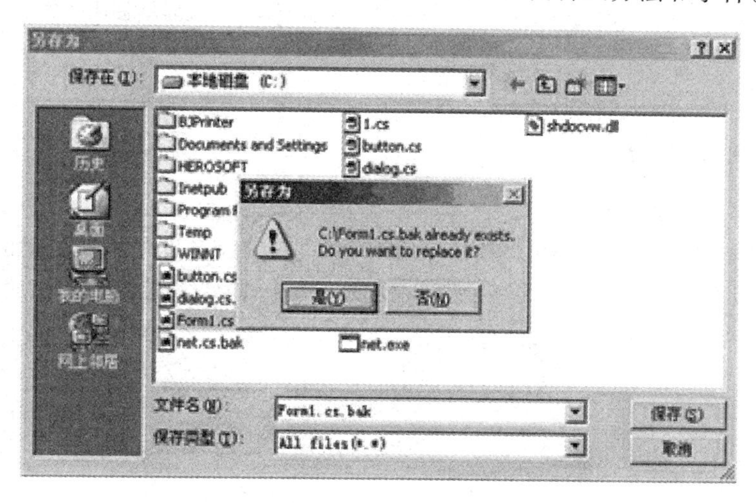

图 6-19 “另存为”对话框

表 6-5 SaveFileDialog 常用属性、方法和事件

属性名称	说明
DefaultExt	指定默认文件扩展名。用户在提供文件名时，如果没有指定扩展名，就可以使用这个默认扩展名
AddExtension	将这个值设为 true，允许对话框在文件名之后附加由 DefaultExt 属性指定的文件扩展名(如果用户省略了扩展名)
FileName	当前选定的文件的名称。可以填充这个属性来指定一个默认文件名。如果不希望输入默认文件名，就删除该属性的值
InitialDirectory	对话框使用的默认目录
OverwritePrompt	如果该属性为 true，那么试图覆盖现有的同名文件时，就向用户发出警告。为了启用这个功能，ValidateNames 属性也必须设为 true
Title	对话框标题栏上显示的一个字符串
ValidateNames	该属性指出是否对文件名进行校验。它由其他一些属性使用，例如 OverwritePrompt。如果该属性为 true，对话框还要负责校验用户输入的任何文件名是否只包含有效的字符

下面的代码演示了如何创建一个 SaveFileDialog 对象来保存文件。关键代码如下：

```
//建立 SaveFileDialog 对象
SaveFileDialog sfd = new SaveFileDialog();
//设置文件类型
sfd.Filter = "数据库备份文件(*.bak)|*.bak|数据文件(*.mdf)|*.mdf;
//设置默认文件类型显示顺序
sfd.FilterIndex = 1;
//保存对话框是否记忆上次打开的目录
sfd.RestoreDirectory = true;
//单击"保存"按钮进入
if (sfd.ShowDialog() == DialogResult.OK)
{
string localFilePath = sfd.FileName.ToString();      //获得文件路径
//获取文件名,不带路径
string fileNameExt = localFilePath.Substring(localFilePath.LastIndexOf("\\") + 1);
…
}
```

6.3.4 字体对话框

FontDialog 用于设置公开系统上当前安装的字体，如图 6-20 所示。默认情况下，“字体”对话框显示字体、字体样式和字体大小的列表框、删除线和下划线等效果的复选框、字符集的下拉列表以及字体外观等选项。表 6-6 给出了 FontDialog 组件的常用属性及其说明。

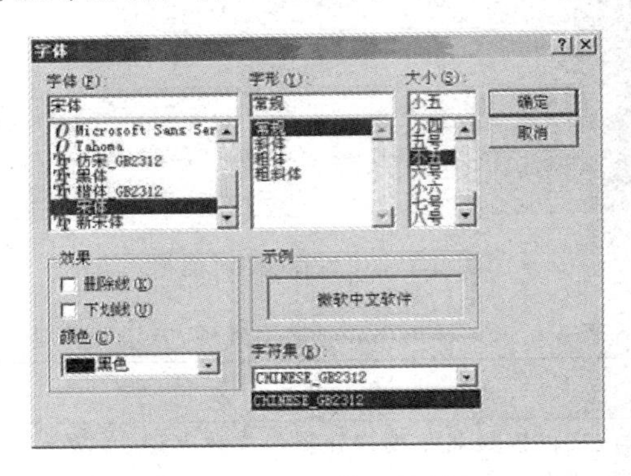

图 6-20 “字体”对话框

表 6-6 FontDialog 组件常用属性

属性名称	说明
AllowScriptChange	获取或设置一个值，该值指示用户能否更改“脚本”组合框中指定的字符集，以显示除了当前所显示字符集以外的字符集
AllowVerticalFonts	获取或设置一个值，该值指示对话框是既显示垂直字体又显示水平字体，还是只显示水平字体
Color	获取或设置选定字体的颜色
Font	获取或设置选定的字体
MaxSize	获取或设置用户可选择的最大磅值
MinSize	获取或设置用户可选择的最小磅值

续表

属性名称	说　明
ShowApply	获取或设置一个值，该值指示对话框是否包含“应用”按钮
ShowColor	获取或设置一个值，该值指示对话框是否显示颜色选择
ShowEffects	获取或设置一个值，该值指示对话框是否包含允许用户指定删除线、下划线和文本颜色选项的控件
ShowHelp	获取或设置一个值，该值指示对话框是否显示“帮助”按钮

下面的代码示例使用 ShowDialog 显示 FontDialog。此代码要求已经用 TextBox 和其上的按钮创建了 Form。它还要求已经创建了 fontDialog1。Font 包含大小信息，但不包含颜色信息。

```
private void button1_Click(object sender,System.EventArgs e)
 {
    fontDialog1.ShowColor = true;
    fontDialog1.Font = textBox1.Font;
    fontDialog1.Color = textBox1.ForeColor;
    if(fontDialog1.ShowDialog() != DialogResult.Cancel)
    {
        textBox1.Font = fontDialog1.Font;
        textBox1.ForeColor = fontDialog1.Color;
    }
 }
```

6.3.5 消息对话框

在程序中，经常使用消息对话框给用户一定的信息提示，如在操作过程中遇到错误或程序异常，经常会使用这种方式给用户以提示。在.NET 框架中，使用 MessageBox 类来封装消息对话框。在 C# 中，MessageBox 位于 System.Windows.Forms 命名空间中，一般情况下，一个消息对话框包含信息提示文字内容、消息对话框的标题文字、用户响应的按钮及信息图标等内容。C# 中允许开发人员根据自己的需要设置相应的内容，创建符合自己要求的信息对话框。

MessageBox 只提供了一个方法 Show()，用来把消息对话框显示出来。此方法提供了不同的重载版本，用来根据自己的需要设置不同风格的消息对话框。此方法的返回类型为 DialogResult 枚举类型，包含用户在此消息对话框中所做的操作(单击了什么按钮)，其可能的枚举值如表 6-7 所示。开发人员可以根据这些返回值判断接下来要做的事情。

表 6-7　DialogResult 枚举值

成员名称	说　明
Abort	对话框的返回值是 Abort(通常从标签为“中止”的按钮发送)
Cancel	对话框的返回值是 Cancel(通常从标签为“取消”的按钮发送)
Ignore	对话框的返回值是 Ignore(通常从标签为“忽略”的按钮发送)
No	对话框的返回值是 No(通常从标签为“否”的按钮发送)
None	从对话框返回了 Nothing。这表明有模式对话框继续运行
OK	对话框的返回值是 OK(通常从标签为“确定”的按钮发送)
Retry	对话框的返回值是 Retry(通常从标签为“重试”的按钮发送)
Yes	对话框的返回值是 Yes(通常从标签为“是”的按钮发送)

在 Show 方法的参数中使用 MessageBoxButtons 来设置消息对话框要显示的按钮的个数及内容，此参数也是一个枚举值，其成员如表 6-8 所示。在设计中，可以指定表 6-8 中的任何一个枚举值所提供的按钮，单击任何一个按钮都会对应 DialogResult 中的一个值。

在 Show 方法中使用 MessageBoxIcon 枚举类型定义显示在消息框中的图标类型，其可能的取值和形式如表 6-9 所示。

表 6-8 消息对话框按钮枚举值

成员名称	说明
AbortRetryIgnore	在消息对话框中提供“中止”、“重试”和“忽略”三个按钮
OK	在消息对话框中提供“确定”按钮
OKCancel	在消息对话框中提供“确定”和“取消”两个按钮
RetryCancel	在消息对话框中提供“重试”和“取消”两个按钮
YesNo	在消息对话框中提供“是”和“否”两个按钮
YesNoCancel	在消息对话框中提供“是”、“否”和“取消”三个按钮

表 6-9 消息对话框图标枚举值

成员名称	图标形式	说明
Asterisk		圆圈中有一个字母 i 组成的提示符号图标
Error		红色圆圈中有白色 X 所组成的错误警告图标
Exclamation		黄色三角中有一个！所组成的符号图标
Hand		红色圆圈中有一个白色 X 所组成的图标符号
Information		信息提示符号
None		没有任何图标
Question		由圆圈中一个问号组成的符号图标
Stop		背景为红色圆圈中有白色 X 组成的符号
Warning		由背景为黄色的三角形中有个！组成的符号图标

除上面的参数之外，还有一个 MessageBoxDefaultButton 枚举类型的参数，指定消息对话框的默认按钮。

下面是一个运用消息对话框的例子。新建一个 Windows 应用程序，并从工具箱当中拖曳到窗口里一个按钮，把按钮和窗口的 Text 属性修改为“测试消息对话框”，双击该按钮，添加如下代码：

```
DialogResult dr;
dr = MessageBox.Show("测试消息对话框!","消息框",MessageBoxButtons.YesNoCancel,MessageBoxIcon.
Warning,MessageBoxDefaultButton.Button1);
if(dr == DialogResult.Yes)
{
    MessageBox.Show("你选择的为"是"按钮","系统提示 1");
}
else if(dr == DialogResult.No)
{
```

```
    MessageBox.Show("你选择的为"否"按钮","系统提示 2");
}
else if(dr == DialogResult.Cancel)
{
    MessageBox.Show("你选择的为"取消"按钮","系统提示 3");
}
else
{
    MessageBox.Show("你没有进行任何的操作!","系统提示 4");
}
```

6.3.6 通用对话框的综合应用

为了更好地理解和使用通用对话框,下面设计一个图片浏览器程序,该程序能够实现图片的打开、保存以及设置字体和颜色等功能。

【例 6.5】 新建一个 Windows 应用程序,在默认的窗体中添加一个 PictureBox 控件、一个 RichTextBox 控件、4 个 Button 控件和一个 OpenFileDialog 组件、一个 SaveFileDialog 组件、一个 FontDialog 组件以及一个 ColorDialog 组件。关键代码如下:

```
//"打开"按钮单击事件
private void button1_Click(object sender,EventArgs e)
{
    this.openFileDialog1.InitialDirectory = @"c:\Documents and Settings\AllUsers\
Documents\MyPictures";                                  //设置打开对话框显示的初始目录
    this.openFileDialog1.Filter = "bmp 文件(*.bmp)|*.bmp|gif 文件(*.gif)|*.gif|jpeg
文件(*.jpg)|*.jpg";                                       //设定筛选器字符串
    this.openFileDialog1.FilterIndex = 3;           //设置打开文件对话框中当前筛选器的索引
    this.openFileDialog1.RestoreDirectory = true;  //关闭对话框还原当前目录
    this.openFileDialog1.Title = "选择图片";
    if (this.openFileDialog1.ShowDialog() == DialogResult.OK)
    {
    this.pictureBox1.SizeMode = PictureBoxSizeMode.StretchImage;  //图像伸缩
    string path = this.openFileDialog1.FileName;   //获取打开文件路径
    this.pictureBox1.Image = Image.FromFile(path); //加载图片
    this.richTextBox1.Text = "文件名: " + this.openFileDialog1.FileName.Substring (path.
LastIndexOf ("\\") + 1);
    }
}
//"保存"按钮单击事件
private void button2_Click(object sender,EventArgs e)
{
    if (this.pictureBox1.Image != null)
    {
    this.saveFileDialog1.Filter = "JPEG 图像(*.jpg)|*.jpg|Bitmap 图像(*.bmp)|*.bmp
|Gif 图像(*.gif)|*.gif";
    this.saveFileDialog1.Title = "保存图片";
    //如果指定文件不存在,提示允许创建新文件
    this.saveFileDialog1.CreatePrompt = true;
    //如果用户指定文件存在,显示警告信息
```

```
        this.saveFileDialog1.OverwritePrompt = true;
        this.saveFileDialog1.ShowDialog();              //弹出保存文件对话框
        if (this.saveFileDialog1.FileName != "")
    {
        System.IO.FileStream fs = (System.IO.FileStream)this.saveFileDialog1.OpenFile();
        switch (this.saveFileDialog1.FilterIndex)       //选择保存文件类型
        {
            case 1:
              //保存为 JPEG 文件
              this.pictureBox1.Image.Save(fs,System.Drawing.Imaging.ImageFormat.Jpeg);
              break;
            case 2:
              //保存为 BMP 文件
              this.pictureBox1.Image.Save(fs,System.Drawing.Imaging.ImageFormat.Bmp);
              break;
            case 3:
              this.pictureBox1.Image.Save(fs,System.Drawing.Imaging.ImageFormat.Gif);
              break;
          }
          fs.Close();                                   //关闭文件流
        }
        else
        {
          MessageBox.Show("请选择保存的图片","图片浏览器");
        }
      }
    }
    //"字体"按钮单击事件
    private void button3_Click(object sender,EventArgs e)
    {
      this.fontDialog1.AllowVerticalFonts = true;      //显示垂直字体和水平字体
      this.fontDialog1.FixedPitchOnly = true;          //只允许选择固定间距字体
      this.fontDialog1.ShowApply = true;               //包含应用按钮
      this.fontDialog1.ShowEffects = true;      //允许删除线、下划线和文本选择颜色选项的控件
      this.richTextBox1.SelectAll();
      this.fontDialog1.AllowScriptChange = true;
      his.fontDialog1.ShowColor = true;
     if (this.fontDialog1.ShowDialog() == DialogResult.OK)
     {
       this.richTextBox1.Font = this.fontDialog1.Font;//设置文本框中的字体为选定字体
     }
}
//"颜色"按钮单击事件
private void button4_Click(object sender,EventArgs e)
{
    this.colorDialog1.AllowFullOpen = true;              //可以自定义颜色
    this.colorDialog1.AnyColor = true;                   //显示颜色集中所有可用颜色
    this.colorDialog1.FullOpen = true;              //创建自定义颜色的控件在对话框打开时可见
    this.colorDialog1.SolidColorOnly = true;             //不限制只选择纯色
    this.colorDialog1.ShowDialog();
    //设置文本框字体颜色为选定颜色
```

```
    this.richTextBox1.ForeColor = this.colorDialog1.Color;
}
```

程序的运行结果如图 6-21 所示。

图 6-21　图片浏览器程序的运行效果

拓展与提高

(1) 查阅 Internet 资源和相关书籍，了解和掌握如何建立一个多文档(MDI)界面应用程序，以便同时显示多个文档。

(2) 综合利用本章内容实现 Windows 系统的记事本程序。

6.4　总结与提高

(1) 菜单控件 MenuStrip 主要用来设计应用程序的菜单，方便用户与应用程序的交互。用户可以在设计时直接建立菜单，也可以通过程序动态建立菜单。

(2) 工具栏控件 ToolStrip 可以创建标准的 Windows 应用程序的工具栏或者自己定义外观和行为的工具栏以及其他用户界面元素。

(3) 状态栏控件 StatusStrip 通常放置在窗体的最底部，用于显示窗体上一些对象的相关信息，或者可以显示应用程序的信息。

(4) 树形控件 TreeView 用于以节点形式显示文本或数据，这些节点按层次结构顺序排列。TreeView 控件的 Nodes 集合对象提供了对树形节点的操作。

(5) ListView 控件用于以特定样式或视图类型显示列表项，其 Items 集合对象提供了对其列表项的操作。

(6) 通用对话框允许用户执行常用的任务，提供执行相应任务的标准方法。通用对话框的屏幕显示是由代码运行的操作系统提供的。

第 7 章　ADO. NET 数据访问技术

在信息社会中，各种数据通常存储在服务器的数据库中，因此，在当前的软件开发中数据库技术得到了广泛的应用。为了使客户端能够访问服务器中的数据库，需要使用各种数据访问技术。在众多的数据访问技术中，微软公司推出的 ADO. NET 技术是一种常用的数据库操作技术。本章将通过学生成绩管理系统的实现带领读者进入 ADO. NET 世界，掌握如何使用 ADO. NET 技术进行数据库操作。通过阅读本章内容，可以：

➢ 了解 ADO. NET 数据访问架构的组成
➢ 掌握 ADO. NET 架构模型中的 6 个核心对象的功能和用法
➢ 掌握利用 ADO. NET 技术开发. NET 环境下的 Windows 程序的流程和方法
➢ 了解和掌握数据绑定技术和 DataGridView 数据控件的常用操作

7.1　ADO. NET 基础

任务描述：用户登录

在学生成绩管理系统中，用户登录模块是系统必不可少的功能模块，用户只有输入正确的用户名和密码，才能登录系统，进入主界面，否则给出提示信息，禁止非法用户进入系统。本任务实现学生成绩管理系统的登录界面，如图 7-1 所示。

图 7-1　用户登录界面

任务实现

(1) 启动 VS 2012，打开学生成绩管理系统项目 StudentGrade，如图 7-2 所示。

(2) 打开用户登录模块的程序代码，在文件的开始位置添加对 System. Data. SqlClient

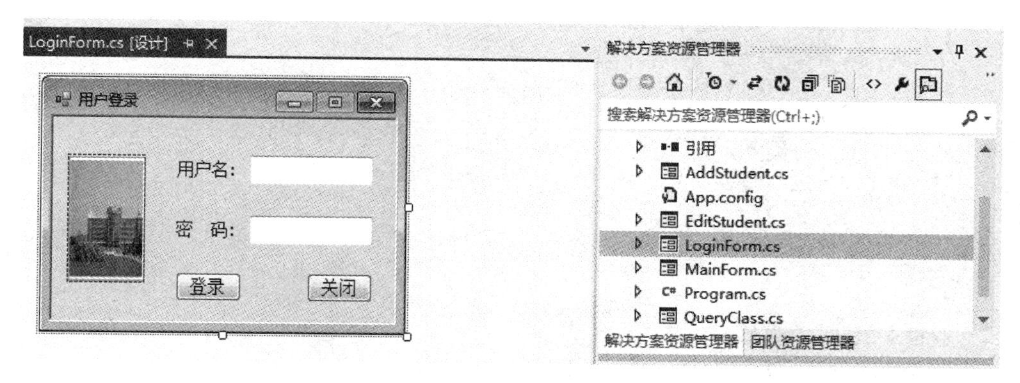

图 7-2 学生成绩管理系统项目编辑界面

命名空间的引用：

```
using System.Data.SqlClient;
```

(3) 在用户登录模块的程序代码中添加用户验证方法，具体代码如下。

```
private  bool  CheckUser(string id,string pwd)
{   //连接字符串
    string strcon = "Server = .;Database = db_Student; Integrated Security = SSPI";
    //SQL 语句
    string SQL = string.Format("SELECT * FROM [tb_User] WHERE userid = '{0}' AND passwd = '{1}'",
id,pwd);
    //建立连接对象
    using (SqlConnection conn = new SqlConnection(strcon))
    {
      conn.Open();                                  //打开连接对象
      //建立命令对象
      SqlCommand cmd = new SqlCommand();
      //设置命令对象的属性
      cmd.Connection = conn;
      cmd.CommandText = SQL;
      cmd.CommandType = CommandType.Text;
      //执行命令对象的方法
      int result = (int)(cmd.ExecuteScalar());
      if (result > 0)
      {
          return true;
      }
      else
      {
      return false;
      }
    }
}
```

(4) 编写“登录”和“关闭”按钮的单击事件代码，主要代码如下：

```
//“登录”按钮单击事件代码
```

```
private void btnLogin_Click(object sender,EventArgs e)
{   //收集输入信息
    string name = this.txtUserName.Text.Trim();
    string passwd = this.txtPasswd.Text.Trim();

    if (name == string.Empty || passwd == string.Empty)
    {
      MessageBox.Show("用户名或密码为空!","系统提示");
      return;
    }
    //检查用户名和密码
    if (CheckUser(name,passwd) == true)
    {
      MainForm main = new MainForm(name);
      this.Hide();
      main.Show();
    }
    else
    {
      MessageBox.Show("用户名或密码错误!","系统提示");
      this.txtUserName.Clear();
      this.txtPasswd.Clear();
      this.txtUserName.Focus();
      return;
    }
}
//"关闭"按钮事件代码
private void btnClose_Click(object sender,EventArgs e)
{
    Application.Exit();
}
```

相关知识点链接

7.1.1 ADO.NET 基础

ADO.NET 是一组向.NET Framework 程序员公开数据访问服务的类。ADO.NET 为创建分布式数据共享应用程序提供了一组丰富的组件。它提供了对关系数据库、XML 和应用程序数据的访问,因此是.NET Framework 中不可缺少的一部分。ADO.NET 支持多种开发需求,包括创建由应用程序、工具、语言或 Internet 浏览器使用的前端数据库客户端和中间层业务对象。ADO.NET 提供对诸如 SQL Server 和 XML 这样的数据源以及通过 OLE DB 和 ODBC 公开的数据源的一致访问。共享数据的使用方应用程序可以使用 ADO.NET 连接到这些数据源,并可以检索、处理和更新其中包含的数据。

ADO.NET 通过数据处理将数据访问分解为多个可以单独使用或一前一后使用的不连续组件。ADO.NET 包含用于连接到数据库、执行命令和检索结果的.NET Framework 数据提供程序。这些结果或者被直接处理,放在 ADO.NET DataSet 对象中以便以特别的方式向用户公开,并与来自多个源的数据组合;或者在层之间传递。DataSet 对象也可以独立于.NET Framework数据提供程序，用于管理应用程序本地的数据或源自XML的数据。

ADO.NET用于访问和操作数据的两个主要组件是.NET Framework数据提供程序和DataSet。.NET Framework数据提供程序用于连接到数据库、执行命令和检索结果。这些结果将被直接处理，放置在DataSet中以便根据需要向用户公开、与多个源中的数据组合，或在层之间进行远程处理。.NET Framework数据提供程序是轻量的，它在数据源和代码之间创建最小的分层，并在不降低功能性的情况下提高性能。表7-1列出了.NET Framework中所包含的数据提供程序，表7-2描述了.NET Framework数据提供程序的核心对象。

表7-1 .NET Framework中所包含的数据提供程序

数据提供程序	说　　明
用于SQL Server的.NET Framework数据提供程序	提供Microsoft SQL Server的数据访问。使用System.Data.SqlClient命名空间
用于OLE DB的.NET Framework数据提供程序	提供对使用OLE DB公开的数据源中数据的访问。使用System.Data.OleDb命名空间
用于ODBC的.NET Framework数据提供程序	提供对使用ODBC公开的数据源中数据的访问。使用System.Data.Odbc命名空间
用于Oracle的.NET Framework数据提供程序	用于Oracle的.NET Framework数据提供程序支持Oracle客户端软件8.1.7和更高版本，并使用System.Data.OracleClient命名空间

表7-2 .NET Framework数据提供程序的核心对象

对　　象	说　　明
Connection	建立与特定数据源的连接。所有Connection对象的基类均为DbConnection类
Command	对数据源执行命令。公开Parameters，并可在Transaction范围内从Connection执行。所有Command对象的基类均为DbCommand类
DataReader	从数据源中读取只进且只读的数据流。所有DataReader对象的基类均为DbDataReader类
DataAdapter	使用数据源填充DataSet并解决更新。所有DataAdapter对象的基类均为DbDataAdapter类

DataSet对象对于支持ADO.NET中的断开连接的分布式数据方案起到至关重要的作用。DataSet是数据驻留在内存中的表示形式，不管数据源是什么，它都可提供一致的关系编程模型。ADO.NET DataSet是专门为独立于任何数据源的数据访问而设计的。因此，它可以用于多种不同的数据源，用于XML数据，或用于管理应用程序本地的数据。DataSet包含一个或多个DataTable对象的集合，这些对象由数据行和数据列以及有关DataTable对象中数据的主键、外键、约束和关系信息组成。图7-3阐释了.NET Framework数据提供程序和DataSet之间的关系。

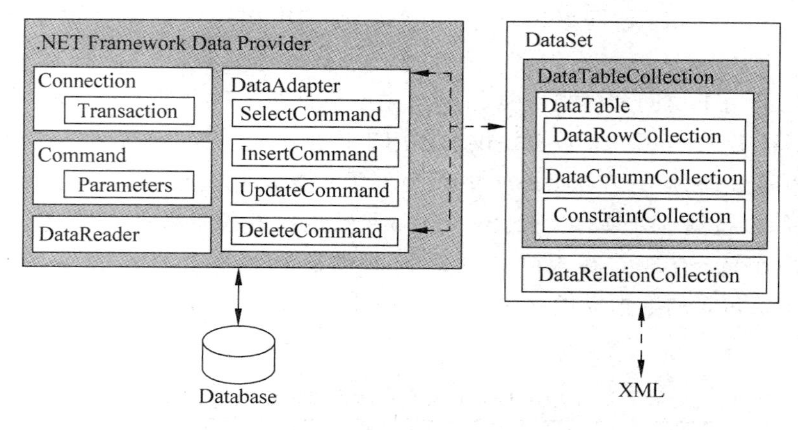

图 7-3　ADO. NET 的结构

7.1.2　数据连接对象 Connection

Connection 对象，顾名思义，表示与特定数据源的连接。如果把数据源比作大门，那么连接字符串则是钥匙，而连接对象则是拿着钥匙开门的人。对于 ADO. NET 而言，不同的数据源，都对应着不同的 Connection 对象，具体 Connection 对象如表 7-3 所示。

表 7-3　具体 Connection 对象

名　　称	命 名 空 间	描　　述
SqlConnection	System. Data. SqlClient	表示与 SQL Server 的连接对象
OleDbConnection	System. Data. OleDb	表示与 OleDb 数据源的连接对象
OdbcConnection	System. Data. Odbc	表示与 ODBC 数据源的连接对象
OracleConnection	System. Data. OracleClient	表示与 Oracle 数据库的连接对象

说明：*在连接数据库时，要根据使用的数据库来引入相应的命名空间，然后使用命名空间的连接类来创建数据库连接对象。*

不管哪种连接对象，它都继承于 DbConnection 类。DbConnection 类封装了很多重要的方法和属性，表 7-4 描述了几个重要的方法和属性。

表 7-4　DbConnection 类的重要的方法和属性

属性/方法	说　　明
ConnectionString	获取或设置用于打开连接的字符串
ConnectionTimeOut	获取在建立连接时终止尝试并生成错误之前所等待的时间
Database	在连接打开之后获取当前数据库的名称，或者在连接打开之前获取连接字符串中指定的数据库名
State	获取描述连接状态的字符串，其值是 ConnectionState 类型的一个枚举值
Open	使用 ConnectionString 所指定的设置打开数据库连接
Dispose	释放由 Component 使用的所有资源
Close	关闭与数据库的连接

我们已经知道,ADO.NET类库为不同的外部数据源提供了一致的访问。这些数据源可以是本地的数据文件(如Excel、txt、Access,甚至是SQLite),也可以是远程的数据库服务器(如SQL Server、MySQL、DB2、Oracle等)。数据源似乎琳琅满目,鱼龙混杂。请试想一下,ADO.NET如何能够准确而又高效地访问到不同数据源呢?ADO.NET已经为不同的数据源编写了不同的数据提供程序。但是这个前提是,要访问到正确的数据源,否则只会"张冠李戴,驴头不对马嘴"。就好比用SQL Server数据提供程序去处理Excel数据源,结果肯定是让人"瞠目结舌"的。英雄总在最需要的时候出现,连接字符串,就是这样一组被格式化的键值对:它告诉ADO.NET数据源在哪里,需要什么样的数据格式,提供什么样的访问信任级别以及其他任何包括连接的相关信息。

其实,连接字符串虽然影响深远,但是其本身的语法却十分简单。连接字符串由一组元素组成,一个元素包含一个键值对,元素之间由";"分开。语法如下:

```
key1 = value1; key2 = value2; key3 = value3 …
```

典型的元素(键值对)应当包含这些信息:数据源是基于文件的还是基于网络的数据库服务器,是否需要账号密码来访问数据源,超时的限制是多少,以及其他相关的配置信息。我们知道,值(Value)是根据键(Key)来确定的,那么键(Key)如何来确定呢?语法并没有规定键(Key)是什么,这需要根据用户需要连接的数据源来确定。一般来说,一个连接字符串所包括的信息如表7-5所示。

表7-5 连接字符串包含的信息

参数	说明
Provider	用于提供连接驱动程序的名称
Initial Catalog	指明所需访问数据库的名称
Data Source	指明所需访问的数据源
Password 或 PWD	指明访问对象所需的密码
User ID 或 UID	指明访问对象所需的用户名
Connection TimeOut	指明访问对象所持续的时间
Integrated Security 或 Trusted Connection	集成连接(信任连接)

【例7.1】 创建控制台程序使用SqlConnection对象连接SQL Server 2008数据库,主要代码如下:

```
    static void Main(string[ ] args)  {
    //构造连接字符串
    string constr = " DataSource = .\\SQLEXPRESS; InitialCatalog = master; Integrated Security =
SSPI";
    SqlConnection conn = new SqlConnection(constr);  //创建连接对象
    conn.Open();                                      //打开连接
    if(conn.State == ConnectionState.Open)
    {
        Console.WriteLine("Database is linked.");
        Console.WriteLine("\nDataSource:{0}",conn.DataSource);
        Console.WriteLine("Database:{0}",conn.Database);
        Console.WriteLine("ConnectionTimeOut:{0}",conn.ConnectionTimeout);
    }
```

```
        conn.Close();                                       //关闭连接
        conn.Dispose();                                     //释放资源
        if(conn.State == ConnectionState.Closed)
        {
          Console.WriteLine("\nDatabase is closed.");
        }
          Console.Read();
        }
    }
```

程序的运行结果如图7-4所示。

```
file:///C:/Users/eric/AppData/Local/Temporary Projects/Connection/bin/Debug/Connectio...
Database is linked.

DataSource:.\SQLEXPRESS
Database:master
ConnectionTimeOut:15

Database is closed.
```

图7-4 使用SqlConnection对象连接数据库

说明：在完成连接后，及时关闭连接是必要的，因为大多数数据源只支持有限数目的打开的连接，更何况打开的连接会占用宝贵的系统资源。

为了有效地使用数据库连接，在实际的数据库应用程序中打开和关闭数据连接时一般都会使用以下两种技术。

1. 添加try…catch块

连接数据库时可能出现异常，因此需要添加异常处理。对于C#来说，典型的异常处理是添加try…catch代码块。finally是可选的。finally是指无论代码是否出现异常都会执行的代码块。而对数据库连接来说，资源是非常宝贵的。因此，应当确保打开连接后，无论是否出现异常，都应该关闭连接和释放资源。所以，必须在finally语句块中调用Close方法关闭数据库连接。典型的代码如下：

```
try
{
  conn.Open();                                        //打开数据库连接
}
catch(Exception ex)
{
   ;                                                  //处理异常的代码
}
finally
{
     conn.Close();                                    //关闭连接对象
}
```

2. 使用using语句

using语句的作用是确保资源使用后很快释放它们。using语句帮助减少意外的运行时错误带来的潜在问题，它整洁地包装了资源的使用。具体来说，它执行以下内容。

(1) 分配资源。

(2) 把 Statement 放进 try 块。

(3) 创建资源的 Dispose 方法，并把它放进 finally 块。

因此，上面的语句等同于：

```
using(SqlConnection conn = new SqlConnection(connStr))
{
    ;                                                   //todo
}
```

拓展与提高

(1) 有 SQL Server 2008 数据源，服务器名为 jsjxx，数据库名为 UserInfo，采用信任连接，请写出连接此数据源的连接字符串。

(2) 有 SQL Server 2008 数据源，服务器为本地的，数据库名为 UserInfo，采用非信任连接，登录账号为 sa，密码为 123，请写出连接此数据源的连接字符串。

(3) 在路径 e:\db\下有 Access 格式的数据库文件 UserInfo. mdb，请写出连接此数据源的连接字符串。

(4) 在路径 e:\db\下有 Excel 文件"班学生选课. xls"，请写出连接此数据源的连接字符串。

7.2 Command 和 DataReader 对象

任务描述：添加学生信息

在日常生活中，用户经常需要添加学生信息、编辑或删除学生信息。学生信息通常保存在数据库中，为此，需要经常向数据库中增加、修改或删除记录操作。本任务实现学生信息的添加，如图 7-5 所示。

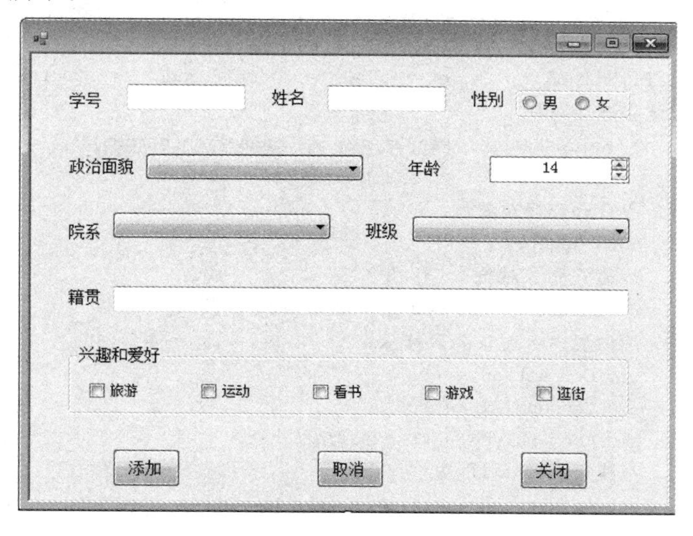

图 7-5 添加学生信息界面

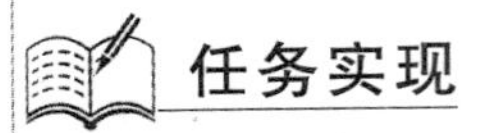

任务实现

(1) 启动 VS 2012,打开学生成绩管理系统项目 StudentGrade。

(2) 在解决方案资源管理器视图中单击 AddStudent.cs 文件,打开添加学生信息窗体设计界面,按 F7 键打开代码文件 AddStudent.cs,添加"添加"按钮单击事件代码,主要代码如下:

```
private void btnConfirm_Click(object sender,EventArgs e)
{
    string stuid = this.txtStuID.Text;
    string name = this.txtName.Text;
    string gender = "";
    if (rbtMale.Checked == true)
    {
        gender = "男";
    }
    else
    {
        gender = "女";
    }
    string nation = this.comNation.Text;
    string age = Convert.ToString(this.numAge.Value);

    string depart = this.comDepart.Text;
    string cl = this.comClass.Text;
    string lcation = this.txtLocation.Text;
    string hobby = GetHobby();
    hobby = hobby.Substring(0,hobby.Length - 1);
    string sql = string.Format("insert into [tb_Student](stuid,stuname,gender,
department,stuclass,nation,age,courty,intersting) values('{0}','{1}','{2}','{3}','{4}','{5}','{6}'
,'{7}','{8}')",stuid,name,gender,depart,cl,nation,age,lcation,hobby);
    //连接字符串
    string strcon = "Server=.; Database=db_Student;  Integrated Security=SSPI";
    //建立连接对象
    using (SqlConnection conn = new SqlConnection(strcon))
    {
        //打开连接对象
        conn.Open();
        //建立命令对象
        SqlCommand cmd = new SqlCommand();
        //设置命令对象的属性
        cmd.Connection = conn;
        cmd.CommandText = sql;
        cmd.CommandType = CommandType.Text;
        //执行command的方法
        int rows = cmd.ExecuteNonQuery();
        if (rows > 0)
```

```
        {
         MessageBox.Show("添加学生成功!","添加学生",MessageBoxButtons.OK);
        }
        else
        {
         MessageBox.Show("添加学生失败!","添加学生",MessageBoxButtons.OK);
        }
}
```

相关知识点链接

7.2.1 与数据库交互：Command 对象

1. 认识 Command 对象

ADO.NET 最主要的目的是对外部数据源提供一致的访问。而访问数据源数据，就少不了增删改查等操作。尽管 Connection 对象已经为我们连接好了外部数据源，但它并不提供对外部数据源的任何操作。在 ADO.NET 中，Command 对象封装了所有对外部数据源的操作(包括增、删、改、查等 SQL 语句与存储过程)，并在执行完成后返回合适的结果。与 Connection 对象一样，对于不同的数据源，ADO.NET 提供了不同的 Command 对象。表 7-6 列举了主要的 Command 对象。

表 7-6 主要的 Command 对象

.NET 数据提供程序	对应 Command 对象
用于 OLE DB 的.NET Framework 数据提供程序	OleDbCommand 对象
用于 SQL Server 的.NET Framework 数据提供程序	SqlCommand 对象
用于 ODBC 的.NET Framework 数据提供程序	OdbcCommand 对象
用于 Oracle 的.NET Framework 数据提供程序	OracleCommand 对象

2. Command 对象常用属性和方法

Command 对象有三个重要属性，分别是 Connection 属性、CommandText 属性和 CommandType 属性。其中，Connection 属性用于设置或获取 Command 对象使用的 Connection 对象，CommandText 属性用来设置或获取对数据源执行的 Transact-SQL 语句或存储过程名或者表名，CommandType 属性用来获取或设置一个如何解释 CommandText 属性的值，可以将该属性设置为 CommandType 枚举中的值 Text 或 StoredProcedure。

(1) 如果 CommandText 值为 SQL 命令，CommandType 应取枚举值 Text。

(2) 如果 CommandText 值为存储过程名，CommandType 应取枚举值 StoredProcedure。

(3) CommandType 的默认值为 Text。

需要特别注意的是，将 CommandType 设置为 StoredProcedure 时，应将 CommandText 属性设置为存储过程的名称。

Command 对象常用的方法及其说明如表 7-7 所示。

表 7-7 Command 对象常用方法

方　法	说　明
ExecuteNonQuery	如果 SqlCommand 所执行的命令为无返回结果集的 SQL 命令，应该调用 ExecuteNonQuery 方法。这些命令包括 DCL（数据控制）命令，例如 GRANT、SP_ADDLOGIN、SP_DBOPTION 等；DDL 命令（数据定义）命令，例如 CREATE TABLE、ALTER VIEW 等；DML（数据操作）命令，例如 INSERT、UPDATE、DELETE。注意：执行 ExecuteNonQuery 方法返回一个 int 值，返回值为该命令所影响的行数
ExecuteReader	执行查询，并返回一个 DataReader 对象。DataReader 是一个快速的，轻量级，只读的遍历访问每一行数据的数据流
ExecuteScalar	执行查询，并返回查询结果集中第一行的第一列（object 类型）。如果找不到结果集中第一行的第一列，则返回 null 引用

3. 如何创建 Command 对象

在创建 Command 对象之前，需要明确两件事情：①要执行什么样的操作？②要对哪个数据源进行操作？明白这两件事情，一切都好办了。可通过 string 字符串来构造一条 SQL 语句，也可以通过 Connection 对象指定连接的数据源。那么如何将这些信息交给 Command 对象呢？一般来说，有以下两种方法。

（1）通过构造函数。代码如下：

```
string strSQL = "Select * from tb_SelCustomer";
SqlCommand cmd = new SqlCommand(strSQL,conn);
```

（2）通过 Command 对象的属性。代码如下：

```
SqlCommand cmd = new SqlCommand();
cmd.Connection = conn;
cmd.CommandText = strSQL;
```

说明：上面两个实例是相对于 SQL Server 来说的，如果访问其他数据源，应当选择其他的 Command 对象，具体参照表 7-6 中对应的 Command 对象。

4. 使用 Command 对象的步骤

1）创建数据库连接

```
string strcon = @"Data Source = .\SQLEXPRESS; Initial Catalog = db_MyDemo; Integrated
Security = SSPI";                                         //构造连接字符串
SqlConnection sqlConn = new SqlConnection(strcon);
```

2）定义 SQL 语句

```
string strSQL = "select count( * ) from tb_SelCustomer";
```

3）创建 Command 对象

（1）用 SQL 语句的 Command 设置

```
SqlCommand Comm = new SqlCommand();
Comm.CommandText = strSQL;
Comm.CommandType = CommandType.Text;
```

```
Comm. Connection = sqlConn;
```

(2) 用存储过程的 Command 设置

```
SqlCommand Comm = new SqlCommand();
Comm.CommandText = "sp_UpdateName";
Comm.CommandType = CommandType. StoredProcedure;
Comm. Connection = sqlConn;
```

其中,Sp_UpdateName 是在 SQL Server 服务器上创建的存储过程。

4) 执行命令

```
conn.Open();                                          //一定要注意打开连接
int rows = (int)cmd.ExecuteScalar();                  //执行命令
```

【例 7.2】 创建控制台程序说明如何使用 Command 对象向数据库中添加一条记录。

```
    static void Main(string[] args)
    {
      string connstr = @"Data Source = .\SQLEXPRESS; Initial Catalog = db_MyDemo; Integrated
Security = SSPI";                                     //构造连接字符串
      using(SqlConnection conn = new SqlConnection(connstr))
      {                                               //拼接 SQL 语句
       StringBuilder strSQL = new StringBuilder();
       strSQL.Append("insert into tb_SelCustomer ");
       strSQL.Append("values(");
       strSQL.Append("'zengxq','0','0','13803743333','zxq@126.com','河南省许昌市八一路
88 号',12.234556,34.222234,'422900','备注信息')");
       Console.WriteLine("Output SQL:\n{0}",strSQL.ToString());
       //创建 Command 对象
       SqlCommand cmd = new SqlCommand();
       cmd.Connection = conn;
       cmd.CommandType = CommandType.Text;
       cmd.CommandText = strSQL.ToString();
       try
       {
           conn.Open();                               //一定要注意打开连接
           int rows = cmd.ExecuteNonQuery();          //执行命令
           Console.WriteLine("\nResult: {0}行受影响",rows);
         }
         catch(Exception ex)
         {
           Console.WriteLine("\nError: \n{0}",ex.Message);
         }
         }
         Console.Read();
    }
```

7.2.2 读取数据:DataReader 对象

1. 理解 DataReader 对象

Command 对象可以对数据源的数据直接操作,但是如果执行的是要求返回数据结果集

的查询命令或存储过程，需要先获取数据结果集的内容，然后再进行处理或输出，这就需要DataReader对象来配合。DataReader对象是一个简单的数据集，用于从数据源中检索只读数据集，常用于检索大量数据。DataReader对象只允许以只读、顺向的方式查看其中所存储的数据，提供一个非常有效的数据查看模式，同时DataReader对象还是一种非常节省资源的数据对象。

ADO.NET DataReader对象不能直接使用构造函数实例化，必须通过Command对象的ExecuteReader()方法来生成。根据.NET Framework数据提供程序不同，DataReader也可以分成SqlDataReader、OleDbDataReader、OdbcDataReader和OracleDataReader。

2. 使用DataReader对象

通过检查HasRows属性或者调用Read()方法，可以判断DataReader对象所表示的查询结果中是否包含数据行记录。调用Read()方法，如果可以使DataReader对象所表示的当前数据行向前移动一行，那么它将返回True(也就是说，每调用一次Read()方法，对象所表示的当前数据行就会向前移动一行)。

在任意时刻上DataReader对象只表示查询结果集中的某一行记录。如果要获取当前记录行的下一行数据，就需要调用Read()方法。但是当读取到集合中最后的一行数据时，调用Read()方法将返回False。

有很多种方法都可以从DataReader对象中返回其当前所表示的数据行的字段值。例如，假设使用一个名为“reader”的SqlDataReader对象来表示下面查询的结果：

```
SELECT Title, Director FROM Movies
```

如果要得到DataReader对象所表示的当前数据行中的Title字段的值，那么就可以使用下面这些方法中的任意一个：

```
string Title = (string)reader["Title"];
string Title = (string)reader[0];
string Title = reader.GetString(0);
string Title = reader.GetSqlString(0);
```

第一个方法通过字段的名称来返回该字段的值，不过该字段的值是以Object类型返回。因此，在将该返回值赋值给字符串变量之前，必须对其进行显式的类型转换。

第二个方法通过字段的位置来返回该字段的值，不过该字段的值也是以Object类型返回。因此在使用前也必须对其进行显式的类型转换。

第三个方法也是通过该字段的位置来返回其字段值。然而，这个方法得到的返回值的类型是字符串。因此使用这种方法就不用对返回结果进行任何类型转换。

最后一个方法还是通过字段的位置来返回字段值，但该方法得到的返回值的类型是SqlString而不是普通的字符串。SqlString类型表示在System.Data.SqlTypes命名空间定义的专门类型值。

说明： SqlTypes是ADO.NET 2.0提供的新功能。每一个SqlType分别对应于微软SQL Server 2008数据库所支持的一种数据类型。例如，SqlDecimal、SqlBinary和SqlXml类型等。

对不同的返回数据行字段值的方法进行权衡可以知道，通过字段所在的位置来返回字段值比通过字段名称来返回字段值要快一些。然而,使用这个方法会使得程序代码变得十分脆弱。如果查询中字段返回的位置稍有改变,那么程序就将无法正确工作。

【例 7.3】 编写控制台程序,从 Student 表中读取出所有姓"李"学员的姓名。主要代码如下:

```
string sql = "SELECT StudentName FROM Student WHERE StudentName LIKE '李%'";
SqlCommand command = new SqlCommand(sql,connection);
connection.Open();
SqlDataReader dataReader = command.ExecuteReader();
Console.WriteLine("查询结果: ");
while (dataReader.Read())
{
    Console.WriteLine((string)dataReader["StudentName"]);
}
dataReader.Close();
```

7.2.3 综合实例:学生信息编辑

为了更好地理解如何使用 Command 对象实现与数据库的交互,下面完成学生成绩系统中的编辑学生信息功能的具体实现。具体过程如下。

(1) 启动 VS 2012,打开学生成绩管理系统项目 StudentGrade。

(2) 在解决方案资源管理器视图中单击 EditStudent.cs 文件,打开编辑学生信息窗体设计界面,按 F7 键打开代码文件 EditStudent.cs,添加"查找"按钮单击事件代码,主要代码如下:

```
private void btnFind_Click(object sender,EventArgs e)
{
    string stuid = this.txtStuID.Text.Trim();            //学生学号
string sql = string.Format("select stuid,stuname,gender,age,nation,department,class,place
from tb_Student where stuid='{0}'",stuid);               //构造 SQL 语句
    string connstr = @"Data Source=.\SQLEXPRESS; Initial Catalog=db_Student; Integrated
Security=SSPI";                                           //构造连接字符串
   using (SqlConnection conn=new SqlConnection (constr))
   {
    conn.Open();
    SqlCommand cmd = new SqlCommand(sql,conn);
    SqlDataReader sdr = cmd.ExecuteReader();
//读取数据,将数据显示在相关控件中
if (sdr.HasRows)
 {
     sdr.Read();
     this.txtSID.Text = sdr["stuid"].ToString();
     this.txtName.Text = sdr["stuname"].ToString();
     this.txtGender.Text = sdr["gender"].ToString();
     this.txtAge.Text = sdr["age"].ToString();
     this.txtNation.Text = sdr["nation"].ToString();
     this.txtCollege.Text = sdr["department"].ToString();
     this.txtClass.Text = sdr["class"].ToString();
```

```
        this.txtPlace.Text = sdr["place"].ToString();
    }
  sdr.Close();
  conn.Close();
  }
```

(3) 在代码文件 EditStudent.cs 中添加“修改”按钮单击事件代码，主要代码如下：

```
private void btnEdit_Click(object sender,EventArgs e)
{
string source = " Data Source = .\\SQLEXPRESS; Initial Catalog = db_Student; Integrated
Security = SSPI";                                       //构造连接字符串
string updatesql = "update [tb_Student] set stuname = @stuname,gender = @gender,age = @age,
nation = @nation where stuid = @stuid";
using (SqlConnection conn = new SqlConnection(source))
{
  conn.Open();                                          //打开数据库连接
  SqlCommand cmd = new SqlCommand(updatesql,conn);
  //为@stuname 参数赋值
  cmd.Parameters.Add("@stuname",SqlDbType.VarChar,50).Value = this.txtName.Text.Trim();
  cmd.Parameters.Add("@gender",SqlDbType.VarChar,2).Value = this.txtGender.Text.Trim();
  cmd.Parameters.Add("@age",SqlDbType.VarChar,5).Value = this.txtAge.Text.Trim();
  cmd.Parameters.Add("@nation",SqlDbType.VarChar,50).Value = this.txtNation.Text.Trim();
  cmd.Parameters.Add("@stuid",SqlDbType.VarChar,11).Value = this.txtSID.Text.Trim();
  int rows = Convert.ToInt32 (cmd.ExecuteNonQuery());
  if (rows > 0)
  {
    MessageBox.Show("学生信息修改成功!","信息修改");
  }
  else
  {
     MessageBox.Show("学生信息修改失败!","信息修改");
   }
   conn.Close();
  }
}
```

(4) 在代码文件 EditStudent.cs 中添加“删除”按钮单击事件代码，主要代码如下：

```
private void btnDelete_Click(object sender,EventArgs e)
{
  string source = " Data Source = .\\SQLEXPRESS; Initial Catalog = db_Student; Integrated
Security = SSPI";                                       //构造连接字符串
  string delsql = "DELETE FROM [tb_Student] WHERE stuid = @stuid";
  using (SqlConnection conn = new SqlConnection(source))
  {
    conn.Open();                                        //打开连接对象
    SqlCommand cmd = new SqlCommand(delsql,conn);       //建立命令对象
    cmd.Parameters.Add("@stuid",SqlDbType.VarChar,11).Value = this.txtSID.Text.Trim();
                                                        //为@stuid 参数赋值
```

```
    DialogResult result = MessageBox.Show("您确定要删除吗?","删除确认",MessageBoxButtons.
OKCancel,MessageBoxIcon.Question);
  if (result == DialogResult.OK)
  {
      int rows = Convert.ToInt32(cmd.ExecuteNonQuery());
      if (rows > 0)
      {
        MessageBox.Show("学生信息删除成功!","信息删除");
      }
      else
      {
          MessageBox.Show("学生信息删除失败!","信息删除");
      }
    }
      conn.Close();
    }
}
```

程序的运行结果如图 7-6 所示。

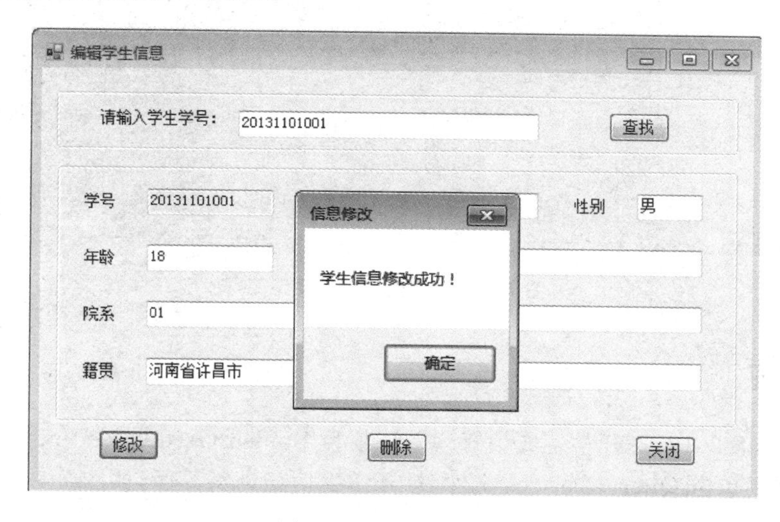

图 7-6　编辑学生信息

拓展与提高

(1) 结合本节内容,完善学生成绩管理系统的登录模块,要求采用 DataReader 对象读取用户的姓名,并显示在主窗体的状态栏。

(2) 借助网络资源,完善学生成绩管理系统的分析和设计,实现学生成绩管理系统的课程信息管理功能,包括课程信息添加、修改和删除操作。

(3) 将学生成绩管理系统中添加学生信息的院系和班级组合框的内容改为从相应的数据表中读取,以提高系统通用性。

7.3 DataSet 和 DataAdapter 数据操作对象

任务描述：学生信息查询(1)

在学生信息管理系统中，经常需要查询学生的信息。为了直观地浏览学生信息，设计了如图 7-7 所示的学生信息浏览界面。当用户在左边选择某个班级时，系统在右边以表格的形式将选定的班级的所有学生信息显示出来。本任务主要实现学生信息浏览界面的左边的树形导航栏。

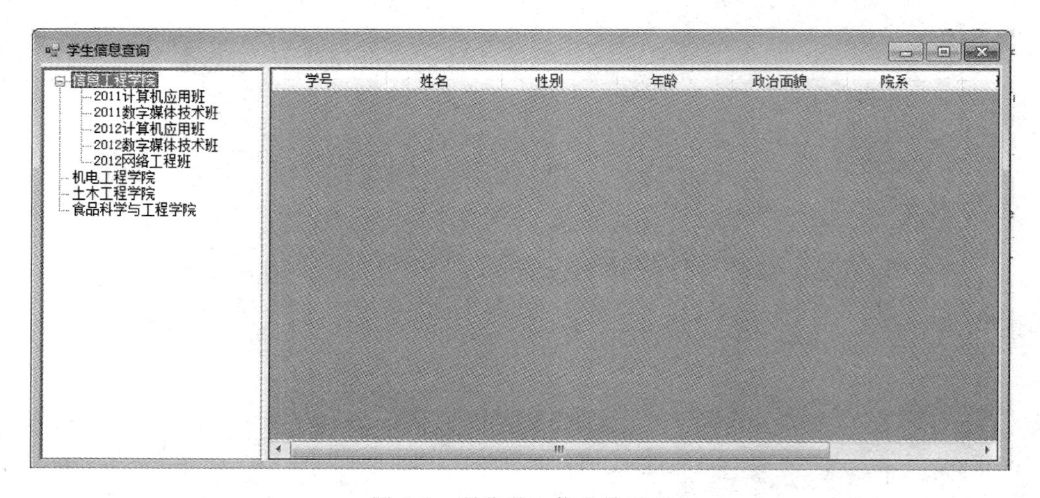

图 7-7 浏览学生信息效果图

任务实现

(1) 启动 VS 2012，打开学生成绩管理系统项目 StudentGrade。在 VS.NET IDE 的解决方案管理器中单击 QueryClass.cs 文件，打开学生信息浏览界面，如图 7-8 所示。

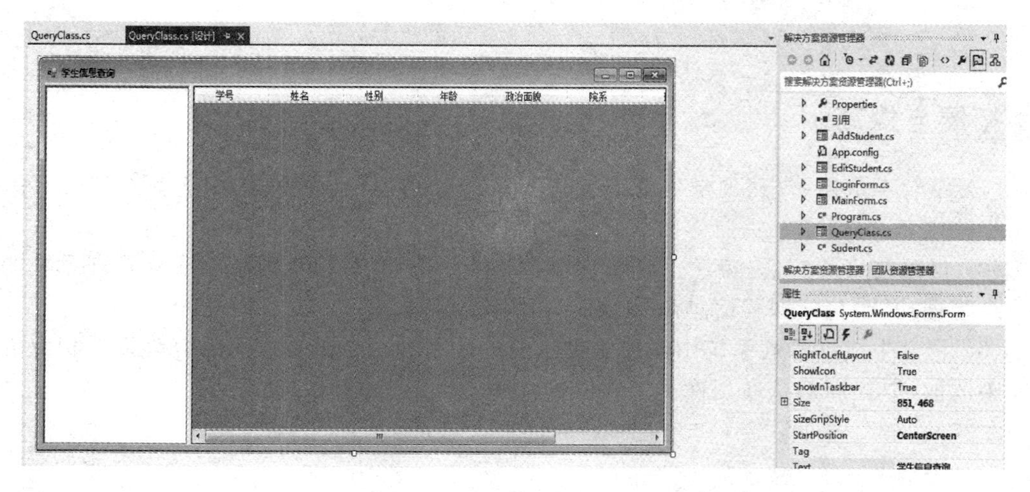

图 7-8 学生信息浏览界面

(2) 打开 QueryClass.cs 的代码文件，添加方法 CreateTreeView()从数据库中读取数据，建立树形导航栏。主要代码如下：

```
private void CreateTreeView()
{
    TreeNode RootNode = null;
    string college  =  "select CollegeID,CollegeName from tb_College";  //生成 SQL 语句
    DataSet ds;                                                         //声明数据集对象
    SqlDataAdapter sqlad;                                               //数据适配器对象
    DataTable dtCollege,dtClass;                                        //数据表声明

    using (SqlConnection sqlcon  =  new SqlConnection(source)) //建立连接对象
    {
        sqlad  =  new SqlDataAdapter(college,sqlcon);                   //生成数据适配器对象
        ds  =  new DataSet();                                           //生成数据集对象
        sqlad.Fill(ds,"College");                                       //填充数据集
        dtCollege  =  ds.Tables["College"];                             //获取数据中的数据表

        for (int i  =  0; i < dtCollege.Rows.Count; i++)                //遍历数据表
        {
        //生成树节点
         RootNode  =  new TreeNode(dtCollege.Rows[i]["CollegeName"].ToString());
         this.tvwCollege.Nodes.Add(RootNode);
         //构造 SQL 语句
         string strClass  =  string.Format("select [ClassName] from [tb_Class] where CollegeID =
'{0}'",dtCollege.Rows[i]["CollegeID"].ToString().Trim());
         //根据院系，取出班级
         sqlad  =  new SqlDataAdapter(strClass,sqlcon);
         DataSet ds2  =  new DataSet();
         sqlad.Fill(ds2,"tb_Class");
         dtClass  =  ds2.Tables["tb_Class"];

         for (int j  =  0; j < dtClass.Rows.Count; j++)
         {
         //生成树节点
          string ChildNode  =  dtClass.Rows[j]["ClassName"].ToString();
          RootNode.Nodes.Add(ChildNode);
         }
      }
    }
    }
```

(3) 为学生信息查询窗体添加 Load 事件，并在该事件中调用 CreateTreeView()方法以生成树形导航栏，具体代码如下：

```
private void QueryClass_Load(object sender,EventArgs e)
{
    CreateTreeView();
}
```

相关知识点链接

7.3.1 ADO.NET数据访问模型

在数据库应用系统中，大量的客户机同时连接到数据库服务器，这样在数据库服务器上就会频繁进行“建立连接”、“释放资源”、“关闭连接”的操作，使服务器的性能经受严峻的考验。那么，怎样才能改进数据库连接的性能呢？这要从ADO.NET访问数据库的两种机制谈起。

1. 连接模式

在连接模式下，应用程序在操作数据时，客户机必须一直保持和数据库服务器的连接。这种模式适合数据传输量少、系统规模不大、客户机和服务器在同一网络内的环境。一个典型的ADO.NET连接模式如图7-9(a)所示。连接模式下的数据访问步骤如下。

(1) 使用Connection对象连接数据库。

(2) 使用Command(命令)对象向数据库索取数据。

(3) 把取回来的数据放在DataReader(数据阅读器)对象中进行读取。

(4) 完成读取操作后，关闭DataReader对象。

(5) 关闭Connection对象。

说明：ADO.NET的连接模式只能返回向前的、只读的数据，这是由DataReader对象的特性决定的。

2. 断开连接模式

断开连接模式是指应用程序在操作数据时，并非一直与数据源保持连接，适合网络数据量大、系统节点多、网络结构复杂，尤其是通过Internet/Intranet进行连接的网络。典型的ADO.NET断开连接模式应用如图7-9(b)所示。断开连接模式下的数据访问的步骤如下。

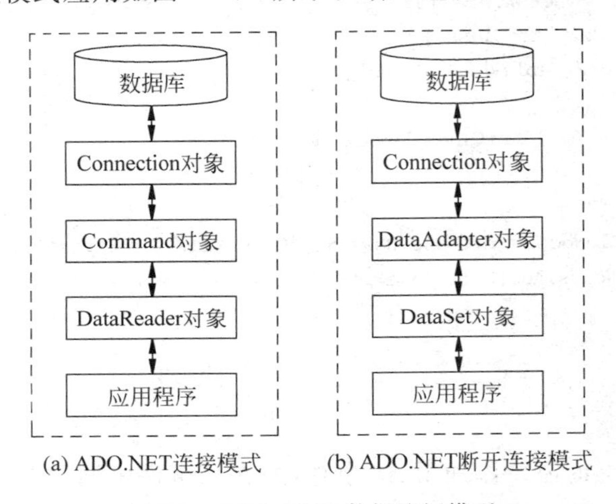

图7-9 ADO.NET数据访问模型

(1) 使用Connection对象连接数据库。

(2) 使用Command对象获取数据库的数据。

(3) 把Command对象的运行结果存储在DataAdapter(数据适配器)对象中。

(4) 把 DataAdapter 对象中的数据填充到 DataSet(数据集)对象中。

(5) 关闭 Connection 对象。

(6) 在客户机本地内存保存的 DataSet(数据集)对象中执行数据的各种操作。

(7) 操作完毕后,启动 Connection 对象连接数据库。

(8) 利用 DataAdapter 对象更新数据库。

(9) 关闭 Connection 对象。

由于使用了断开连接模式,服务器不需要维护和客户机之间的连接,只有当客户机需要将更新的数据传回到服务器时再重新连接,这样服务器的资源消耗就少,可以同时支持更多并发的客户机。当然,这需要 DataSet 对象的支持和配合才能完成,这是 ADO. NET 的卓越之处。

7.3.2 内存数据集:DataSet 对象

1. DataSet 对象概述

DataSet 是 ADO. NET 的核心组件,它是支持 ADO. NET 断开式、分布式数据方案的核心对象,也是实现基于非连接数据查询的核心成员。DataSet 是不依赖于数据库的独立数据集合,也就是说,即使断开数据链路或者关闭数据库,DataSet 依然是可用的。DataSet 就像存储于内存中的一个小型关系数据库,包含任意数据表以及所有表的约束、索引和关系等。DataSet 对象的层次结构如图 7-10 所示。

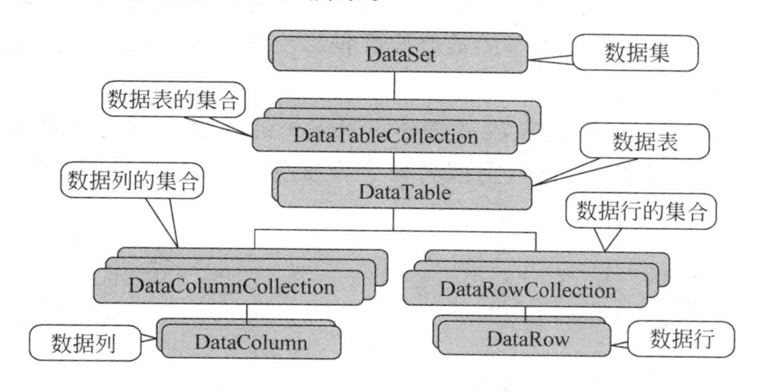

图 7-10 DataSet 对象的结构模型

从图 7-10 可以看出,DataSet 对象由数据表及表关系组成,所以 DataSet 对象包含 DataTable 对象集合 Tables 和 DataRelation 对象集合 Relations。而每个数据表又包含行和列以及约束等结构,所以 DataTable 对象包含 DataRow 对象集合 Rows、DataColumn 对象集合 Columns 和 Constraint 对象集合 Constraints。DataSet 层次结构中的类如表 7-8 所示。

表 7-8 DataSet 层次结构中的类

类	说明
DataTableCollection	包含特定数据集的所有 DataTable 对象
DataTable	表示数据集中的一个表
DataColumnCollection	表示 DataTable 对象的结构
DataRowCollection	表示 DataTable 对象中的实际数据行
DataColumn	表示 DataTable 对象中列的结构
DataRow	表示 DataTable 对象中的一个数据行

2. DataSet 的工作原理

数据集并不直接和数据库打交道，它和数据库之间的相互作用是通过.NET 数据提供程序中的数据适配器(DataAdapter)对象来完成的。数据集的工作原理如图 7-11 所示。

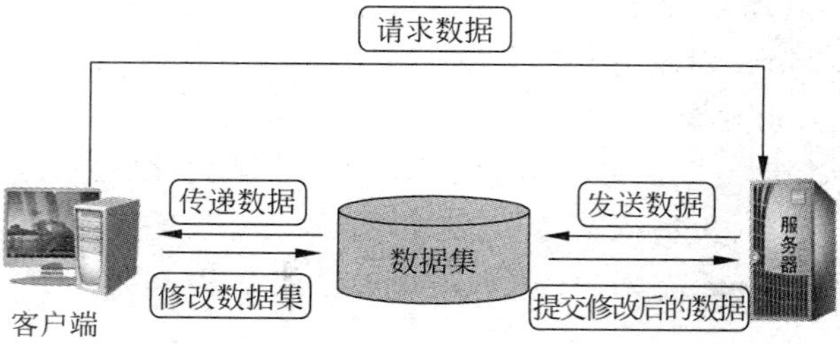

图 7-11　数据集工作原理

首先，客户端与数据库服务器端建立连接。

然后，由客户端应用程序向数据库服务器发送数据请求。数据库服务器接到数据请求后，经检索选择出符合条件的数据，发送给客户端的数据集，这时连接可以断开。

接下来，数据集以数据绑定控件或直接引用等形式将数据传递给客户端应用程序。如果客户端应用程序在运行过程中有数据发生变化，它会修改数据集里的数据。

当应用程序运行到某一阶段时，比如应用程序需要保存数据，就可以再次建立客户端到数据库服务器端的连接，将数据集里的被修改数据提交给服务器，最后再次断开连接。

3. 创建 DataSet

可以通过调用 DataSet 构造函数来创建 DataSet 的实例。可以选择指定一个名称参数。如果没有为 DataSet 指定名称，则该名称会设置为“NewDataSet”。创建 DataSet 的语法格式如下：

```
DataSet ds = new DataSet();
```

或者

```
DataSet ds = new DataSet("数据集名称");
```

以下代码示例演示了如何构造 DataSet 的实例。

```
DataSet customerOrders  =  new DataSet("CustomerOrders");
```

【例 7.4】 编写控制台程序演示 DataSet 对象的结构和用法。主要代码如下：

```
using System;
using System.Data;
namespace Example_7._4
{
    class Program
    {
      static void Main(string[ ] args)
      {
        DataSet ds = CreateDataSet();                          //创建 DataSet
        AddUserInfo(ds,"001","admin","张三","15036589210",30);
        AddUserInfo(ds,"100","88888","李四","13625741036",40);
        ShowDataSetInfo(ds);
```

```
Console.WriteLine("===========================================================");
        ShowDataSetRow(ds);
        Console.ReadKey();
    }
    //建立数据集
    static DataSet CreateDataSet()
    {
        DataSet ds;                                    //声明数据集对象
        DataTable dt;                                  //声明数据表对象
        DataColumn col;
        //创建数据集合对象
        ds = new DataSet("用户数据集");
        //创建第一个数据表：用户编号
        dt = new DataTable("用户编号");
        col = new DataColumn("编号",System.Type.GetType("System.String"));
        col.AllowDBNull = false;
        dt.Columns.Add(col);
        col = new DataColumn("密码",System.Type.GetType("System.String"));
        col.AllowDBNull = false;
        dt.Columns.Add(col);
        ds.Tables.Add(dt);
        //创建第二个数据表：用户信息
        dt = new DataTable("用户信息");
        col = new DataColumn("编号",System.Type.GetType("System.String"));
        col.AllowDBNull = false;
        dt.Columns.Add(col);
        col = new DataColumn("姓名",System.Type.GetType("System.String"));
        col.AllowDBNull = false;
        dt.Columns.Add(col);
        col = new DataColumn("年龄",System.Type.GetType("System.Int32"));
        col.AllowDBNull = false;
        dt.Columns.Add(col);
        dt.Columns.Add("电话",System.Type.GetType("System.String"));
        ds.Tables.Add(dt);
        return ds;
    }
    //显示 DataSet 信息
    static void ShowDataSetInfo(DataSet ds)
    {
        Console.Write("DataSet----{0}",ds.DataSetName);
        Console.WriteLine("包含{0}个表,区分大小写 = {1},有错误 = {2},有变化 = {3}",
ds.Tables.Count,ds.CaseSensitive,ds.HasErrors,ds.HasChanges());
        foreach (DataTable dt in ds.Tables)
        {
            Console.WriteLine("    DataTable---{0},{1}列,{2}行",dt.TableName,dt.Columns.
Count,dt.Rows.Count);
            for (int colIndex = 0; colIndex < dt.Columns.Count; colIndex++)
            {
                DataColumn col = dt.Columns[colIndex];
                Console.WriteLine("第{0}列: 列名 = [{1}],类型 = [{2}],允许空 = [{3}]",
colIndex,col.ColumnName,col.DataType.ToString(),col.AllowDBNull);
            }
        }
    }
//添加用户信息
static void AddUserInfo(DataSet ds,string id,string pwd,string name,string tel,int age)
{
```

```
            DataTable dt;
            DataRow row;
            dt = ds.Tables["用户编号"];
            row = dt.NewRow();
            row["编号"] = id;
            row["密码"] = pwd;
            dt.Rows.Add(row);

            dt = ds.Tables["用户信息"];                    //或者 dt = ds.Tables[1];
            row = dt.NewRow();
            row["编号"] = id;
            row["姓名"] = name;
            row["年龄"] = age;
            row["电话"] = tel;
            dt.Rows.Add(row);
        }
    //显示数据表的数据
    static void ShowDataSetRow(DataSet ds)
        {
            Console.WriteLine("      数据集信息如下：");
            foreach (DataTable dt in ds.Tables)
            {
              Console.WriteLine("DataTable --- {0},{1}列,{2}行",dt.TableName,dt.Columns.Count,
dt.Rows.Count);
              foreach (DataRow dr in dt.Rows)
              {
                for (int colIndex = 0; colIndex < dt.Columns.Count; colIndex++)
                {
                  Console.Write("    " + dr[colIndex].ToString());
                }
                Console.WriteLine();
              }
            }
          }
        }
    }
```

程序的运行结果如图 7-12 所示。

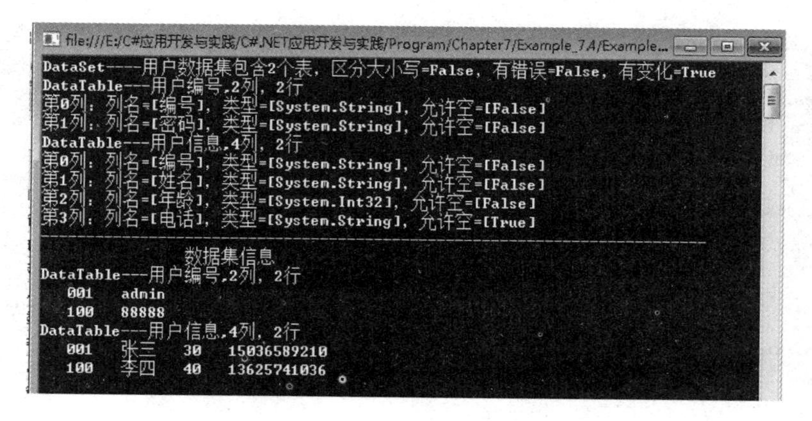

图 7-12　程序运行结果

7.3.3 数据适配器：DataAdapter 对象

1. 认识 DataAdapter 对象

DataAdapter 为外部数据源与本地 DataSet 集合架起一座桥梁，将从外部数据源检索到的数据合理正确地调配到本地的 DataSet 集合中，同时 DataAdapter 还可以将对 DataSet 的更改解析回数据源。DataApapter 本质上就是一个数据调配器。需要查询数据时，它从数据库检索数据，并填充到本地的 DataSet 或者 DataTable 中；需要更新数据库时，它将本地内存的数据路由到数据库，并执行更新命令。

说明：随.NET Framework 提供的每个.NET Framework 数据提供程序包括一个 DataAdapter 对象：OLE DB .NET Framework 数据提供程序包括一个 OleDbDataAdapter 对象，SQL Server .NET Framework 数据提供程序包括一个 SqlDataAdapter 对象，ODBC .NET Framework 数据提供程序包括一个 OdbcDataAdapter 对象，Oracle .NET Framework 数据提供程序包括一个 OracleDataAdapter 对象。

2. DataAdapter 对象的常用属性

DataAdapter 对象的工作步骤一般有两种，一种是通过 Command 对象执行 SQL 语句，将获得的结果集填充到 DataSet 对象中；另一种是将 DataSet 里更新数据的结果返回到数据库中。

DataAdapter 对象的常用属性形式为 XXXCommand，用于描述和设置操作数据库。使用 DataAdapter 对象，可以读取、添加、更新和删除数据源中的记录。对于每种操作的执行方式，适配器支持以下 4 个属性，类型都是 Command，分别用来管理数据查询、添加、修改和删除操作。

(1) SelectCommand 属性：该属性用来从数据库中检索数据。

(2) InsertCommand 属性：该属性用来向数据库中插入数据。

(3) DeleteCommand 属性：该属性用来删除数据库里的数据。

(4) UpdateCommand 属性：该属性用来更新数据库里的数据。

例如，以下代码可以给 DataAdapter 对象的 selectCommand 属性赋值。

```
SqlConnection conn = new SqlConnection(strCon);          //创建数据库连接对象
SqlDataAdapter da = new SqlDataAdapter();                //创建 DataAdapter 对象
//给 DataAdapter 对象的 SelectCommand 属性赋值
Da.SelectCommand = new SqlCommand("select * from user",conn);
//后继代码省略
```

同样，可以使用上述方式给其他的 InsertCommand、DeleteCommand 和 UpdateCommand 属性赋值，从而实现数据的添加、删除和修改操作。

说明：当在代码里使用 DataAdapter 对象的 SelectCommand 属性获得数据表的连接数据时，如果表中数据有主键，就可以使用 CommandBuilder 对象来自动为这个 DataAdapter 对象隐形地生成其他三个 InsertCommand、DeleteCommand 和 UpdateCommand 属性。这样，在修改数据后，就可以直接调用 Update 方法将修改后的数据更新到数据库中，而不必再使用 InsertCommand、DeleteCommand 和 UpdateCommand 这三个属性来执行更新操作，相关代码如下：

```
SqlCommandBuilder builder = new SqlCommandBuilder(已创建的 DataAdapter 对象);
```

3. DataAdapter 对象的常用方法

DataAdapter 对象主要用来把数据源的数据填充到 DataSet 中，以及把 DataSet 里的数据更新到数据库，同样有 SqlDataAdapter 和 OleDbAdapter 两种对象。它的常用方法有构造函数、填充或刷新 DataSet 的方法、将 DataSet 中的数据更新到数据库里的方法和释放资源的方法。

1）构造函数

不同类型的 Provider 使用不同的构造函数来完成 DataAdapter 对象的构造。对于 SqlDataAdapter 类，其构造函数说明如表 7-9 所示。

表 7-9　SqlDataAdapter 类构造函数说明

方法定义	参数说明	方法说明
SqlDataAdapter()	不带参数	创建 SqlDataAdapter 对象
SqlDataAdapter(SqlCommand selectCommand)	selectCommand：指定新创建对象的 SelectCommand 属性	创建 SqlDataAdapter 对象。用参数 selectCommand 设置其 Select Command 属性
SqlDataAdapter(string selectCommandText, SqlConnection selectConnection)	selectCommandText：指定新创建对象的 SelectCommand 属性值 selectConnection：指定连接对象	创建 SqlDataAdapter 对象。用参数 selectCommandText 设置其 Select Command 属性值，并设置其连接对象是 selectConnection
SqlDataAdapter(string selectCommandText, String selectConnectionString)	selectCommandText：指定新创建对象的 SelectCommand 属性值 selectConnectionString：指定新创建对象的连接字符串	创建 SqlDataAdapter 对象。将参数 selectCommandText 设置为 Select Command 属性值，其连接字符串是 selectConnectionString

2）Fill 类方法

当调用 Fill 方法时，它将向数据存储区传输一条 SQL SELECT 语句。该方法主要用来填充或刷新 DataSet，返回值是影响 DataSet 的行数。该方法的常用定义如表 7-10 所示。

表 7-10　DataAdapter 类的 Fill 方法说明

方法定义	参数说明	方法说明
int Fill (DataSet dataset)	参数 dataset 是需要填充的数据集名	添加或更新参数所指定的 DataSet 数据集，返回值是影响的行数
int Fill (DataSet dataset, string srcTable)	参数 dataset 是需要填充的数据集名，参数 srcTable 指定需要填充的数据集的 dataTable 数据表的名称	填充指定的 DataSet 数据集中指定表

3）Update 方法

使用 DataAdapter 对象更新数据库中的数据时，需要用到 Update 方法。Update 方法通过为 DataSet 中的每个已插入、已更新或已删除的行执行相应的 INSERT、UPDATE 或 DELETE 语句来更新数据库中的值。Update 方法最常用的重载形式如下。

(1) Update(DataRow[])：通过为 DataSet 中的指定数组中的每个已插入、已更新或已删除的行执行相应的 INSERT、UPDATE 或 DELETE 语句来更新数据库中的值。

(2) Update(DataSet)：通过为指定的 DataSet 中的每个已插入、已更新或已删除的行执行相应的 INSERT、UPDATE 或 DELETE 语句来更新数据库中的值。

(3) Update(DataTable)：通过为指定的 DataTable 中的每个已插入、已更新或已删除的行执行相应的 INSERT、UPDATE 或 DELETE 语句来更新数据库中的值。

下面的代码演示如何通过显式设置 DataAdapter 的 UpdateCommand 并调用其 Update 方法对已修改行执行更新。请注意，在 UPDATE 语句的 WHERE 子句中指定的参数设置为使用 SourceColumn 的 Original 值。这一点很重要，因为 Current 值可能已被修改，可能会不匹配数据源中的值。Original 值是用于从数据源填充 DataTable 的值。

```
private static void AdapterUpdate(string connectionString)
{
  using (SqlConnection connection = new SqlConnection(connectionString))
  {
     SqlDataAdapter dataAdpater = new SqlDataAdapter(
     "SELECT CategoryID,CategoryName FROM Categories",connection);
     //设置 DataAdapter 对象的属性
     dataAdpater.UpdateCommand = new SqlCommand(
     "UPDATE Categories SET CategoryName = @CategoryName WHERE CategoryID = @CategoryID",
connection);
       dataAdpater.UpdateCommand.Parameters.Add(
       "@CategoryName",SqlDbType.NVarChar,15,"CategoryName");
       SqlParameter parameter = dataAdpater.UpdateCommand.Parameters.Add(
            "@CategoryID",SqlDbType.Int);
        parameter.SourceColumn = "CategoryID";
        parameter.SourceVersion = DataRowVersion.Original;
        DataTable categoryTable = new DataTable();
        dataAdpater.Fill(categoryTable);
        DataRow categoryRow = categoryTable.Rows[0];
        categoryRow["CategoryName"] = "New Beverages";
        dataAdpater.Update(categoryTable);
        Console.WriteLine("Rows after update.");
        foreach (DataRow row in categoryTable.Rows)
        {
            {
              Console.WriteLine("{0}: {1}",row[0],row[1]);
            }
        }
  }
}
```

拓展与提高

(1) 利用本节所学知识完成“学生成绩管理系统”的课程管理模块，实现课程信息的添加、修改和删除功能。

(2) 借助互联网资料，总结 DataSet 与 DataReader 对象的特点，分析二者的不同之处以及各自的使用场合。

7.4　数据浏览器：DataGridView 控件

任务描述：学生信息查询(2)

在学生信息管理系统中，经常需要查询学生的信息。为了直观地浏览学生信息，设计了如图 7-13 所示的学生信息浏览界面。当用户在左边选择某个班级时，系统在右边以表格的形式将选定的班级的所有学生信息显示出来。本任务实现学生信息浏览界面的右边的学生信息显示界面。

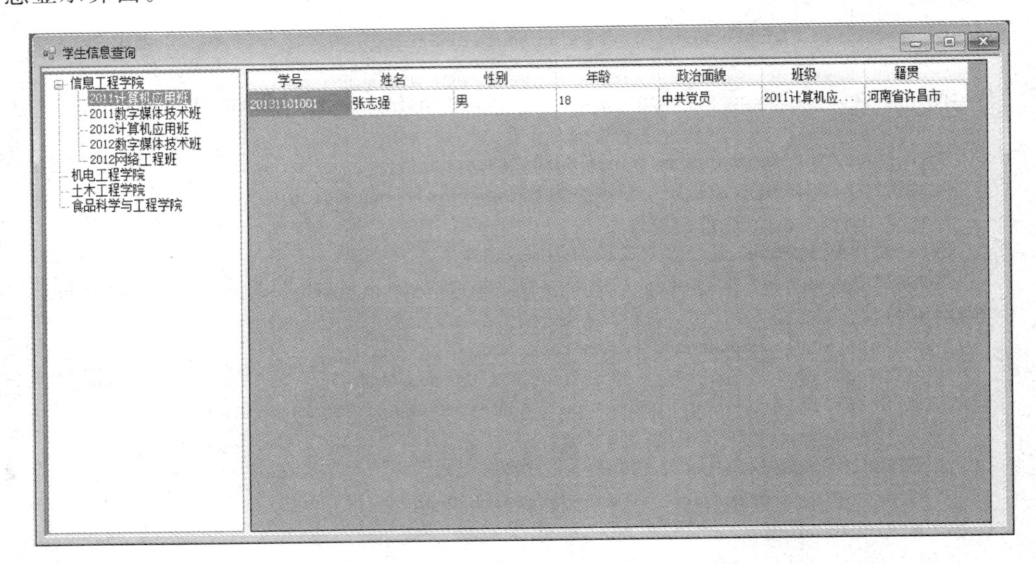

图 7-13　浏览学生信息效果

任务实现

(1) 启动 VS 2012，打开学生成绩管理系统项目 StudentGrade。在 VS. NET IDE 的解决方案管理器中单击 QueryClass. cs 文件，打开学生信息浏览界面，按 F7 键打开代码文件，添加如下代码。

```
//判断选中的是否是院系名称
private bool IsDepartment(string college)
{ //构造查询语句
  string sql = string.Format("SELECT * FROM [tb_College] WHERE CollegeName LIKE '{0}'",
college);
  using (SqlConnection sqlcon = new SqlConnection(source))
  {
      sqlcon.Open();                                    //打开数据库连接
      SqlCommand cmd = new SqlCommand(sql,sqlcon);      //建立命令对象
      Object obj = cmd.ExecuteScalar();                 //执行命令
      sqlcon.Close();                                   //关闭数据库连接
```

```
        if (obj == null)
            return false;
        else
            return true;
    }
    }
    //获取选定班级学生
    private DataTable GetStudentInfomation(string strclass)
    {//构造查询语句
    string sql = string.Format("SELECT stuid,stuname,gender,age,nation,ClassName,place FROM [tb_Student] INNER JOIN [tb_Class] ON [tb_Student].class = [tb_Class].ClassID WHERE [tb_Class].ClassName LIKE '{0}'",strclass);
    using (SqlConnection sqlcon = new SqlConnection(source))
    {
        DataSet ds = new DataSet();                                  //建立数据集对象
        SqlDataAdapter sdp = new SqlDataAdapter(sql,sqlcon);         //建立数据适配器对象
        sdp.Fill(ds);                                                //填充数据集
        return ds.Tables[0];                                         //返回数据集中的 DataTable
     }
}
```

(2) 为学生信息浏览窗体中的树形控件添加节点事件 AfterSelect,并添加如下代码以绑定学生信息到数据浏览控件。

```
private void tvwCollege_AfterSelect(object sender,TreeViewEventArgs e)
{
  if (this.tvwCollege.SelectedNode == null)
  {
  MessageBox.Show("请选择一个节点","提示信息",MessageBoxButtons.OK,MessageBoxIcon.Information);
  return;
  }
  string content = e.Node.Text.ToString();                    //获取选中节点的名称
  bool isExistCollege = IsDepartment(content);                //判断是否选中院系
  if (isExistCollege)                                          //如果是院系
  {
     MessageBox.Show("请选择班级!","信息提示",MessageBoxButtons.OK,MessageBoxIcon.Information);
     return;
  }
  //对 DataGridView 控件进行绑定
this.dgvStudent.DataSource = GetStudentInfomation(content);
}
```

相关知识点链接

7.4.1 认识 DataGridView 控件

用户界面设计人员经常会发现需要向用户显示表格数据。.NET Framework 提供了多种以表或网格形式显示数据的方式。DataGridView 控件代表着此技术在 Windows 窗体应用程序中的最新进展。

DataGridView 控件提供一种强大而灵活的以表格形式显示数据的方式(如图 7-14 所示),可以使用该控件显示小型到大型数据集的只读或可编辑视图。使用 DataGridView 控件,可以显示和编辑来自多种不同类型的数据源的表格数据。将数据绑定到 DataGridView 控件非常简单和直观,在大多数情况下,只需设置 DataSource 属性即可。在绑定到包含多个列表或表的数据源时,只需将 DataMember 属性设置为指定要绑定的列表或表的字符串即可。

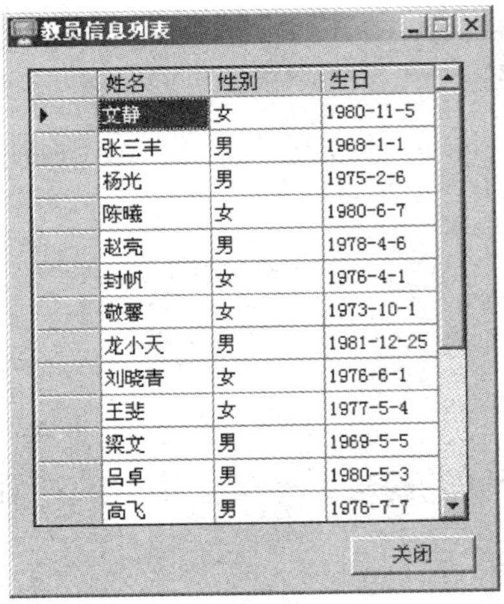

教员信息列表

姓名	性别	生日
文静	女	1980-11-5
张三丰	男	1968-1-1
杨光	男	1975-2-6
陈曦	女	1980-6-7
赵亮	男	1978-4-6
封帆	女	1976-4-1
敬馨	女	1973-10-1
龙小天	男	1981-12-25
刘晓青	女	1976-6-1
王斐	女	1977-5-4
梁文	男	1969-5-5
吕卓	男	1980-5-3
高飞	男	1976-7-7

关闭

图 7-14　DataGridView 控件显示数据

DataGridView 控件支持标准 Windows 窗体数据绑定模型,因此该控件将绑定到下列所述的类的实例。

(1) 任何实现 IList 接口的类,包括一维数组。

(2) 任何实现 IListSource 接口的类,例如 DataTable 和 DataSet 类。

(3) 任何实现 IBindingList 接口的类,例如 BindingList 类。

(4) 任何实现 IBindingListView 接口的类,例如 BindingSource 类。

Windows 窗体控件 DataGridView 为用户提供大量的默认功能。默认情况下,DataGridView 控件具有下列特点。

(1) 自动显示垂直滚动表时保持可见的列标头和行标头。

(2) 拥有行标头,其中包含当前行的选中指示符。

(3) 在第一个单元格中拥有选择矩形。

(4) 拥有列,当用户双击列分隔符时可自动调整大小。

(5) 通过应用程序的 Main 方法调用 EnableVisualStyles 方法时,自动支持 Windows XP 和 Windows Server 2003 系列中的视觉样式。

此外,默认情况下可以编辑 DataGridView 控件的内容。

(1) 用户在某个单元格中双击或按 F2 键时,此控件将使该单元格自动进入编辑模式,并在用户输入时自动更新单元格的内容。

(2) 如果用户滚动至网格的结尾,将会看到用于添加新记录的行。用户单击此行时,会向 DataGridView 控件添加使用默认值的新行。用户按 Esc 键时,此新行将消失。

(3) 如果用户单击行标头，将会选中整行。

通过设置 DataGridView 控件的 DataSource 属性将其绑定到数据源时，该控件可以：

(1) 将数据源列的名称自动用作列标头文本。

(2) 用数据源的内容进行填充。DataGridView 列是为数据源中的每个列自动创建的。

(3) 为表中的每个可见行创建一行。

(4) 用户单击列标头时，将根据基础数据自动对行进行排序

7.4.2 DataGridView 控件的常用属性

DataGridView 控件具有极高的可配置性和可扩展性，它提供大量的属性、方法和事件，可以用来对该控件的外观和行为进行自定义。下面列举了 DataGridView 控件的一些常用属性。

(1) AllowUserToAddRows：获取或设置一个值，该值指示是否向用户显示添加行的选项。

(2) AllowUserToDeleteRows：获取或设置一个值，该值指示是否允许用户从 DataGridView 中删除行。

(3) AllowUserToOrderColumns：获取或设置一个值，该值指示是否允许通过手动对列重新定位。

(4) AllowUserToResizeColumns：获取或设置一个值，该值指示用户是否可以调整列的大小。

(5) AllowUserToResizeRows：获取或设置一个值，该值指示用户是否可以调整行的大小。

(6) AlternatingRowsDefaultCellStyle：获取或设置应用于 DataGridView 的奇数行的默认单元格样式。

(7) AutoGenerateColumns：获取或设置一个值，该值指示在设置 DataSource 或 DataMember 属性时是否自动创建列。

(8) AutoSizeColumnsMode：获取或设置一个值，该值指示如何确定列宽。

(9) AutoSizeRowsMode：获取或设置一个值，该值指示如何确定行高。

(10) BackgroundColor：获取或设置 DataGridView 的背景色。

(11) BorderStyle：获取或设置 DataGridView 的边框样式。

(12) CellBorderStyle：获取 DataGridView 的单元格边框样式。

(13) ColumnCount：获取或设置 DataGridView 中显示的列数。

(14) ColumnHeadersBorderStyle：获取应用于列标题的边框样式。

(15) ColumnHeadersDefaultCellStyle：获取或设置默认列标题样式。

(16) ColumnHeadersHeight：获取或设置列标题行的高度(以像素为单位)。

(17) ColumnHeadersHeightSizeMode：获取或设置一个值，该值指示是否可以调整列标题的高度，以及它是由用户调整还是根据标题的内容自动调整。

(18) ColumnHeadersVisible：获取或设置一个值，该值指示是否显示列标题行。

(19) Columns：获取一个包含控件中所有列的集合。

(20) CurrentCell：获取或设置当前处于活动状态的单元格。

(21) CurrentRow：获取包含当前单元格的行。

(22) DataMember：获取或设置数据源中 DataGridView 显示其数据的列表或表的名称。

(23) DataSource：获取或设置 DataGridView 所显示数据的数据源。

(24) EditMode：获取或设置一个值，该值指示如何开始编辑单元格。

(25) ReadOnly：获取一个值，该值指示用户是否可以编辑 DataGridView 控件的单元格。

(26) RowCount：获取或设置 DataGridView 中显示的行数。

(27) RowHeadersBorderStyle：获取或设置行标题单元格的边框样式。

(28) RowHeadersDefaultCellStyle：获取或设置应用于行标题单元格的默认样式。

(29) RowHeadersVisible：获取或设置一个值，该值指示是否显示包含行标题的列。

(30) RowHeadersWidth：获取或设置包含行标题的列的宽度(以像素为单位)。

(31) RowHeadersWidthSizeMode：获取或设置一个值，该值指示是否可以调整行标题的宽度，以及它是由用户调整还是根据标题的内容自动调整。

7.4.3 综合实例：添加学生成绩

为了更好地理解和使用 DataGridView 控件，下面利用 DataGridView 控件来完成学生成绩系统中的添加学生成绩模块。该模块要求用户在窗体的文本框中输入学期，选择课程和班级后，单击“查找”按钮，应用程序在下方的表格中显示该班所有学生的学号和姓名，单击表格中的成绩栏，依次输入每个学生的成绩。成绩输入完成后，单击“添加”按钮将学生成绩信息添加到数据库。程序的运行结果如图 7-15 所示。具体步骤如下。

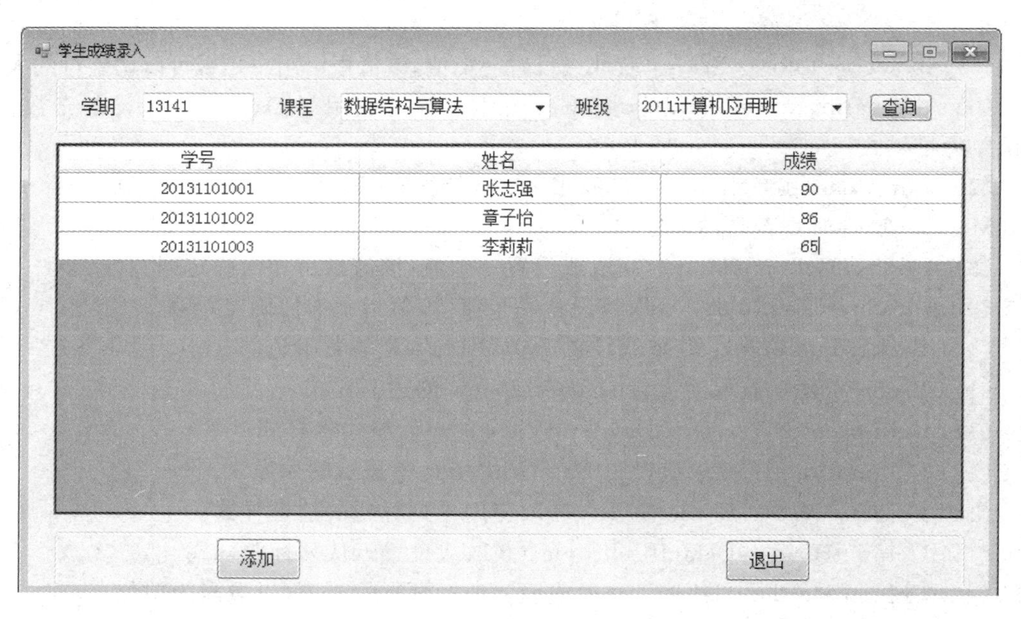

图 7-15　添加学生成绩

(1) 启动 VS 2012，打开学生成绩管理系统项目，在该项目中添加一个 Windows 窗体，将该窗体的标题设置为“学生成绩录入”，并向该窗体中添加两个 GroupBox 控件、一个 Panel 控件、三个 Label 控件、一个 TextBox 控件、两个 ComboBox 控件和三个 Button 控件。窗体中各个控件的属性设置如表 7-11 所示。为了以表格形式显示和添加学生成绩，在窗体上使用了 DataGridView 控件，该控件的 Name 属性设置为 gdvGrade，并添加三列，各列类型均为 DataGridViewTextBoxColumn，如图 7-16 所示。

表 7-11　添加学生成绩窗体控件属性设置

控件类型	控件名称	属　性	属性值
Label	label1	Text	学期
	label2	Text	课程
	label3	Text	班级
TextBox	txtTerm		
ComboBox	cmbCourse	DropDownStyle	DropDownList
	cmbClass	DropDownStyle	
Button	btnSearch	Text	查询
	btnAddStudent	Text	添加
	btnExit	Text	退出

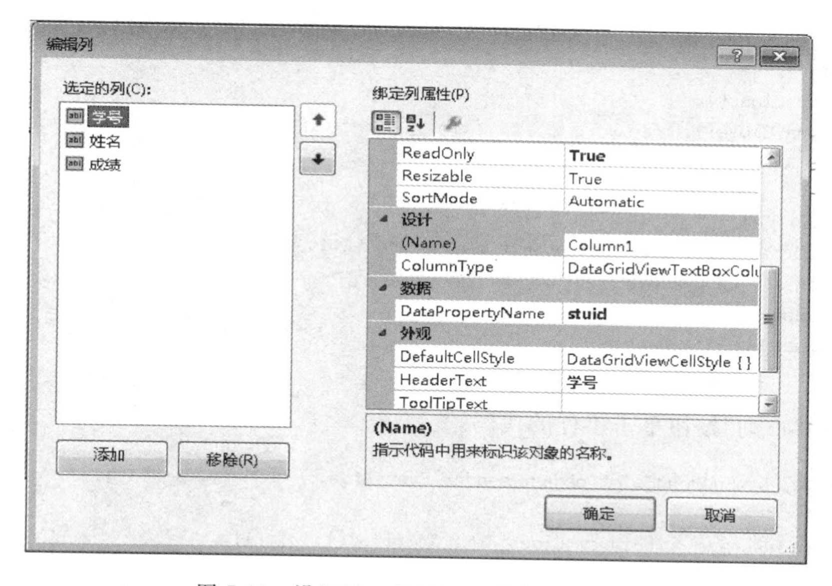

图 7-16　设置 DataGridView 控件的列属性

(2) 为“学生成绩录入”窗体添加 Load 事件，用于初始化课程和班级信息，关键代码如下：

```
//添加课程名称方法
private void AddCourse()
{
  using (SqlConnection conn = new SqlConnection(source))        //source 为连接字符串
  {
  conn.Open();                                                 //打开连接对象
  SqlCommand cmd = new SqlCommand("select cname from tb_Course",conn);
  SqlDataReader sdr = cmd.ExecuteReader();                     //生成 DataReader 对象

  while (sdr.Read())
  {
      this.cmbCourse.Items.Add(sdr["cname"].ToString());       //添加课程名称到组合框
```

```
        }
        sdr.Close();
        conn.Close();
        }
    }
    //添加班级信息的方法
    private void AddClass()
    {
     using (SqlConnection conn = new SqlConnection(source))
     {
        conn.Open();
        SqlCommand cmd = new SqlCommand("select ClassName from  tb_Class",conn);
        SqlDataReader sdr = cmd.ExecuteReader();

        while (sdr.Read())
        {
            this.cmbClass.Items.Add(sdr["ClassName"].ToString());
         }
         sdr.Close();
         conn.Close();
         }
      }
//窗体 Load 事件
private void AddGradeForm_Load(object sender,EventArgs e)
{
      AddCourse();
      AddClass();
}
```

(3) 增加“查询”按钮单击事件的代码。

```
private void btnSearch_Click(object sender,EventArgs e)
{
    string classname = this.cmbClass.Text.ToString().Trim();
    //构建 SQL 语句
    string SQL = string.Format("SELECT stuid,stuname FROM [tb_Student] INNER JOIN [tb_Class]
ON [tb_Student].class = [tb_Class].ClassID WHERE [tb_Class].ClassName LIKE '{0}'",
classname);

    using (SqlConnection sqlcon = new SqlConnection(source))
     {
        DataSet ds = new DataSet();                            //生成数据集对象
        SqlDataAdapter sdp = new SqlDataAdapter(SQL,sqlcon); //生成数据适配器
        sdp.Fill(ds);                                          //填充数据集
        this.dgvGrade.DataSource = ds.Tables[0];               //数据绑定到 DataGridView 控件
        sqlcon.Close();
     }
}
```

(4) 增加“添加”按钮单击事件的代码以向数据库中添加数据,其关键代码如下:

```
private void btnAddStudent_Click(object sender,EventArgs e)
```

```
{
    string term = this.txtTerm.Text.Trim();
    string course = GetCourseID(this.cmbCourse.Text.ToString().Trim());  //查询课程 id
    //遍历表格
    foreach (DataGridViewRow dgvRow in dgvGrade.Rows)
    {   //读取单元格的值
        string sid = (string)dgvGrade.Rows[dgvRow.Index].Cells[1].Value;
        string grade = (string)dgvGrade.Rows[dgvRow.Index].Cells[0].Value;
        //生成 SQL 语句
        string sql = string.Format("INSERT INTO [tb_Grade](sid,cid,grade,term) VALUES('{0}',
'{1}','{2}','{3}')",sid,course,grade,term);

        using (SqlConnection conn = new SqlConnection(source))
    {
         conn.Open();                                   //打开连接对象
         SqlCommand cmd = new SqlCommand(sql,conn);     //建立命令对象
         cmd.ExecuteNonQuery();                         //执行 command 的方法
         conn.Close();
      }
    }
      MessageBox.Show("学生成绩添加成功!","添加学生成绩");
    }

   //获取课程编号的方法,参数为课程名称
   private string GetCourseID(string name)
   {
    string sql = string.Format("SELECT cid FROM [tb_Course] WHERE cname LIKE '{0}'",name);
                                                        //生成 SQL 语句
   string id = "";

   using (SqlConnection conn = new SqlConnection(source))
   {   //打开连接对象
       conn.Open();
     SqlCommand cmd = new SqlCommand(sql,conn);
     SqlDataReader  sdr = cmd.ExecuteReader ();         //生成 DataReader 对象
     if (sdr.HasRows)
   {
       sdr.Read();                                      //读取数据
       id = sdr["cid"].ToString();
   }
   sdr.Close();
   conn.Close();
   }
   return id;
}
```

拓展与提高

（1）借助 Internet，整理和总结 DataGridView 控件的使用技巧，探索如何将 DataGridView 控件的信息导出为 Excel 表格格式。

(2) 完成“学生成绩管理系统”的成绩管理模块的其他功能，即在 DataGridView 控件中显示学生成绩列表，并且可以实现成绩的修改。

7.5 总结与提高

(1) ADO.NET 数据库访问技术是微软公司新一代.NET 数据库访问架构，它是数据库应用程序和数据源之间沟通的桥梁，主要提供一个面向对象的数据访问架构，用来开发数据库应用程序。

(2) 所有对数据库的访问操作都是从建立数据库连接开始的。在打开数据库之前，必须先设置好连接字符串，然后再调用 Open 方法打开连接，此时便可以对数据库进行访问，最后调用 Close 方法关闭连接。

(3) Command 对象可以执行 SQL 语句或存储过程，从而实现应用程序与数据库的交互。利用 Command 与数据库检索信息的步骤如图 7-17 所示。

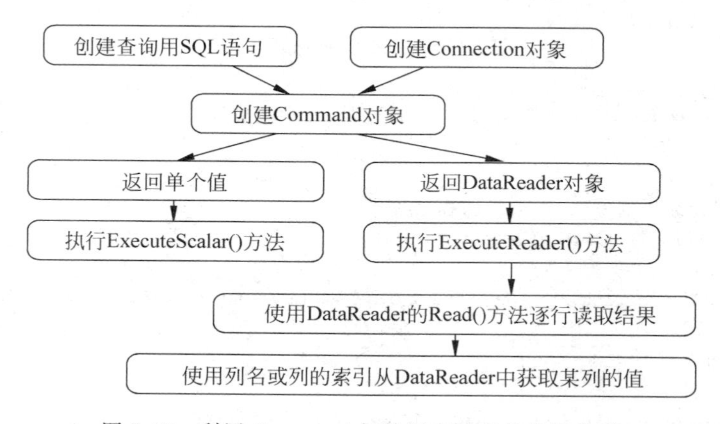

图 7-17 利用 Command 与数据库检索信息的步骤

(4) DataReader 对象以一种只读的、向前的快速方式访问数据库。DataAdapter 使用 Command 命令从数据源加载数据到数据集 DataSet 中，以实现断开连接模式下的数据访问，并确保数据集数据的更新与数据源相一致。

(5) DataSet 对象是 ADO.NET 的核心概念，它是一个数据库容器，可以看作内存中的一个小型关系数据库。

(6) DataGridView 控件提供了一种强大而灵活的以表格的形式显示数据的方式。在大多数情况下，只需要设置 DataSource 属性即可。

第 8 章　Windows 应用程序打包部署

Windows 应用程序的开发是程序设计的重要组成部分，但在开发完成之后，就必然会面临系统的打包和部署问题。如何将应用程序打包并制作成安装程序在客户机上部署，成为每个 Windows 应用程序开发完成后必须要解决的问题。本章向读者介绍如何使用 Visual Studio 2012 集成开发环境中的打包工具对应用程序进行打包部署。通过阅读本章内容，可以：

- 了解三层架构的基本概念和特点
- 掌握如何搭建三层架构应用系统
- 了解应用程序打包的概念
- 掌握如何制作 Windows 安装程序

8.1　开发基于三层架构的应用程序

任务描述：基于三层架构的用户登录模块

在前面的学生成绩管理系统中，数据库操作的代码和界面的代码混在一起，当数据库或者用户界面发生改变时需要重新开发整个系统，而且不利于团队开发。为了解决两层架构应用程序存在的问题，可采用三层架构将用户界面代码和功能性代码分离。本任务将开发基于三层架构的学生成绩管理系统的用户登录模块。

任务实现

(1) 启动 VS 2012，创建一个 Windows 窗体应用程序，并命名为 StudentGrade。修改默认窗体的属性，并在默认窗体上添加相应控件，设置控件属性，完成登录界面的设计，如图 8-1 所示。

(2) 在解决方案 StudentGrade 上单击鼠标右键，在弹出的菜单中选择“新建…”菜单项，执行“新建项目…”任务，新建类库项目，如图 8-2 所示。

完成上述操作后，整个解决方案共包括三个项目，其中项目 SQLDAL 和 GradeBLL 为类库项目。

(3) 添加项目之间的依赖关系。由于表示层的 WinForm 项目依赖于业务逻辑层项目 GradeBLL，所以要添加 WinForm 项目对 GradeBLL 类库项目的引用，如图 8-3 所示。

按照同样的方法给业务逻辑层项目 GradeBLL 添加数据访问层类库项目 SQLDAL 的

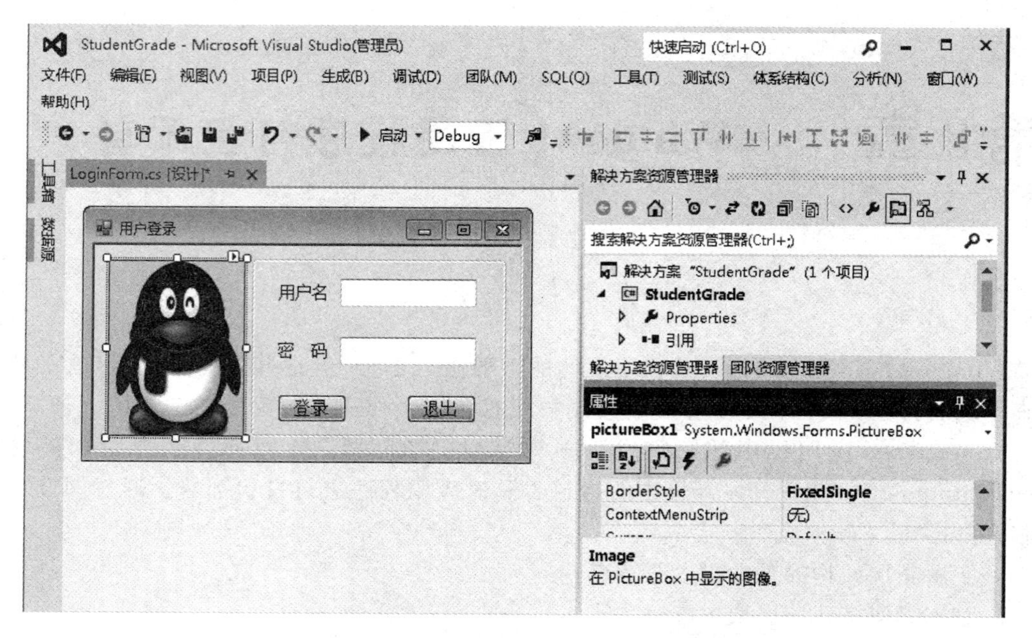

图 8-1 学生成绩管理系统登录界面的设计

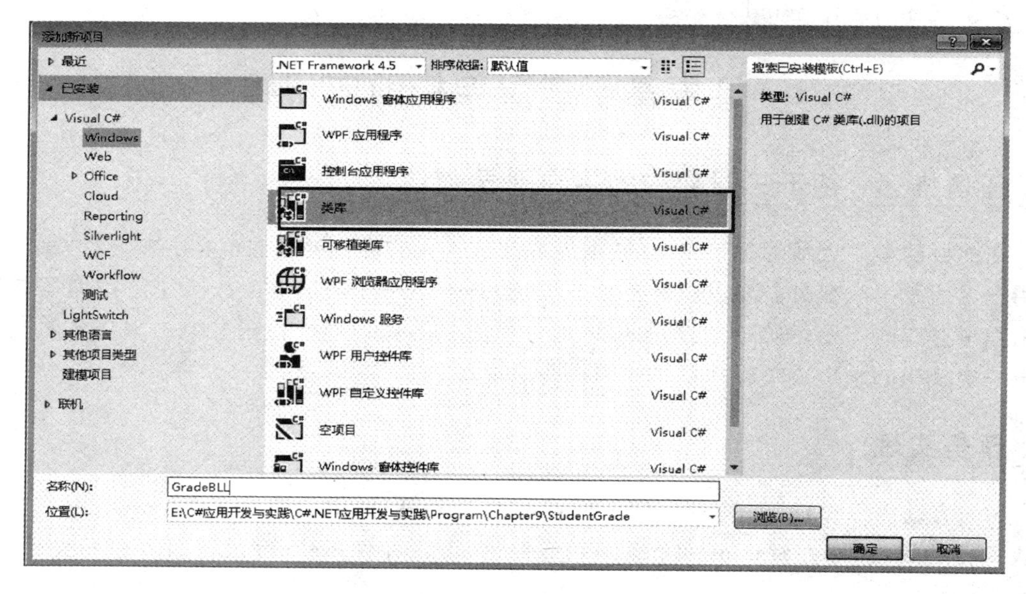

图 8-2 添加类库项目

引用。

(4) 编写数据访层 SQLDAL 类库代码。

① 在数据访问层 SQLDAL 类库项目中添加数据库访问类 SqlDbHelper.cs。该类将利用 ADO.NET 访问数据库的操作封装成一个组件。关键代码如下：

```
public class SqlDbHelper
{
```

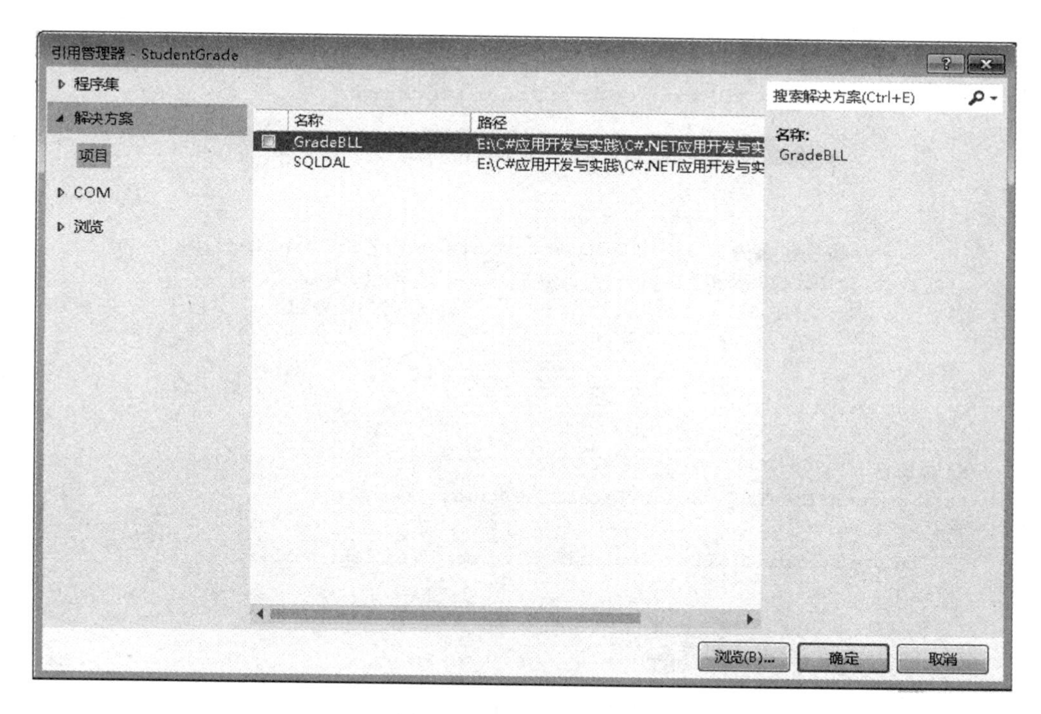

图 8-3　添加项目的引用

```
    private static string connString = ConfigurationManager.ConnectionStrings["ConnectionString"].
ConnectionString;
    ///<summary>
    ///设置数据库连接字符串
    ///</summary>
    public static string ConnectionString
    {
        get { return connString; }
        set { connString = value; }
    }
    ///<summary>
    ///执行一个查询,并返回查询结果
    ///</summary>
    ///<param name = "commandText">要执行的 SQL 语句</param>
    ///<param name = "commandType">要执行的查询语句的类型</param>
    ///<param name = "parameters"> Transact - SQL 语句或存储过程的参数数组</param>
    ///<returns></returns>
    public static DataTable ExecuteDataTable (string commandText, CommandType commandType,
SqlParameter[] parameters)
    {
        DataTable data = new DataTable();           //实例化 DataTable,用于装载查询结果集
        using (SqlConnection connection = new SqlConnection(connString))
        {
          using (SqlCommand command = new SqlCommand(commandText,connection))
          {//设置 command 的 CommandType 为指定的 CommandType
           command.CommandType = commandType;
           //如果同时传入了参数,则添加这些参数
```

```
            if (parameters != null)
            {
                foreach (SqlParameter parameter in parameters)
                {
                    command.Parameters.Add(parameter);
                }
            }
            //通过包含查询 SQL 的 SqlCommand 实例来实例化 SqlDataAdapter
            SqlDataAdapter adapter = new SqlDataAdapter(command);
            adapter.Fill(data);                    //填充 DataTable
        }
    }
    return data;
}
//返回表
public static DataTable ExecuteDataTable(string commandText)
{
    return ExecuteDataTable(commandText,CommandType.Text,null);
}
///<summary>
///执行一个查询,并返回查询结果
///</summary>
///<param name="commandText">要执行的 SQL 语句</param>
///<param name="commandType">要执行的查询语句的类型,如存储过程或者 SQL 文本命令</param>
///<returns>返回查询结果集</returns>
public static DataTable ExecuteDataTable(string commandText,CommandType commandType)
{
    return ExecuteDataTable(commandText,commandType,null);
}
///<summary>
///将 CommandText 发送到 Connection 并生成一个 SqlDataReader.
///</summary>
///<param name="commandText">要执行的 SQL 语句</param>
///<param name="commandType">要执行的查询语句的类型,如存储过程或者 SQL 文本命令</param>
///<param name="parameters">Transact-SQL 语句或存储过程的参数数组</param>
///<returns></returns>
public static SqlDataReader ExecuteReader(string commandText,CommandType commandType,
SqlParameter[] parameters)
{
    SqlConnection connection = new SqlConnection(connString);
    SqlCommand command = new SqlCommand(commandText,connection);
    command.CommandType = commandType;
    //如果同时传入了参数,则添加这些参数
    if (parameters != null)
    {
        foreach (SqlParameter parameter in parameters)
        {
            command.Parameters.Add(parameter);
        }
    }
    connection.Open();
```

```
//CommandBehavior.CloseConnection 参数指示关闭 Reader 对象时关闭与其关联的 Connection 对象
    return command.ExecuteReader(CommandBehavior.CloseConnection);
}
///<summary>
///将 CommandText 发送到 Connection 并生成一个 SqlDataReader.
///</summary>
///<param name = "commandText">要执行的查询 SQL 文本命令</param>
///<returns></returns>
public static SqlDataReader ExecuteReader(string commandText)
{
    return ExecuteReader(commandText,CommandType.Text,null);
}
///<summary>
///将 CommandText 发送到 Connection 并生成一个 SqlDataReader
///</summary>
///<param name = "commandText">要执行的 SQL 语句</param>
///<param name = "commandType">要执行的查询语句的类型,如存储过程或者 SQL 文本命令</param>
///<returns></returns>
public static SqlDataReader ExecuteReader(string commandText,CommandType commandType)
{
    return ExecuteReader(commandText,commandType,null);
}


///<summary>
///从数据库中检索单个值(例如一个聚合值)
///</summary>
///<param name = "commandText">要执行的 SQL 语句</param>
///<param name = "commandType">要执行的查询语句的类型,如存储过程或者 SQL 文本命令</param>
///<param name = "parameters">Transact - SQL 语句或存储过程的参数数组</param>
///<returns></returns>
  public static Object ExecuteScalar ( string commandText, CommandType commandType,
SqlParameter[] parameters)
{
    object result = null;
    using (SqlConnection connection = new SqlConnection(connString))
    {
    using (SqlCommand command = new SqlCommand(commandText,connection))
        {
            command.CommandType = commandType;
                                    //设置 command 的 CommandType 为指定的 CommandType
            //如果同时传入了参数,则添加这些参数
            if (parameters != null)
            {
                foreach (SqlParameter parameter in parameters)
                {
                    command.Parameters.Add(parameter);
                }
            }
            connection.Open();              //打开数据库连接
            result = command.ExecuteScalar();
```

```
            }
        }
        return result;                    //返回查询结果的第一行第一列,忽略其他行和列
    }
    ///<summary>
    ///从数据库中检索单个值(例如一个聚合值).
    ///</summary>
    ///<param name = "commandText">要执行的查询 SQL 文本命令</param>
    ///<returns></returns>
    public static Object ExecuteScalar(string commandText)
    {
        return ExecuteScalar(commandText,CommandType.Text,null);
    }
    ///<summary>
    ///从数据库中检索单个值(例如一个聚合值)
    ///</summary>
    ///<param name = "commandText">要执行的 SQL 语句</param>
    ///<param name = "commandType">要执行的查询语句的类型,如存储过程或者 SQL 文本命令</param>
    ///<returns></returns>
    public static Object ExecuteScalar(string commandText,CommandType commandType)
    {
        return ExecuteScalar(commandText,commandType,null);
    }
    ///<summary>
    ///对数据库执行增删改操作
    ///</summary>
    ///<param name = "commandText">要执行的 SQL 语句</param>
    ///<param name = "commandType">要执行的查询语句的类型,如存储过程或者 SQL 文本命令</param>
    ///<param name = "parameters"> Transact - SQL 语句或存储过程的参数数组</param>
    ///<returns>返回执行操作受影响的行数</returns>
    public static int ExecuteNonQuery(string commandText, CommandType commandType, SqlParameter[]
parameters)
    {
        int count = 0;
        using (SqlConnection connection = new SqlConnection(connString))
        {
            using (SqlCommand command = new SqlCommand(commandText,connection))
            {
                command.CommandType = commandType;
                //设置 command 的 CommandType 为指定的 CommandType
                //如果同时传入了参数,则添加这些参数
                if (parameters != null)
                {
                    foreach (SqlParameter parameter in parameters)
                    {
                        command.Parameters.Add(parameter);
                    }
                }
                connection.Open();  //打开数据库连接
                count = command.ExecuteNonQuery();
            }
```

```
        }
        return count;                    //返回执行增删改操作之后,数据库中受影响的行数
    }
    ///< summary>
    ///对数据库执行增删改操作
    ///</summary>
    ///< param name = "commandText">要执行的查询 SQL 文本命令</param>
    ///< returns></returns>
    public static int ExecuteNonQuery(string commandText)
    {
        return ExecuteNonQuery(commandText,CommandType.Text,null);
    }
    ///< summary>
    ///对数据库执行增删改操作
    ///</summary>
    ///< param name = "commandText">要执行的 SQL 语句</param>
    ///< param name = "commandType">要执行的查询语句的类型,如存储过程或者 SQL 文本命令</param>
    ///< returns></returns>
    public static int ExecuteNonQuery(string commandText,CommandType commandType)
    {
        return ExecuteNonQuery(commandText,commandType,null);
    }
}
```

② 在数据访问层 SQLDAL 类库项目中添加用户类 Usersr.cs,用于操作用户表。关键代码如下:

```
public class Users
{
    public Users() { }
   //验证用户登录的方法
    public bool Login(string userName,string userPassword)
    {
        StringBuilder strSql = new StringBuilder();
        strSql.Append("select count(1) from [User]");
        strSql.Append(" where UserName = @UserName and Password = @UserPassword");
        SqlParameter[] parameters = {
                new SqlParameter("@UserName",SqlDbType.VarChar,50),
                new SqlParameter("@UserPassword",SqlDbType.VarChar,50),};
        parameters[0].Value = userName;
        parameters[1].Value = userPassword;
        int n = Convert.ToInt32(SqlDbHelper.ExecuteScalar(strSql.ToString(),CommandType.
Text,parameters));
        if (n == 1)
            return true;
        else
            return false;
    }
}
```

(5) 编写业务逻辑层 GradeBLL 类库代码。在业务逻辑层 GradeBLL 类库项目中添加用户类文件 Users.cs,关键代码如下:

```
public class Users
{
    SQLDAL.Users user = new SQLDAL.Users();
    public bool Login(string userName,string userPassword)
    {
        return user.Login(userName,userPassword);
    }
}
```

(6) 编写表示层 WinForm 应用程序代码。将登录窗体 LoginForm 的"登录"按钮的单击代码事件修改如下:

```
private void btnLogin_Click(object sender,EventArgs e)
    {
        string userName = this.txtName.Text.Trim();
        string password = this.txtPasswd.Text.Trim();
        if (userName == "" || password == "")
        {
            MessageBox.Show("用户名或密码不能为空!");
            txtName.Focus();
            return;
        }
        else
        {
            GradeBLL.Users user = new GradeBLL.Users();
            if (user.Login(userName,password))
            {
                 this.Hide();
                MainForm  f = new MainForm ();
                f.Show();
            }
            else
            {
                MessageBox.Show("用户名或密码错误,请重新输入!","错误");
                this.txtName.Text = "";
                this.txtPasswd.Text = "";
                this.txtName.Focus();
            }
        }
    }
```

相关知识点链接

8.1.1 三层架构的概念

在软件体系架构设计中,分层式结构是最常见也是最重要的一种结构。微软推荐的分层式结构一般分为三层,从下至上分别为:数据访问层、业务逻辑层(又或称为领域层)、表示层,如图 8-4 所示。

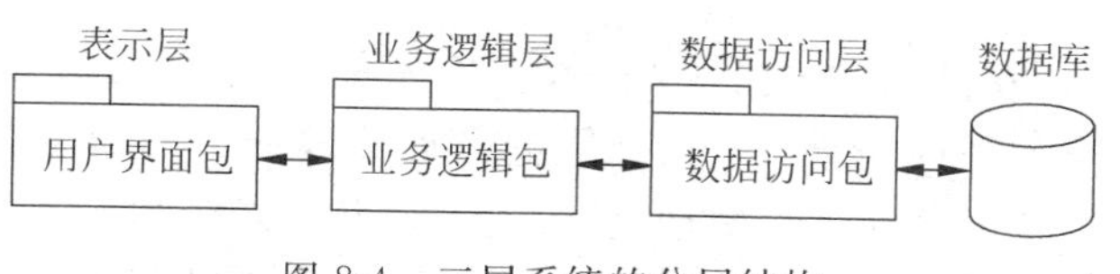

图 8-4　三层系统的分层结构

(1) 数据数据访问层：主要是对原始数据(数据库或者文本文件等存放数据的形式)的操作层，而不是指原始数据，也就是说，是对数据的操作，而不是数据库，具体为业务逻辑层或表示层提供数据服务。

(2) 业务逻辑层：主要是针对具体的问题的操作，也可以理解成对数据层的操作，对数据业务逻辑处理，如果说数据层是积木，那逻辑层就是对这些积木的搭建。

(3) 表示层：主要表示 Web 方式，也可以表示成 WinForm 方式，Web 方式也可以表现成：aspx，如果逻辑层相当强大和完善，无论表现层如何定义和更改，逻辑层都能完善地提供服务。

要理解三层架构的含义，可以先看一个日常生活中的饭店的工作模式。饭店将整个业务分解为三部分来完成，每一部分各司其职，服务员只负责接待顾客，向厨师传递顾客的需求；厨师只负责烹饪不同口味、不同特色的美食；采购人员只负责提供美食原料。他们三者分工合作，共同为顾客提供满意的服务，如图 8-5 所示。在饭店为顾客提供服务期间，服务员、厨师和采购人员任何一个人员发生变化时都不会影响其他两者的正常工作，只需要对变化者重新调整即可正常营业。

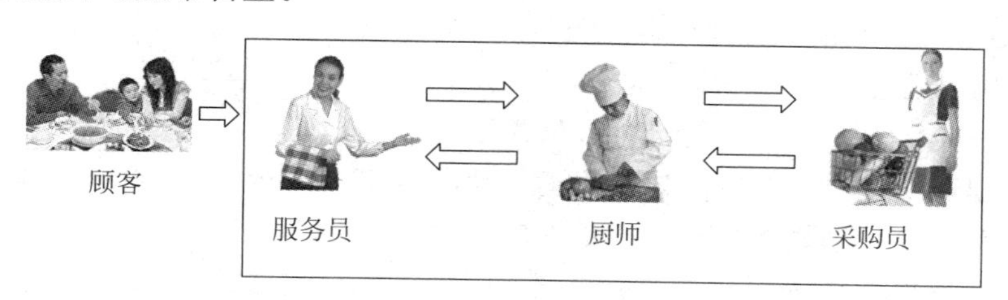

图 8-5　饭店工作模式

用三层架构开发的软件系统与此类似，表示层只提供软件系统与用户交互的接口，业务逻辑层是表示层和数据访问层之间的桥梁，负责数据处理和传递，数据访问层只负责数据的存取，如图 8-6 所示。

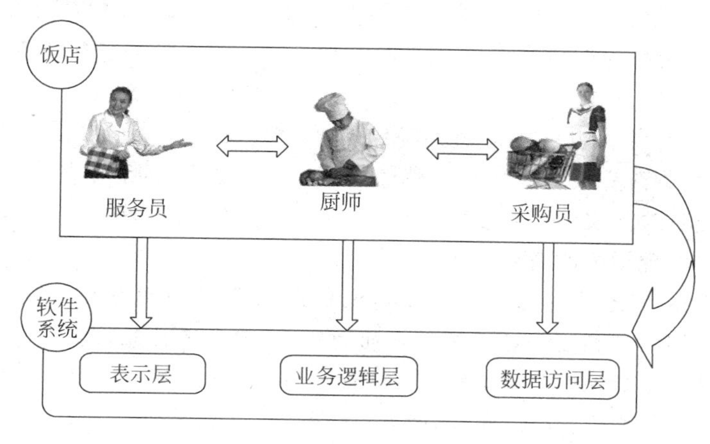

图 8-6　三层架构的软件系统与饭店工作模式的类比

采用三层架构开发软件，各层之间存在数据依赖关系。通常，表示层依赖于业务逻辑层，业务逻辑层依赖于数据访问层。三层之间的数据传递分为请求与响应两个方向。表示层接收到客户的请求，传递到业务逻辑层，业务逻辑层将请求传递到数据访问层或者直接将处理结果返回表示层；数据访问层对数据执行存取操作后，将处理结果返回业务逻辑层，业务逻辑层对数据进行必要的处理后，把处理结果传递到表示层，表示层把结果显示给用户。

8.1.2 三层架构的演变

在饭店的工作模式中，服务员、厨师和采购人员各司其职，服务员不用了解厨师如何做菜，不用了解采购员如何采购食材；厨师不用知道服务员接待了哪位客人，不用知道采购员如何采购食材；同样，采购员不用知道服务员接待了哪位客人，不用知道厨师如何做菜。那么，他们三者是如何联系的？比如：厨师会做炒茄子、炒鸡蛋、炒面——此时构建三个方法(cookEggplant()、cookEgg()、cookNoodle())。

顾客直接和服务员打交道，顾客和服务员(UI层)说：我要一个炒茄子，而服务员不负责炒茄子，她就把请求往上递交，传递给厨师(BLL层)，厨师需要茄子，就把请求往上递交，传递给采购员(DAL层)，采购员从仓库里取来茄子传回给厨师，厨师响应cookEggplant()方法，做好炒茄子后，又传回给服务员，服务员把茄子呈现给顾客。这样就完成了一个完整的操作。在此过程中，茄子作为参数在三层中传递，如果顾客点炒鸡蛋，则鸡蛋作为参数(这是变量作参数)。如果用户增加需求，还得在方法中添加参数，一个方法添加一个，一个方法涉及三层；何况实际中并不止涉及一个方法的更改。所以，为了解决这个问题，可以把茄子、鸡蛋、面条作为属性定义到顾客实体中，一旦顾客增加了炒鸡蛋需求，直接把鸡蛋属性拿出来用即可，不用再考虑去每层的方法中添加参数了，更不用考虑参数的匹配问题。这样，三层架构就会演变成如图8-7所示的结构。

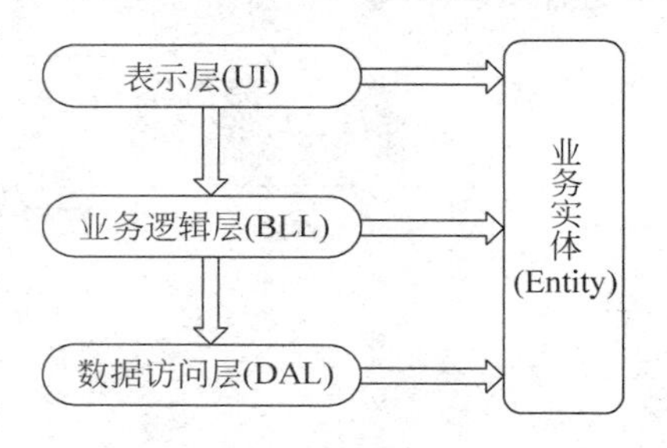

图8-7 三层架构的演变

业务实体通常用于封装实体类数据结构，一般用于映射数据库的数据表或视图，用以描述业务中的对象，在各层之间进行数据传递。对于初学者来说，可以这样理解：每张数据表对应一个实体，即每个数据表中的字段对应实体中的属性。这里为什么说可以暂时理解为每个数据表对应一个实体？大家都知道，做系统的目的，是为用户提供服务，用户并不关心系统后台是怎么工作的，用户只关心软件是不是好用，界面是不是符合自己心意。用户在界面上轻松地增、删、改、查，那么数据库中也要有相应地增、删、改、查，而增删改查具体操作对象就是数据库中的数据，即表中的字段。所以，将每个数据表作为一个实体类，实体类封装的属性对应到表中的字段，这样的话，实体在贯穿于三层之间时，就可以实现增删改查数据了。

说明：在三层架构中，每一层(UI→BLL→DAL)之间的数据传递(单向)是靠变量或实体作为参数来传递的，这样就构造了三层之间的联系，完成了功能的实现。但是对于大量的数据来说，用变量作参数有些复杂，因为参数量太多，容易搞混。比如：要把员工信息传递到下层，信息包括：员工号、姓名、年龄、性别、工资……用变量作参数的话，那么方法中的参数就会很多，极有可能在使用时将参数匹配搞混。这时，如果用实体作参数，就会很方便，不用考虑参数匹配的问题，用到实体中哪个属性拿来直接用就可以，很方便。这样做也提高了效率。

使用三层架构设计应用程序，程序结构清晰、耦合度低，因此，系统可维护性和可扩展性高，利于开发任务同步进行，容易适应需求变化，但是也降低了系统的性能。这是不言而喻的。如果不采用分层式结构，很多业务可以直接造访数据库，以此获取相应的数据，如今却必须通过中间层来完成。

8.1.3 搭建三层架构

1. 创建整体解决方案

为了提高程序的可维护性和扩展性，在实现三层架构时通常将每一层作为一个独立的项目进行。

(1) 建立一个空白的解决方案，如图 8-8 所示。

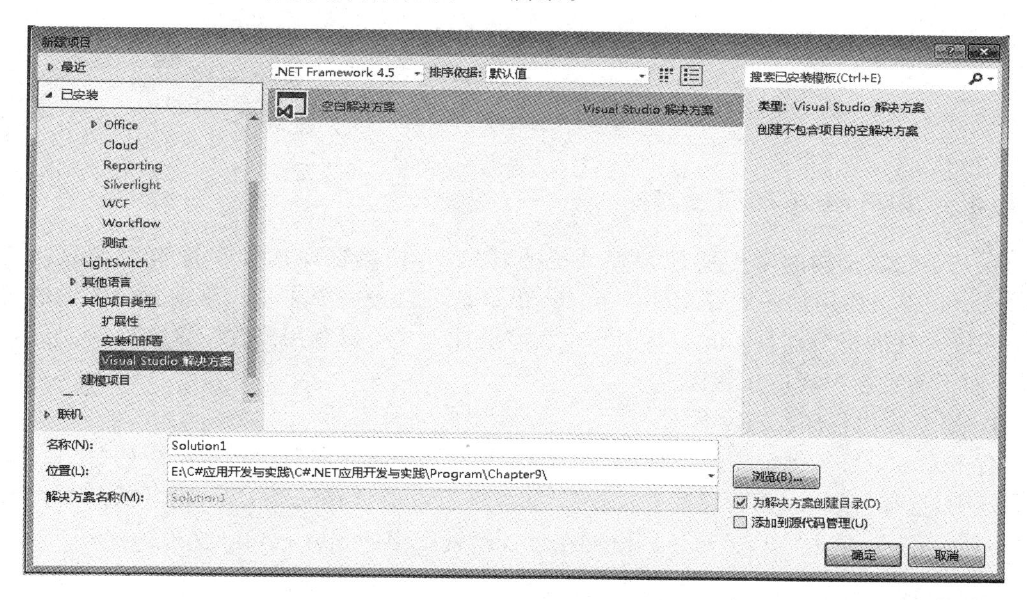

图 8-8 新建空白解决方案

(2) 添加类库项目。在解决方案中单击鼠标右键，在弹出的菜单选择“添加”→“新建项目…”选项，在“新建项目”对话框中选择“类库”项目，如图 8-9 所示，建立数据访问层和业务逻辑层类库项目，并向各项目中添加相应的类实现各种功能。

(3) 在解决方案中添加表示层项目，即 Windows 窗体应用程序。

2. 添加各层之间的依赖关系

打好了三层架构的基本框架以后，需要添加各层之间的依赖关系，从而使它们之间能够相互传递数据。由于表示层依赖于业务逻辑层，所以需要添加 WinForm 项目对业务逻辑层类库项目的引用，同样也要添加业务逻辑层项目对数据访问层的依赖。具体做法是在每个项目中添加引用。

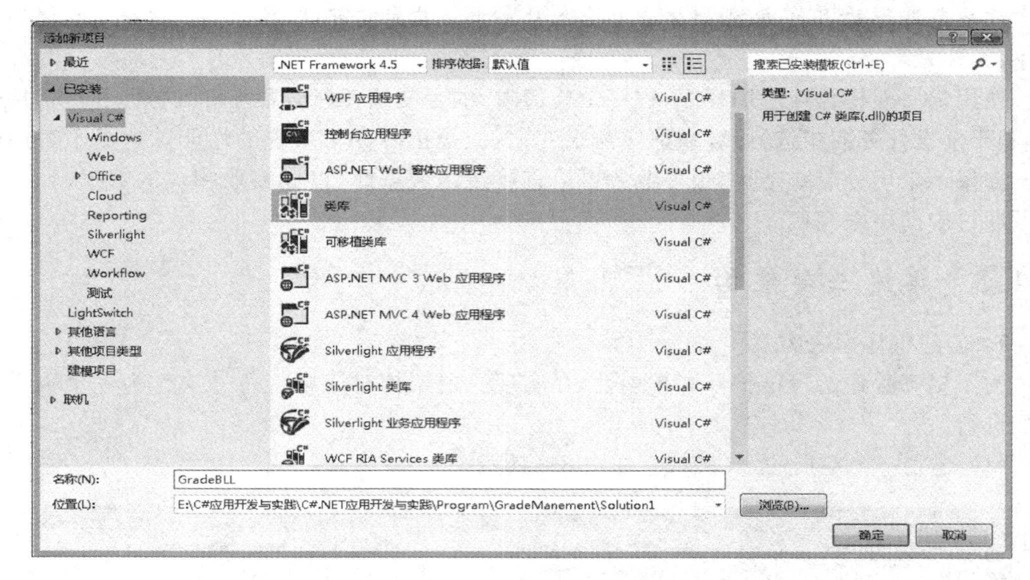

图 8-9　添加类库项目

8.1.4　应用程序配置文件

在基于三层架构的学生成绩管理系统的开发中，把数据库连接字符串写到配置文件 app. config 中。应用程序配置文件(App. config)是可以按需要来进行变更的 XML 格式文件。配置文件的根节点是 configuration。程序设计人员可以利用修改配置文件来变更其设定值，而不需重新编译应用程序。

1. 建立应用程序配置文件

右击 C# 项目实例中项目名称，选择"添加"→"添加新建项"命令，在出现的"添加新项"对话框中，选择"添加应用程序配置文件"；如果项目以前没有配置文件，则默认的文件名称为"app. config"，单击"确定"按钮。出现在设计器视图中的 app. config 文件为：

```
<?xmlversionxmlversion = "1.0"encoding = "utf - 8" ?>
< configuration >
</configuration >
```

在项目进行编译后，在 bin\Debuge 文件下，将出现两个配置文件，一个名为"项目名称. EXE. config"，另一个名为"项目名称. vshost. exe. config"。第一个文件为项目实际使用的配置文件，在程序运行中所做的更改都将被保存于此；第二个文件为原代码 app. config 的同步文件，在程序运行中不会发生更改。

2. app. config 文件常用的配置节

(1) connectionStrings 配置节。用于配置数据库连接字符串信息。例如如下代码：

```
<! -- 数据库连接串 -->
  < connectionStrings >
  < clear />
  < add name = "StudentGrade" connectionString = "Data Source = localhost;
  Initial Catalog = jxcbook; User ID = sa;password = ****** "
```

```
providerName = "System.Data.SqlClient" />
</connectionStrings>
```

请注意：如果 SQL 版本为 2008 Express 版，则默认安装时 SQL 服务器实例名为 localhost\SQLExpress，需将上面实例中"Data Source = localhost;"一句更改为"Data Source=localhost\SQLExpress;"，在等于号的两边不要加上空格。

(2) appSettings 配置节。appSettings 配置节为整个程序的配置，如果是对当前用户的配置，请使用 userSettings 配置节，其格式与以下配置书写要求一样。

```
<appSettings>
  <clear/>
  <addkeyaddkey = "userName"value = ""/>
  <addkeyaddkey = "password"value = ""/>
  <addkeyaddkey = "Department"value = ""/>
  <addkeyaddkey = "returnValue"value = ""/>
  <addkeyaddkey = "pwdPattern"value = ""/>
  <addkeyaddkey = "userPattern"value = ""/>
</appSettings>
```

3. 读取应用程序配置文件 app.config

要使用以下的代码访问 app.config 文件，除添加引用 System.Configuration 外，还必须在项目中添加对 System.Configuration.dll 的引用。下面的代码说明了如何读取 connectionStrings 配置节的连接字符串。

```
private static string GetConnectionStringsConfig(string connectionName)
{
string connectionString = ConfigurationManager.ConnectionStrings[connectionName].ConnectionString.
ToString();
      return connectionString;
}
```

拓展与提高

查阅相关资料，理解三层架构的原理，掌握在 C# 中搭建三层架构应用程序的方法，并继续完善三层架构的用户登录模块。在此基础上，开发基于三层架构的学生成绩管理系统。

8.2 Windows 应用程序打包部署

任务描述：制作学生成绩管理系统的安装程序

当一个软件开发完毕并完成测试后，即可进入部署安装阶段。部署的过程就是将程序从开发者的计算机上迁移到软件用户的计算机上。在这个过程中需要进行一些必要的操作，以确保所开发的软件可以在用户的计算机上正确运行。本任务通过学生成绩管理系统安装程序的制作过程来向读者说明如何部署一个 Windows 应用程序。

任务实现

1. 设置安装程序集

启动 VS 2012,打开学生成绩管理系统项目,执行以下步骤:右击解决方案→添加→新建项目→其他项目类型→安装和部署,具体操作如图 8-10 所示。

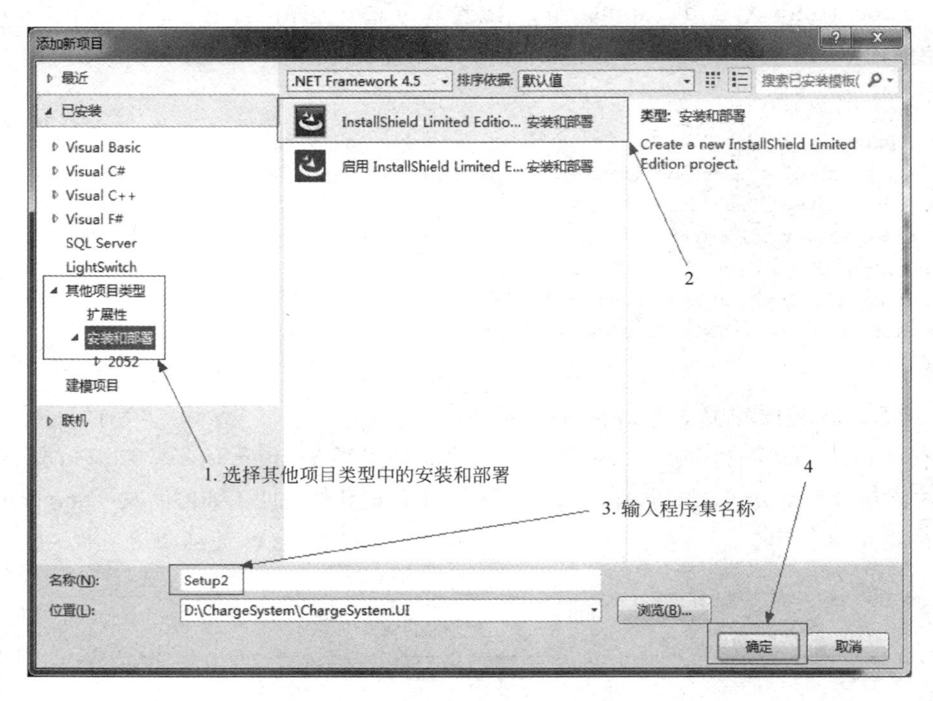

图 8-10　新建安装和部署项目

2. 设置程序安装信息

Application Information 主要设置程序在安装时显示的有关程序的一些信息,如程序的开发者、程序开发公司、程序安装图标和程序简介等,如图 8-11 所示。

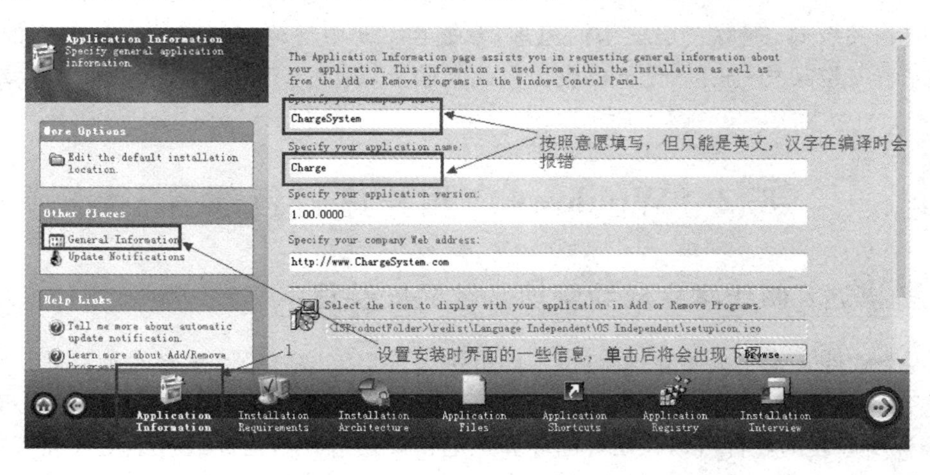

图 8-11　设置应用程序安装信息界面

3. 添加程序文件

在图 8-12 中的第 4 步中添加程序文件时会有“主输出”、“源文件”等多个选项框，其实它的生成机制和.NET 程序的编译机制是相同的。图 8-12 中的第 5 步显示出的“UI.主输出”，在生成安装文件后程序包中包含与 UI 层进行交互引用的其他层的引用文件，但不会生成和 UI 层(启动层)没有相连的组件，只能通过手动添加。

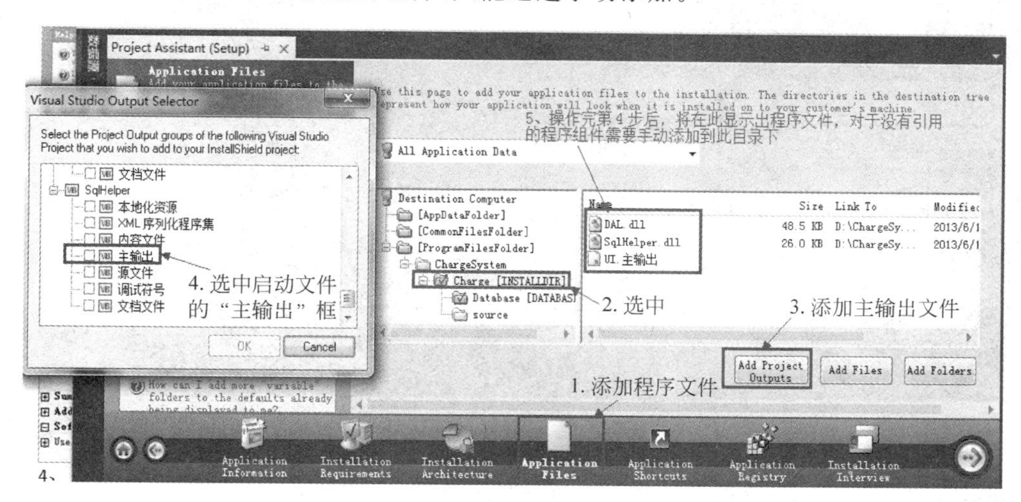

图 8-12 添加程序文件界面

4. 添加程序的资源文件

程序源文件是程序运行的资源文件，也包含程序的源码文件。如果不需要打包源文件，这步可以省略，如图 8-13 所示。

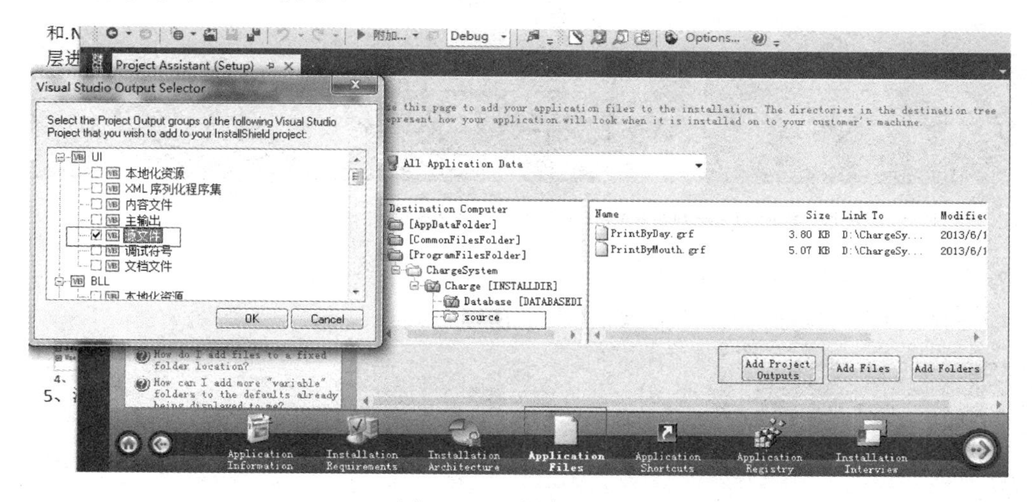

图 8-13 添加资源文件

5. 设计程序的打开方式

Application Shortcuts 为程序快捷打开方式，Install 为用户提供了两种显示形式，分别是 Win 菜单和桌面。图 8-14 显示了设置时的一些注意项，此阶段也可以设置程序的显示图标。

6. **设置程序安装注册表项**

一般的应用程序在安装时不需要考虑程序的注册表项，此步骤可以不用设置，如图 8-15 所示。

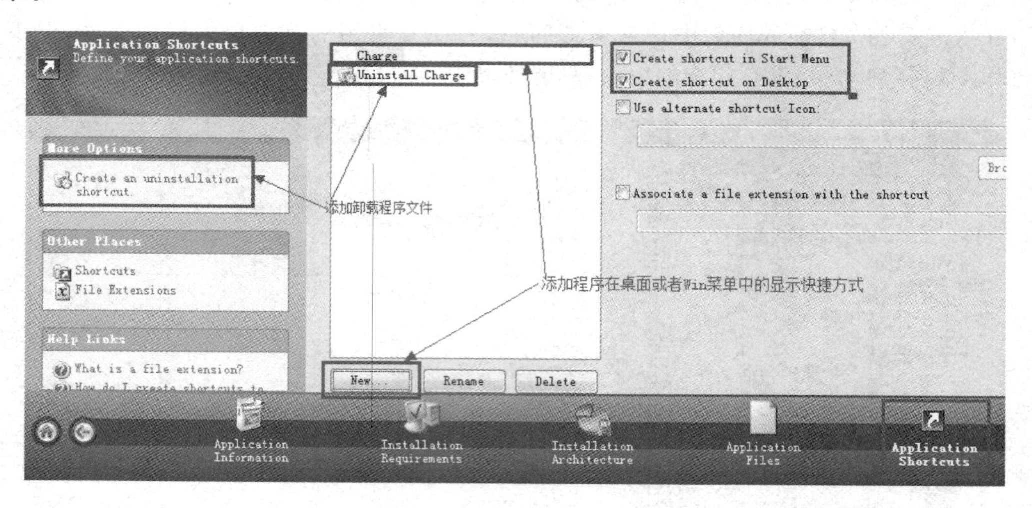

图 8-14　添加快捷键界面

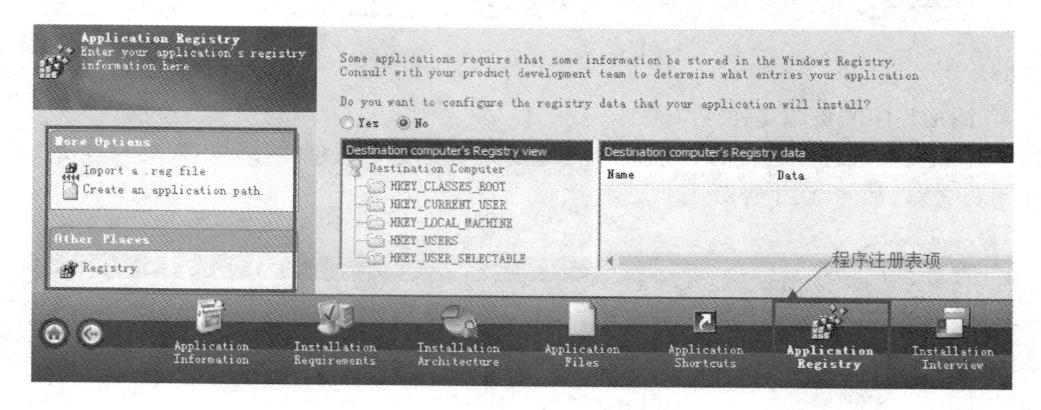

图 8-15　添加注册表信息界面

7. **设置程序安装时的安装视图**

根据自己的需要进行设计即可，如图 8-16 所示。

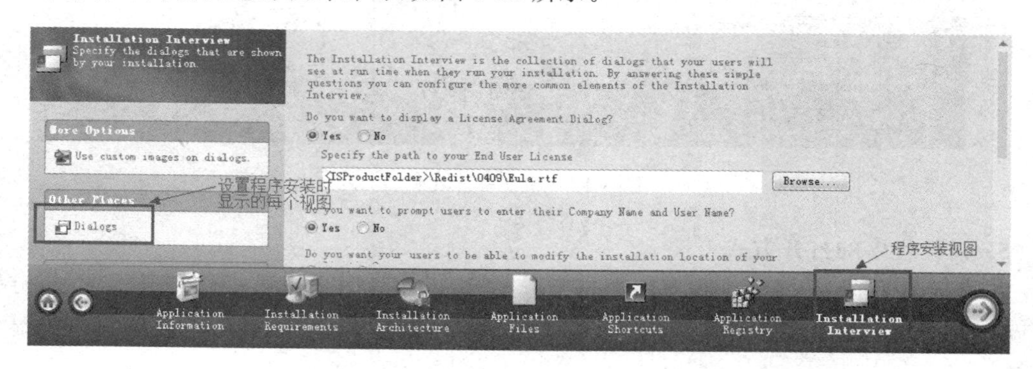

图 8-16　设置程序安装时的安装视图

8. 打包环境

设置完上面的步骤后，打包程序基本设置完成，但是在一些情况下往往要打包.NET环境或者其他程序运行所需要的Windows环境，Install也为我们很好地设计了环境的打包，如图8-17所示。

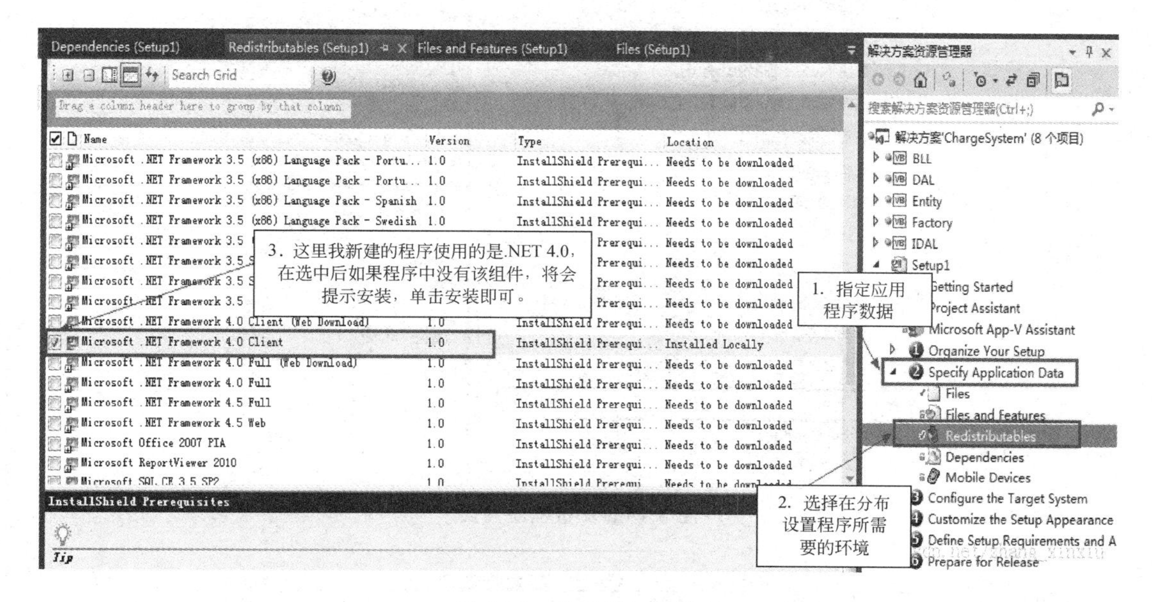

图8-17 设置打包环境

在选择需要打包的环境时一定要注意文件的名称，一般往往是需要直接将环境安装包放到安装exe中，这时要选择名称为Client的文件，例如，想要将.NET Framework 4.0的完成安装包集成到exe中，这时要选中Microsoft .NET Framework 4.0 Client，然后等待VS 2012将该环境的安装包下载到程序集文件夹中即可。另外一定要注意名称后面的(Web Download)括号里的内容说明文件只是一个链接，在安装时需要网络下载才可以实现完成安装。

9. 发布程序

上面的安装步骤执行完成后即可生成解决方案，但是生成的文件会放在DVD-5文件夹内，如果想要使用安装文件就必须复制整个文件夹，否则安装会出错。这样内容很烦琐，而且给客户的安装体验度也很差，那应该有其他的解决办法吧，将使用SingleImage的安装包，将所有文件集成到一个Setup.exe中，再次安装的时候只需要一个Setup.exe即可，如图8-18所示。

如果安装文件内没有打包程序运行环境，那上面的操作步骤就完全可以满足只需要一个Setup.exe即可的要求了。但如果需要将安装环境打包到Setup.exe中，还必须要经过如图8-19所示的步骤。

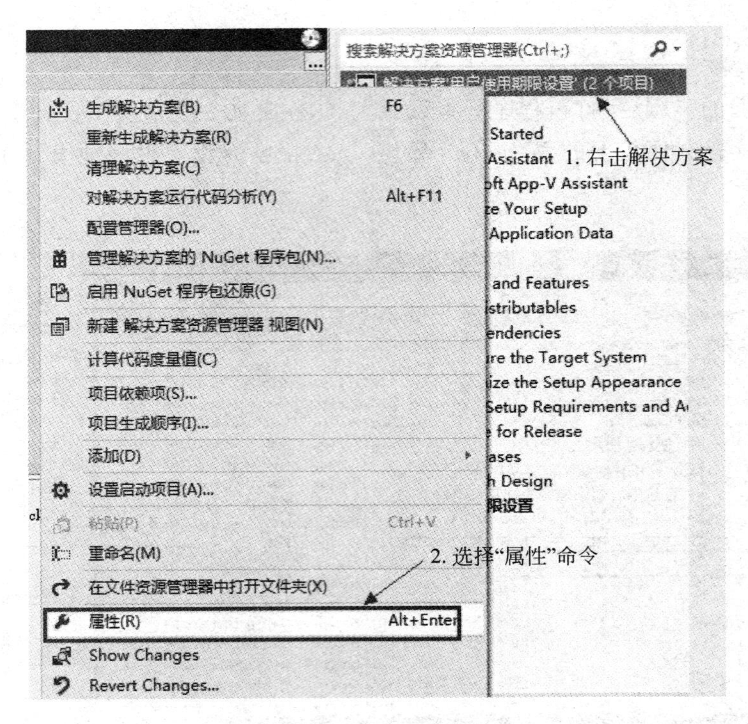

图 8-18　发布程序界面

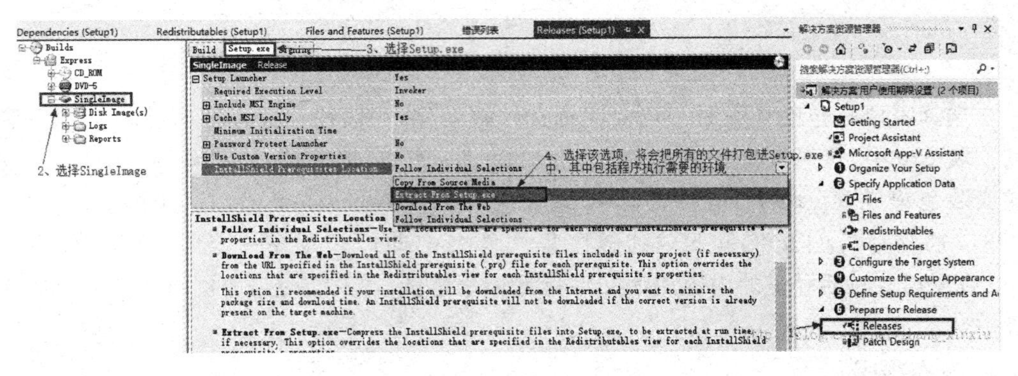

图 8-19　打包运行环境

相关知识点链接

8.2.1　部署前的准备工作

1. 设置应用程序图标

在 Visual Studio 2012 的解决方案资源管理器中右击项目名称，出现快捷菜单，选择"属性"菜单项，将打开项目"属性"面板。在项目"属性"面板上单击"应用程序"，设置程序图标，如图 8-20 所示。

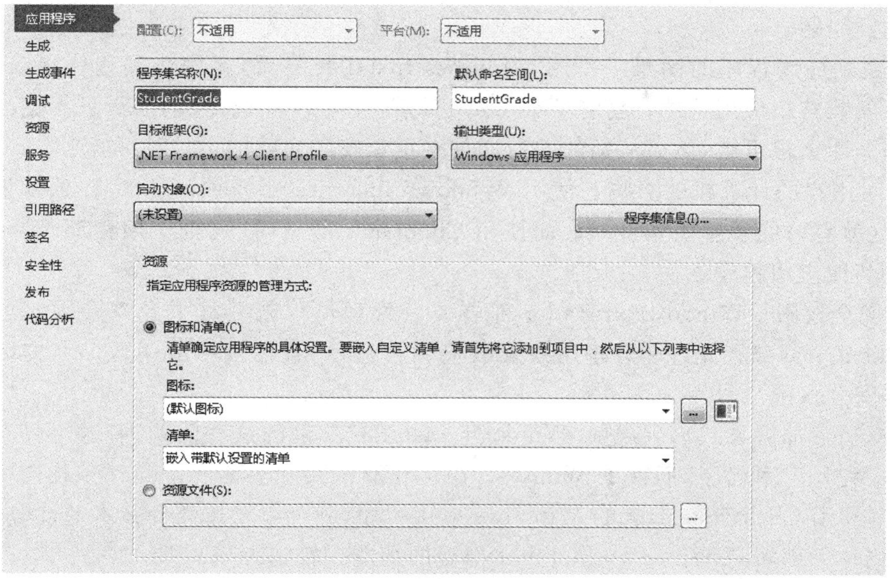

图 8-20　设置应用程序图标

2. 以 Release 方式编译程序

在 VS. NET 中开发并调试完应用程序后，就可以部署应用程序了。一个应用程序可以按两种方式进行编译：Debug 与 Release。Debug 模式的优点是便于调试，生成的 exe 文件中包含许多调试信息，因而尺寸较大，运行速度较慢；而 Release 模式删除了这些调试信息，运行速度较快。

一般在开发时采用 Debug 模式，而在最终发布时采用 Release 模式。VS. NET 中，可以在工具栏上直接选择 Debug 或 Release 模式。部署 Windows 应用程序之前，通常需要以 Release 模式编译应用程序。

说明：*在以 Release 模式编译程序之前，通常需要先设置 exe 文件图标，部署时采用该图标作为桌面或"开始"菜单中应用程序快捷方式的图标。VS. NET 默认提供给 Windows 应用程序的图标是一个空白的 Windows 窗体图标，而许多程序中都有自己的图标。*

8.2.2　什么是应用程序部署

应用程序部署就是分发要安装到其他计算机上的已完成应用程序或组件的过程。Visual Studio 为部署 Windows 应用程序提供两种不同的策略：使用 ClickOnce 技术发布应用程序，或者使用 Windows Installer 技术通过传统安装来部署应用程序。

Windows Installer 是使用较早的一种部署方式，它允许用户创建安装程序包并分发给其他用户，拥有此安装包的用户，只要按提示进行操作即可完成程序的安装，Windows Installer 在中小程序的部署中应用十分广泛。通过 Windows Installer 部署，将应用程序打包到 setup. exe 文件中，并将该文件分发给用户，用户可以运行 setup. exe 文件安装应用程序。

ClickOnce 允许用户将 Windows 应用程序发布到 Web 服务器或网络共享文件夹，允许其他用户进行在线安装。通过 ClickOnce 部署，可以将应用程序发布到中心位置，然后用户再从该位置安装或运行应用程序。ClickOnce 部署克服了 Windows Installer 部署中所固有的三个主要问题。

(1) 更新应用程序的困难。使用 Windows Installer 部署,每次应用程序更新,用户都必须重新安装整个应用程序;使用 ClickOnce 部署,则可以自动提供更新,只有更改过的应用程序部分才会被下载,然后从新的并行文件夹重新安装完整的、更新后的应用程序。

(2) 对用户的计算机的影响。使用 Windows Installer 部署时,应用程序通常依赖于共享组件,这就有可能发生版本冲突;而使用 ClickOnce 部署时,每个应用程序都是独立的,不会干扰其他应用程序。

(3) 安全权限。Windows Installer 部署要求管理员权限并且只允许受限制的用户安装;而 ClickOnce 部署允许非管理用户安装应用程序,并且仅授予应用程序所需要的那些代码访问安全权限。

ClickOnce 部署方式出现之前,Windows Installer 部署的这些问题,有时会使开发人员决定创建 Web 应用程序,牺牲了 Windows 窗体丰富的用户界面和响应性来换取安装的便利。现在,利用 ClickOnce 部署的 Windows 应用程序,则可以集这两种技术的优势于一身。

ClickOnce 部署与 Windows Installer 部署的功能比较如表 8-1 所示。

8.2.3 选择部署策略

表 8-1 将 ClickOnce 部署的功能与 Windows Installer 部署的功能进行了比较,程序管理人员应根据不同的应用,选择不同的部署策略。选择部署策略时有几个因素要考虑:应用程序类型、用户的类型和位置、应用程序更新的频率以及安装要求。

表 8-1 ClickOnce 部署的功能与 Windows Installer 部署的功能比较

功　能	ClickOnce	Windows Installer
自动更新	是	是
安装后回滚	是	否
从 Web 更新	是	否
授予的安全权限	仅授予应用程序所必需的权限(更安全)	默认授予"完全信任"权限(不够安全)
要求的安全权限	Internet 或 Intranet 区域(为 CD-ROM 安装提供完全信任)	管理员
应用程序和部署清单签名	是	否
安装时用户界面	单次提示	多部分向导
只安装程序集	是	否
安装共享文件	否	是
安装驱动程序	否	是(自定义操作)
安装到全局程序集缓存	否	是
为多个用户安装	否	是
向"开始"菜单添加应用程序	是	是
向"启动"组添加应用程序	否	是
注册文件类型	是	是
安装时注册表访问	受限	是
二进制文件修补	否	是
应用程序安装位置	ClickOnce 应用程序缓存	Program Files 文件夹

大多数情况下,ClickOnce部署为最终用户提供更好的安装体验,而要求开发人员花费的精力更少。ClickOnce部署大大简化了安装和更新应用程序的过程,但是不具有Windows Installer部署可提供的更大灵活性,在某些情况下必须使用Windows Installer部署。

ClickOnce部署的应用程序可自行更新,对于要求经常更改的应用程序而言是最好的选择。虽然ClickOnce应用程序最初可以通过CD-ROM安装,但是用户必须具有网络连接才能利用更新功能。

使用ClickOnce时,要使用发布向导打包应用程序并将其发布到网站或网络文件共享;用户直接从该位置一步安装和启动应用程序。而使用Windows Installer时,要向解决方案添加安装项目以创建分发给用户的安装程序包;用户运行该安装文件并按向导的步骤安装应用程序。

说明:VS.NET中的部署工具旨在处理典型的企业部署需求,这些工具未涵盖所有可能的部署方案。对于更高级的部署方案,可能需要考虑使用第三方部署工具或软件分发工具,如Systems Management Server(SMS)。

8.2.4 Windows Installer部署

Windows Installer部署可以创建要分配给用户的安装程序包。用户通过向导来运行安装文件和步骤来安装应用程序。这是通过将安装项目完成解决方案。在生成该项目时,将创建一个分发给用户的安装文件;用户通过向导来运行安装文件和步骤来安装应用程序。在Visaul Studio 2012中,用户使用InstallShield Limited Edition,可以实现Windows Installer部署。

在VS 2012中使用InstallShield Limited Edition制作Windows安装程序的主要步骤如下。

如果是第一次使用InstallShield Limited Edition来制作安装程序,必须首先进行注册,以下载InstallShield Limited Edition。在完成下面的过程之后,InstallShield Limited Edition项目模板出现在Visual Studio中。

(1) 在菜单栏上,依次选择“文件”→“新建”→“项目”命令,在“新建项目”对话框中选择“其他类型项目”下的“安装和部署”,如图8-21所示。

(2) 选择启用InstallShield Limited Edition,然后单击“确定”按钮,选择立即下载链接,按照提示完成注册。

(3) 注册成功后,重新启动VS 2012,新建“安装和部署”项目,进入部署界面,如图8-22所示。然后,按照向导提示完成应用程序的部署。

拓展与提高

查阅相关资料,了解和掌握应用程序部署的相关知识,掌握ClickOnce部署和Windows Installer部署的特点,完成以下任务。

(1) 利用ClickOnce部署完成学生成绩管理系统。

(2) 利用Windows Installer完善学生成绩管理系统的部署。

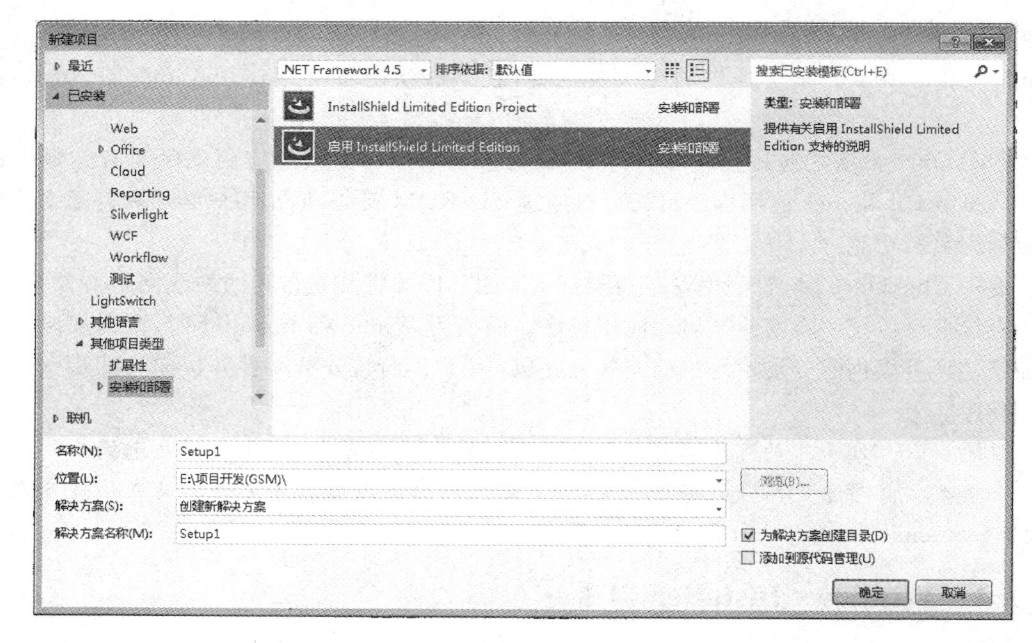

图 8-21　注册 InstallShield Limited Edition

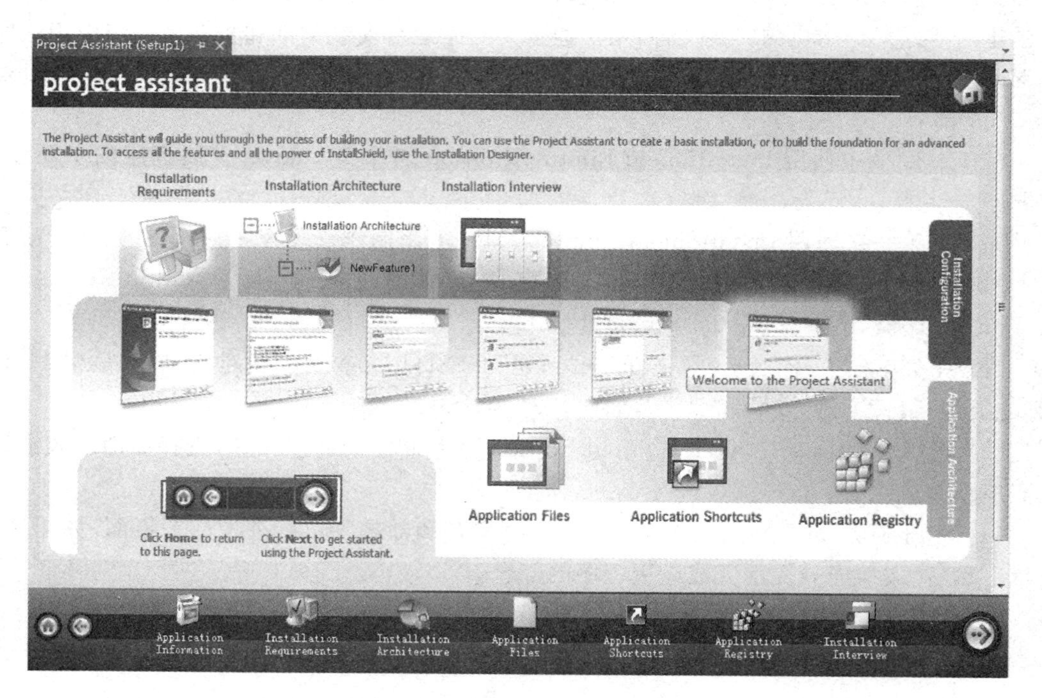

图 8-22　Project Assistant 界面

8.3 总结与提高

(1) 为了降低程序的耦合性，在分布式系统中通常采用三层结构，也就是说一个复杂的应用程序通常由表示层、业务逻辑层和数据访问层组成。各层之间相互独立，通过实体来进行数据通信。

(2) 在数据库应用程序中，通常将连接字符串存储在应用程序配置文件 app.config 中，在应用程序中读取连接字符串来创建数据库连接。

(3) 在 VS 2012 中通过建立类库项目来实现三层结构。

(4) 应用程序完成后，要进行部署。在 VS 2012 中可采用 ClickOnce 部署和 Windows Installer 部署。

第9章 GDI+图形图像处理

用户界面是吸引用户的一个重要因素。为了方便用户绘制用户屏幕,实现一些特殊的功能,.NET 提供了 GDI+来实现图形图像处理。本章主要介绍 C#图形图像编程基础,其中包括 GDI+绘图基础,C#图像处理基础及简单的图像处理技术。通过阅读本章内容,可以:

- 掌握 GDI+绘图步骤
- 理解 Graphics 类及常用画图对象
- 了解画刷和画刷类型
- 了解基本的图像处理
- 掌握图像的输入与保存过程

9.1 GDI+绘图基础

任务描述:图形验证码的实现

本任务采用 GDI+绘图技术绘制出学生成绩管理系统 V1.0 的登录图形验证码,如图 9-1 所示。

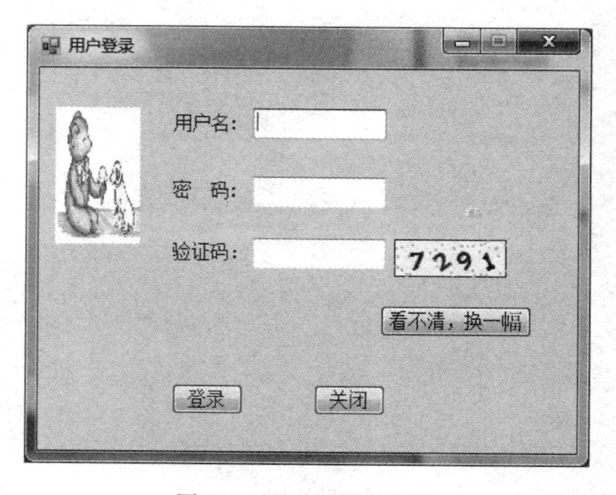

图 9-1 登录图形验证码

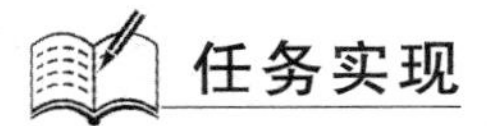

任务实现

(1) 在原有登录窗体上添加 Label 控件(文本属性为“验证码”)、TextBox 控件(ID 为“txtVerifyCode”)、PictureBox 控件及 Button 控件(文本属性为“看不清,换一幅”)。

(2) 在窗体中添加更新验证码方法 UpdateVerifyCode()、生成随机验证码方法 CreateRandomCode(int iLength)及生成图像验证码方法 CreateImage(string strVerifyCode)。

(3) 窗体程序添加引用: using System. Drawing;,更新“登录”按钮事件方法,添加对验证码输入的验证。

带验证码图案的登录窗体实现代码如下:

```
using System;
using System.Windows.Forms;
using System.Data;
 using System.Data.SqlClient;
 using System.Drawing;                                    //使用 Drawing 命名空间
 namespace StudentGrade
{
   public partial class LoginForm : Form
    {
      private const int iVerifyCodeLength = 4;            //随机码的长度
      private String strVerifyCode = "";                  //随机码
      public LoginForm()
      {
          InitializeComponent();
          UpdateVerifyCode();
      }
///更新验证码
     private void UpdateVerifyCode()
      {
          strVerifyCode = CreateRandomCode(iVerifyCodeLength);
          CreateImage(strVerifyCode);
      }
///生成随机码
      private string CreateRandomCode(int iLength)
      {
          int rand;
          char code;
          string randomCode = String.Empty;
          //生成一定长度的验证码
          System.Random random = new Random();
          for (int i = 0; i < iLength; i++)
          {
               rand = random.Next();
             if (rand % 3 == 0)
               { code = (char)('A' + (char)(rand % 26)); }
               else
               { code = (char)('0' + (char)(rand % 10)); }
              randomCode += code.ToString();
```

```
            }
            return randomCode;
        }
    ///  由验证码创建随机码图片
    private void CreateImage(string strVerifyCode)
        {
          try
          {
            int iRandAngle = 45;                              //随机转动角度
            int iMapWidth = (int)(strVerifyCode.Length * 21);
            Bitmap map = new Bitmap(iMapWidth,29);            //创建图片背景
            Graphics graph = Graphics.FromImage(map);
            graph.Clear(Color.AliceBlue);                     //清除画面,填充背景
            Pen pen1 = new Pen(Color.Black,0);                //创建黑色画笔
            //画一个边框
            graph.DrawRectangle(pen1,0,0,map.Width - 1,map.Height - 1);
          graph.SmoothingMode = System.Drawing.Drawing2D.SmoothingMode.AntiAlias;   //模式
          Random rand = new Random();
          //背景噪点生成
          Pen blackPen = new Pen(Color.LightGray,0);
          for (int i = 0; i < 50; i++)
          {
              int x = rand.Next(0,map.Width);
              int y = rand.Next(0,map.Height);
              graph.DrawRectangle(blackPen,x,y,1,1);
          }
          //验证码旋转,防止机器识别
        char[] chars = strVerifyCode.ToCharArray();       //拆散字符串
          StringFormat format = new StringFormat(StringFormatFlags.NoClip);
          format.Alignment = StringAlignment.Center;
          format.LineAlignment = StringAlignment.Center;
          //定义颜色
          Color[] c = { Color.Black,Color.Red,Color.DarkBlue,Color.Green,Color.Orange,Color.
Brown,Color.DarkCyan,Color.Purple };
          //定义字体
          string[] font = { "Verdana","Microsoft Sans Serif","Comic Sans MS","Arial","宋体" };
          for (int i = 0; i < chars.Length; i++)
          {
             int cindex = rand.Next(7);
             int findex = rand.Next(5);
             Font f = new System.Drawing.Font(font[findex],13,System.Drawing.FontStyle.Bold);
                                                             //字体样式(参数 2 为字体大小)
             Brush b = new System.Drawing.SolidBrush(c[cindex]);
             Point dot = new Point(16,16);
             float angle = rand.Next( - iRandAngle, iRandAngle); //转动的度数
             graph.TranslateTransform(dot.X,dot.Y);              //移动光标到指定位置
             graph.RotateTransform(angle);
             graph.DrawString(chars[i].ToString(),f,b,1,1,format);
             graph.RotateTransform( - angle);                    //转回去
             graph.TranslateTransform(2, - dot.Y);               //移动光标到指定位置
          }
```

```
            pictureBox2.Image = map;
        }
        catch (ArgumentException)
        {
            MessageBox.Show("创建图片错误.");
        }
    }
    ///< summary>
    ///窗体初始化
    ///</summary>
    ///< param name = "sender"></param>
    ///< param name = "e"></param>
    private void LoginForm_Load(object sender,EventArgs e)
    {
        this.txtUserName.Focus();
    }
    ///< summary>
    ///检查用户名和密码
    ///</summary>
    ///< param name = "id">用户名</param>
    ///< param name = "pwd">密码</param>
    ///< returns></returns>
    private bool CheckUser(string id,string pwd)
    {
        //连接字符串
      string strcon = @"Data Source = .\SQLEXPRESS;AttachDbFilename = G:\StudentGrade\
StudentGrade\Database\db_Student.mdf;Integrated Security = True;Connect Timeout = 30;User
Instance = True";
        //SQL语句
    string SQL = string.Format("SELECT * FROM [tb_User] WHERE userid = '{0}' AND passwd =
'{1}'",id,pwd);
    //建立连接对象
    using (SqlConnection conn = new SqlConnection(strcon))
    {
        //打开连接对象
        conn.Open();
        //建立命令对象
        SqlCommand cmd = new SqlCommand();
        //设置命令对象的属性
        cmd.Connection = conn;
        cmd.CommandText = SQL;
        cmd.CommandType = CommandType.Text;
        //执行命令对象的方法
        int result = (int)(cmd.ExecuteScalar());
        if (result > 0)
        {  return true;  }
        else
        { return false; }
    }
  }
   ///< summary>
```

```
        ///“登录”按钮事件
        ///</summary>
        ///<param name = "sender"></param>
        ///<param name = "e"></param>
        private void btnLogin_Click(object sender,EventArgs e)
        {
            //收集输入信息
            string name = this.txtUserName.Text.Trim();
            string passwd = this.txtPasswd.Text.Trim();
            if (name == string.Empty || passwd == string.Empty)
            {
                MessageBox.Show("用户名或密码为空!","系统提示");
                return;
            }
            //检查用户名和密码
            if (CheckUser(name,passwd) == true)
            { //检查验证码
                if (strVerifyCode == txtVerifyCode.Text)
                {
                    MainForm main = new MainForm(name);
                    this.Hide();
                    main.Show();
                }
                else
                {
                    MessageBox.Show("验证码错误!","系统提示");
                }
            }
            else
            {
                MessageBox.Show("用户名或密码错误!","系统提示");
                this.txtUserName.Clear();
                this.txtPasswd.Clear();
                this.txtUserName.Focus();
                return;
            }
        }
        ///<summary>
        ///“关闭”按钮事件
        ///</summary>
        ///<param name = "sender"></param>
        ///<param name = "e"></param>
        private void btnClose_Click(object sender,EventArgs e)
        {
            Application.Exit();
        }
        private void button1_Click(object sender,EventArgs e)
        {
            UpdateVerifyCode();
        }
    }
}
```

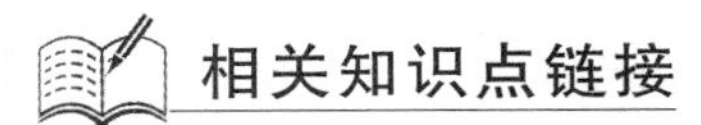

相关知识点链接

9.1.1 GDI+编程基础

编写图形程序时需要使用 GDI(Graphics Device Interface,图形设备接口)。从程序设计的角度看,GDI 包括两部分:一部分是 GDI 对象,另一部分是 GDI 函数。GDI 对象定义了 GDI 函数使用的工具和环境变量,而 GDI 函数使用 GDI 对象绘制各种图形。

在 C#中,进行图形程序编写时用到的是 GDI+(Graphics Device Interface Plus,图形设备接口)版本,GDI+是 GDI 的进一步扩展,它使编程更加方便。

GDI+是微软在 Windows 2000 以后操作系统中提供的新的图形设备接口,其通过一套部署为托管代码的类来展现,这套类被称为 GDI+的"托管类接口",将编程与具体硬件实现细节分开。GDI+主要提供了以下三类服务。

(1) 二维矢量图形。GDI+提供了存储图形基元自身信息的类(或结构体)、存储图形基元绘制方式信息的类以及实际进行绘制的类。

(2) 图像处理。大多数图形图像都难以简单地用直线和曲线来表示,无法使用二维矢量图形方式进行处理。GDI+提供了 Bitmap、Image 等类,它们可用于显示、操作和保存 BMP、JPG、GIF 等图像格式。

(3) 文字显示。GDI+支持使用各种字体、字号和样式来显示文本。

要进行图形编程,就必须先理解 Graphics 类,它相当于画布,同时还必须掌握 Pen、Brush 和 Rectangle 这几种类。

GDI+比 GDI 优越主要表现在以下两个方面。

(1) GDI+通过提供新功能(例如:渐变画笔和 alpha 混合)扩展了 GDI 的功能;

(2) 修订了编程模型,使图形编程更加简易灵活。

9.1.2 Graphics 类

Graphics 类封装一个 GDI+绘图图面,提供将对象绘制到显示设备的方法,Graphics 与特定的设备上下文关联。画图方法都被包括在 Graphics 类中,在画任何对象(例如:Circle,Rectangle)时,首先要创建一个 Graphics 类实例,这个实例相当于建立了一块画布,有了画布才可以用各种画图方法进行绘图。

GDI+步骤:获取画布(创建一个 Graphics 类实例),绘制图像及处理图像(使用 Graphics 对象的方法)。

通常使用下述三种方法来创建一个 Graphics 对象。

1. 利用控件或窗体的 Paint 事件中的 PaintEventArgs

在窗体或控件的 Paint 事件中接收对图形对象的引用,作为 PaintEventArgs (PaintEventArgs 指定绘制控件所用的 Graphics)的一部分,在为控件创建绘制代码时,通常会使用此方法来获取对图形对象的引用。适用于为控件创建绘制代码场景。

例如:

```
//窗体的 Paint 事件的响应方法
private void form1_Paint(object sender,PaintEventArgs e)
```

```
    {
        Graphics g = e.Graphics;
    }
```


也可以直接重载控件或窗体的 OnPaint 方法，具体代码如下所示：

```
protected override void OnPaint(PaintEventArgs e)
{
    Graphics g = e.Graphics;
}
```

Paint 事件在重绘控件时发生。

2. 调用某控件或窗体的 CreateGraphics 方法

调用某控件或窗体的 CreateGraphics 方法以获取对 Graphics 对象的引用，该对象表示该控件或窗体的绘图图面。适用于在已存在的窗体或控件上绘图。

例如：

```
Graphics g = this.CreateGraphics();
```

3. 调用 Graphics 类的 FromImage 静态方法

由从 Image 继承的任何对象创建 Graphics 对象。适用于需要更改已存在的图像。

例如：

```
//名为"graph.jpg"的图片位于 IMG 路径下
Image img = Image.FromFile(@"IMG\graph.jpg");                //建立 Image 对象
Graphics g = Graphics.FromImage(img);                        //创建 Graphics 对象
```

有了一个 Graphics 的对象引用后，就可以利用该对象的成员进行各种各样图形的绘制，表 9-1 列出了 Graphics 类的常用方法成员。

表 9-1　常用 Graphics 类方法

名　称	说　明	名　称	说　明
DrawArc	画弧	DrawPolygon	画多边形
DrawBezier	画立体的贝塞尔曲线	DrawRectangle	画矩形
DrawBeziers	画连续立体的贝塞尔曲线	DrawString	绘制文字
DrawClosedCurve	画闭合曲线	FillEllipse	填充椭圆
DrawCurve	画曲线	FillPath	填充路径
DrawEllipse	画椭圆	FillPie	填充饼图
DrawImage	画图像	FillPolygon	填充多边形
DrawLine	画线	FillRectangle	填充矩形
DrawPath	通过路径画线和曲线	FillRectangles	填充矩形组
DrawPie	画饼形	FillRegion	填充区域

在.NET 中，GDI+的所有绘图功能都包括在 System.Drawing、System.Drawing.Imaging、System.Drawing.Drawing2D 和 System.Drawing.Text 等命名空间中，因此在开始用 GDI+类之前，需要先引用相应的命名空间。

System.Drawing 命名空间提供对 GDI+基本图形功能的访问。

System.Drawing.Drawing2D：提供高级的二维和矢量图形功能。

System.Drawing.Imaging：提供高级 GDI+图像处理功能。

System.Drawing.Text：提供高级 GDI+排版功能。

System.Drawing.Pringting：提供打印相关服务。

System.Drawing.Design：扩展设计时，用户界面逻辑和绘制的类。用于扩展，自定义。

9.1.3 常用画图对象

在创建了 Graphics 对象后，就可以用它开始绘图了，可以画线、填充图形、显示文本等，其中主要用到的类还有以下几种。

1. Pen 类

Pen 用来绘制指定宽度和样式的直线。使用 DashStyle 属性绘制几种虚线，可以使用各种填充样式（包括纯色和纹理）来填充 Pen 绘制的直线，填充模式取决于画笔或用作填充对象的纹理。

使用画笔时，需要先实例化一个画笔对象，主要有以下几种方法。

（1）用指定的颜色实例化一支画笔的方法如下：

```
public Pen(Color);
```

（2）用指定的画刷实例化一支画笔的方法如下：

```
public Pen(Brush);
```

（3）用指定的画刷和宽度实例化一支画笔的方法如下：

```
public Pen(Brush,float);
```

（4）用指定的颜色和宽度实例化一支画笔的方法如下：

```
public Pen(Color,float);
```

实例化画笔的语句格式如下：

```
Pen pn = new Pen(Color.Blue);
```

或者

```
Pen pn = new Pen(Color.Blue,100);
```

Pen 常用的属性如表 9-2 所示：

表 9-2 Pen 常用属性成员

名　称	说　明
Alignment	获得或者设置画笔的对齐方式
Brush	获得或者设置画笔的属性
Color	获得或者设置画笔的颜色
Width	获得或者设置画笔的宽度

2. Color 结构

在自然界中，颜色大都由透明度（A）和三基色（R，G，B）所组成。在 GDI+中，通过 Color 结构封装对颜色的定义，Color 结构中，除了提供（A，R，G，B）以外，还提供许多系统定义的颜色，如 Pink（粉颜色），另外，还提供许多静态成员，用于对颜色进行操作。

Color 结构的基本属性如表 9-3 所示。

表 9-3　Color 结构的基本属性成员

名　称	说　明
A	获取此 Color 结构的 alpha 分量值,取值(0～255)
B	获取此 Color 结构的蓝色分量值,取值(0～255)
G	获取此 Color 结构的绿色分量值,取值(0～255)
R	获取此 Color 结构的红色分量值,取值(0～255)
Name	获取此 Color 结构的名称,将返回用户定义的颜色的名称或已知颜色的名称(如果该颜色是从某个名称创建的),对于自定义的颜色,将返回 RGB 值

Color 结构的基本(静态)方法如表 9-4 所示。

表 9-4　Color 结构静态方法成员

名　称	说　明
FromArgb	从 4 个 9 位 ARGB 分量(alpha、红色、绿色和蓝色)值创建 Color 结构
FromKnowColor	从指定的预定义颜色创建一个 Color 结构
FromName	从预定义颜色的指定名称创建一个 Color 结构

Color 结构变量可以通过已有颜色构造,也可以通过 RGB 建立,例如:

```
Color clr1 = Color.FromArgb(122,25,255);
Color clr2 = Color.FromKnowColor(KnowColor.Brown);  //KnownColor 为枚举类型
Color clr3 = Color.FromName("SlateBlue");
```

在图像处理中一般需要获取或设置像素的颜色值,获取一幅图像的某个像素颜色值的具体步骤如下。

(1) 定义 Bitmap:

```
Bitmap myBitmap = new Bitmap("c:\\MyImages\\TestImage.bmp");
```

(2) 定义一个颜色变量,把在指定位置所取得的像素值存入颜色变量中:

```
Color c = new Color();
c = myBitmap.GetPixel(10,10);                    //获取此 Bitmap 中指定像素的颜色
```

(3) 将颜色值分解出单色分量值:

```
int r,g,b;
r= c.R; g=c.G; b=c.B;
```

3. Font 类

Font 类定义特定文本格式,包括字体、字号和字形属性。

Font 类的常用构造函数是 public Font(string 字体名,float 字号,FontStyle 字形),其中字号和字体为可选项;以及 public Font(string 字体名,float 字号),其中字体名为 Font 的 FontFamily 的字符串表示形式。下面是定义一个 Font 对象的例子代码:

```
FontFamily fontFamily = new FontFamily("Arial");
Font font = new Font(fontFamily,16,FontStyle.Regular,GraphicsUnit.Pixel);
```

字体常用属性如表 9-5 所示。

表 9-5　字体常用属性

名　　称	说　　明
Bold	是否为粗体
FontFamily	字体成员
Height	字体高
Italic	是否为斜体
Name	字体名称
Size	字体尺寸
SizeInPoints	获取此 Font 对象的字号,以磅为单位
Strikeout	是否有删除线
Style	字体类型
Underline	是否有下划线
Unit	字体尺寸单位

4. Brush 类

Brush 类是一个抽象的基类,因此它不能被实例化,一般用它的派生类实例化一个画刷对象,当对图形内部进行填充操作时就会用到画刷,关于画刷在 9.1.5 节中有详细讲解。

5. Rectangle 结构

存储 4 个整数,表示一个矩形的位置和大小。矩形结构通常用来在窗体上画矩形,除了利用它的构造函数构造矩形对象外,还可以使用 Rectangle 结构的属性成员,其属性成员如表 9-6 所示。

表 9-6　Rectangle 常用属性成员

名　　称	说　　明	名　　称	说　　明
Bottom	底端坐标	Size	矩形尺寸
Height	矩形高	Top	矩形顶端坐标
IsEmpty	测试矩形宽和高是否为 0	Width	矩形宽
Left	矩形左边坐标	X	矩形左上角顶点 X 坐标
Location	矩形的位置	Y	矩形左上角顶点 Y 坐标
Right	矩形右边坐标		

Retangle 结构的构造函数有以下两个:

```
//用指定的位置和大小初始化 Rectangle 类的新实例。
public Retangle(Point,Size);//Size 结构存储一个有序整数对,通常为矩形的宽度和高度
public Rectangle(int,int,int,int); //前两个参数为矩形左上角坐标,后两个参数为矩形宽度和高度
```

6. Point 结构

用指定坐标初始化 Point 类的新实例。这个结构很像 C++ 中的 Point 结构,它描述了一对有序的 x,y 两个坐标值,其构造函数为:

```
public Point(int x,int y);
```

其中 x 为该点的水平位置;y 为该点的垂直位置。下面是构造 Point 对象的例子代码:

```
Point pt1 = new Point(30,30);
Point pt2 = new Point(110,100);
```

9.1.4 基本图形绘制举例

【例 9.1】 建立一个项目,在窗体上画一些简单图形,通过直接在 Form1 类中重载 OnPaint 函数的方法来实现。

```
protected override void OnPaint(PaintEventArgs e)
    {
        Graphics g = e.Graphics;
        Rectangle rect = new Rectangle(50,50,300,300);
        LinearGradientBrush lBrush = new LinearGradientBrush(rect,
        Color.DarkGreen,Color.Yellow,LinearGradientMode.BackwardDiagonal);
        g.FillRectangle(lBrush,rect);                //填充矩形
        Pen pn = new Pen(Color.Black,3);             //指定画笔颜色和宽度
        Rectangle rect1 = new Rectangle(150,150,200,100);
        g.DrawArc(pn,rect,0,190);                    //绘制弧形,0 为起始弧度,190 为扫过弧度
        Point pt1 = new Point(150,70);
        Point pt2 = new Point(250,70);
        g.DrawLine(pn,pt1,pt2);                      //绘制线
        Pen pn1 = new Pen(Color.Blue,110);
        Rectangle rect2 = new Rectangle(125,125,150,150);
        g.DrawEllipse(pn1,rect2);                    //绘制矩形外接圆
        Font fnt = new Font("Verdana",16);
        g.DrawString("GDI + 绘图",fnt,new SolidBrush(Color.Red),14,10);//输出修饰文本
    }
```

运行结果如图 9-2 所示。

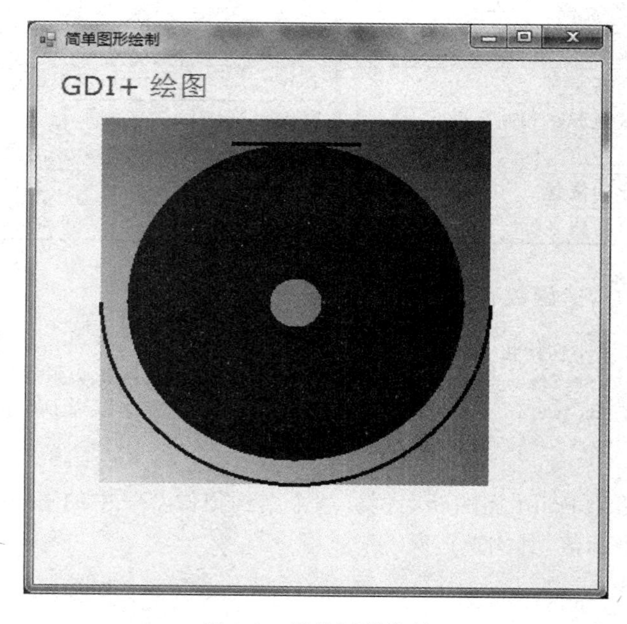

图 9-2 简单图形绘制

9.1.5 画刷和画刷类型

Brush类型是一个抽象类，所以它不能被实例化，也就是不能直接应用，但是可以利用它的派生类，如HatchBrush、SolidBrush和TextureBrush等。画刷类型一般在System.Drawing命名空间中，如果应用HatchBrush和GradientBrush画刷，需要在程序中引入System.Drawing.Drawing2D命名空间。

1. SolidBrush(单色画刷)

它是一种一般的画刷，通常只用一种颜色去填充GDI+图形。

2. HatchBrush(阴影画刷)

HatchBrush类位于System.Drawing.Drawing2D命名空间中。阴影画刷有两种颜色：前景色和背景色，以及6种阴影。前景色定义线条的颜色，背景色定义各线条之间间隙的颜色。

HatchBrush类有两个构造函数：

```
public HatchBrush(HatchStyle,Color forecolor);
public HatchBrush(HatchStyle,Color forecolor,Color backcolor);
```

HatchStyle枚举值指定可用于HatchBrush对象的不同图案。HatchStyle的主要成员如表9-7所示。

表9-7 HatchStyle主要成员

名　　称	说　　明
BackwardDiagonal	从右上到左下的对角线的线条图案
Cross	指定交叉的水平线和垂直线
DarkDownwardDiagonal	从顶点到底点向右倾斜的对角线，两边夹角比ForwardDiagonal小50%，宽度是其两倍。此阴影图案不是锯齿消除的
DarkHorizontal	指定水平线的两边夹角比Horizontal小50%并且宽度是Horizontal的两倍
DarkUpwardDiagonal	指定从顶点到底点向左倾斜的对角线，其两边夹角比BackwardDiagonal小50%，宽度是其两倍，但这些直线不是锯齿消除的
DarkVertical	指定垂直线的两边夹角比Vertical小50%并且宽度是其两倍
DashedDownwardDiagonal	指定虚线对角线，这些对角线从顶点到底点向右倾斜
DashedHorizontal	指定虚线水平线
DashedUpwardDiagonal	指定虚线对角线，这些对角线从顶点到底点向左倾斜
DashedVertical	指定虚线垂直线
DiagonalBrick	指定具有分层砖块外观的阴影，它从顶点到底点向左倾斜
DiagonalCross	交叉对角线的图案
Divot	指定具有草皮层外观的阴影
ForwardDiagonal	从左上到右下的对角线的线条图案
Horizontal	水平线的图案
HorizontalBrick	指定具有水平分层砖块外观的阴影
LargeGrid	指定阴影样式Cross
LightHorizontal	指定水平线，其两边夹角比Horizontal小50%
LightVertical	指定垂直线的两边夹角比Vertical小50%

续表

名　称	说　明
Max	指定阴影样式 SolidDiamond
Min	指定阴影样式 Horizontal
NarrowHorizontal	指定水平线的两边夹角比阴影样式 Horizontal 小 75%(或者比 LightHorizontal 小 25%)
NarrowVertical	指定垂直线的两边夹角比阴影样式 Vertical 小 75%(或者比 LightVertical 小 25%)
OutlinedDiamond	指定互相交叉的正向对角线和反向对角线,但这些对角线不是锯齿消除的
Percent05	指定 5%阴影。前景色与背景色的比例为 5∶100
Percent90	指定 90%阴影。前景色与背景色的比例为 90∶100
Plaid	指定具有格子花呢材料外观的阴影
Shingle	指定带有对角分层鹅卵石外观的阴影,它从顶点到底点向右倾斜
SmallCheckerBoard	指定带有棋盘外观的阴影
SmallConfetti	指定带有五彩纸屑外观的阴影
SolidDiamond	指定具有对角放置的棋盘外观的阴影
Sphere	指定具有球体彼此相邻放置的外观的阴影
Trellis	指定具有格架外观的阴影
Vertical	垂直线的图案
Wave	指定由代字号"～"构成的水平线
Weave	指定具有织物外观的阴影

3. TextureBrush(纹理画刷)

纹理画刷拥有图案,并且通常使用它来填充封闭的图形。为了对它初始化,可以使用一个已经存在的别人设计好了的图案,或使用常用的设计程序设计自己的图案,同时应该使图案存储为常用图形文件格式,如 BMP 格式文件。这里有一个设计好的位图,被存储为 mm. bmp 文件。代码如下:

```
private void Form1_Paint(object sender,PaintEventArgs e)
{
Graphics g = e.Graphics;
//根据文件名创建原始大小的 Bitmap 对象
Bitmap bitmap = new Bitmap("D:\\mm.jpg");
//将其缩放到当前窗体大小
bitmap = new Bitmap(bitmap,this.ClientRectangle.Size);
TextureBrush myBrush = new TextureBrush(bitmap);
g.FillEllipse(myBrush,this.ClientRectangle);
}
```

运行结果如图 9-3 所示。

4. LinearGradientBrush 和 PathGradientBrush(渐变画刷)

渐变画刷类似于实心画刷,因为它也是基于颜色的。与实心画刷不同的是:渐变画刷使用两种颜色。它的主要特点是:在使用过程中,一种颜色在一端,而另外一种颜色在另一端,在中间,两种颜色融合产生过渡或衰减的效果。

渐变画刷有两种:线性画刷和路径画刷(LinearGradientBrush 和 PathGradientBrush)。

图 9-3　运行结果

其中 LinearGradientBrush 可以显示线性渐变效果，而 PathGradientBrush 是路径渐变的可以显示比较具有弹性的渐变效果。

1）LinearGradientBrush 类

LinearGradientBrush 类的构造函数如下：

```
public LinearGradientBrush(Point point1,Point point2,Color color1,Color color2)
```

参数说明：

point1：表示线性渐变起始点的 Point 结构。

point2：表示线性渐变终结点的 Point 结构。

color1：表示线性渐变起始色的 Color 结构。

color2：表示线性渐变结束色的 Color 结构。

2）PathGradientBrush 类

PathGradientBrush 类的构造函数如下：

```
public PathGradientBrush (GraphicsPath path);
```

参数说明：

path：GraphicsPath，定义此 PathGradientBrush 填充的区域。

拓展与提高

借助网络和书籍，利用 GDI＋绘制圆角渐变矩形。

9.2 C#图像处理基础

9.2.1 C#图像处理概述

1. 图像文件的类型

GDI+支持的图像格式有BMP、GIF、JPEG、EXIF、PNG、TIFF、ICON、WMF、EMF等，几乎涵盖了所有的常用图像格式，使用GDI+可以显示和处理多种格式的图像文件。

2. 图像类

GDI+提供了Image、Bitmap和Metafile等类用于图像处理，为用户进行图像格式的加载、变换和保存等操作提供了方便。

1) Image类

Image类是为Bitmap和Metafile类提供功能的抽象基类。

2) Metafile类

定义图形图元文件，图元文件包含描述一系列图形操作的记录，这些操作可以被记录(构造)和被回放(显示)。

3) Bitmap类

封装GDI+位图，此位图由图形图像及其属性的像素数据组成，Bitmap是用于处理由像素数据定义的图像的对象，它属于System.Drawing命名空间，该命名空间提供了对GDI+基本图形功能的访问。

Bitmap类常用方法和属性如表9-8所示。

表9-8 Bitmap类常用方法和属性

名　称	说　明
公共属性	
Height	获取此Image对象的高度
RawFormat	获取此Image对象的格式
Size	获取此Image对象的宽度和高度
Width	获取此Image对象的宽度
公共方法	
GetPixel	获取此Bitmap中指定像素的颜色
MakeTransparent	使默认的透明颜色对此Bitmap透明
RotateFlip	旋转、翻转或者同时旋转和翻转Image对象
Save	将Image对象以指定的格式保存到指定的Stream对象
SetPixel	设置Bitmap对象中指定像素的颜色
SetPropertyItem	将指定的属性项设置为指定的值
SetResolution	设置此Bitmap的分辨率

9.2.2 图像的输入

在窗体或图形框内输入图像有以下两种方式。

(1) 在窗体设计时使用图形框对象的 Image 属性输入;

(2) 在程序中通过"打开"对话框输入。

方法 1:窗体设计时使用图形框对象的 Image 属性输入

窗体设计时使用对象的 Image 属性输入图像的操作如下。

(1) 在窗体上建立一个图形框对象(pictureBox1),选择图形框对象属性中的 Image 属性,如图 9-4 所示。

(2) 单击 Image 属性右侧的按钮,弹出一个"选择资源"对话框,如图 9-5 所示。在该对话框中选择"本地资源"单选按钮,单击"导入"按钮,将弹出一个"打开"对话框,选择相应图片文件打开即可。

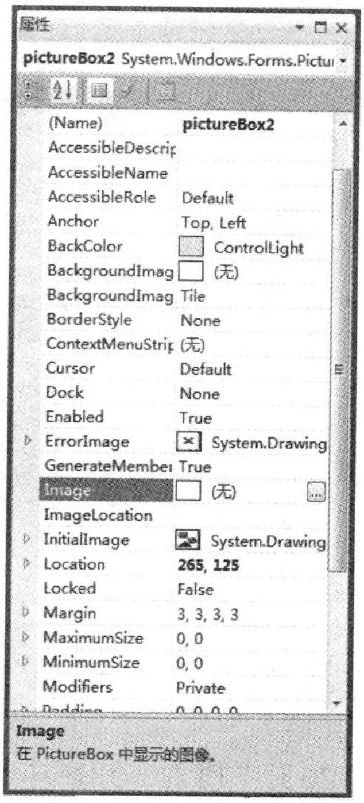

方法 2:使用"打开"对话框输入图像

在窗体上添加一个命令按钮(button1)和一个图形框对象(pictureBox1),双击命令按钮,在响应方法中输入如下代码:

图 9-4 Image 属性

```
private void button1_Click(object sender,EventArgs e)
  {
        OpenFileDialog ofdlg = new OpenFileDialog();
          //可打开 bmp 和 jpg 文件
        ofdlg.Filter = "BMP File(*.bmp)|*.bmp|JPG File(*.jpg)|*.jpg";
          if (ofdlg.ShowDialog() == DialogResult.OK)
          {
               Bitmap image = new Bitmap(ofdlg.FileName);
               pictureBox1.Image = image;
          }
   }
```

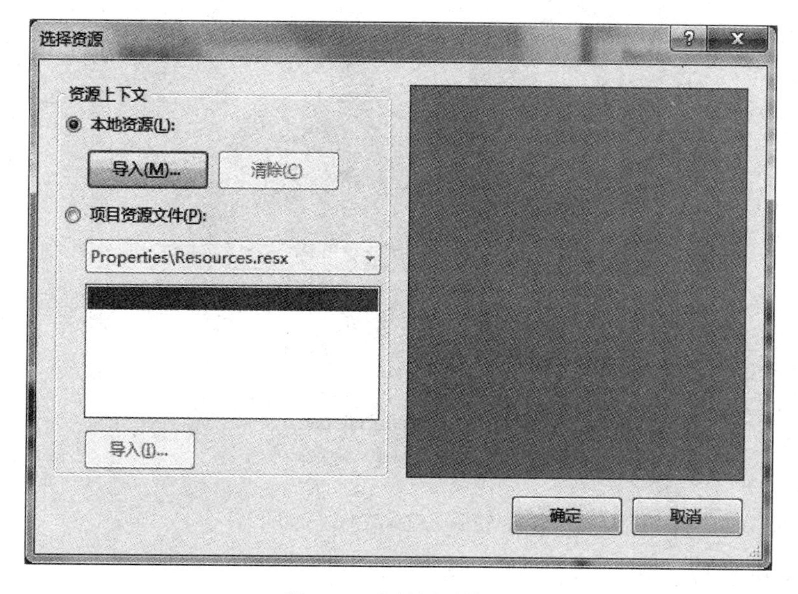

图 9-5 选择图片资源

执行该程序时，使用“打开”对话框，选择图像文件，该图像将会被打开，并显示在 pictureBox1 图像框中，见图 9-6。

图 9-6 图形的打开

9.2.3 图像的保存

保存图像的步骤如下。

(1) 当使用按钮和“保存”对话框保存文件时，加入“保存”按钮和 PictureBox 控件，窗体设计如图 9-7 所示。

图 9-7 图形的保存

(2)“保存”命令按钮的单击事件的响应函数代码如下：

```
private void button2_Click(object sender,EventArgs e)
```

```
{
  string str;
  Bitmap box1 = new Bitmap(pictureBox1.Image);
  SaveFileDialog sfdlg = new SaveFileDialog();
  //可保存为 BMP 文件或其他格式文件
  sfdlg.Filter = "bmp 文件( * .BMP)| * .BMP|All File( * . * )| * . * ";
  sfdlg.ShowDialog();
  str = sfdlg.FileName;
  box1.Save(str);
}
```

执行该过程时,将打开"另存为"对话框,按提示保存成 bmp 文件或其他格式文件。

9.3 总结与提高

(1) Graphics 类是 GDI+ 的核心,Graphics 对象表示 GDI+ 绘图表面,提供将对象绘制到显示设备的方法。

(2) Pen 类主要用于绘制线条或者线条组合成的其他几何形状。

(3) Brush 类主要用于填充几何图形。Brush 是一个抽象基类,不能进行实例化。

第 10 章　文件与数据流

文件操作是计算机操作系统的重要功能，用户通过文件来实现自己的任务。在.NET程序开发中，用户可以使用命名空间 System.IO 提供的文件、文件夹和及数据流类来实现文件操作。本章将向读者详细介绍文件、文件夹以及数据流操作的基本知识。通过阅读本章内容，可以：

- 了解命名空间 System.IO 中常用的类
- 掌握 File 类和 FileInfo 类的使用
- 掌握 Directory 类和 DirectoryInfo 类的使用
- 掌握文件和文件夹的基本操作
- 了解数据流的概念以及相关的类
- 掌握数据流的基本操作

10.1　System.IO 命名空间

10.1.1　文件处理概述

在 Windows 应用程序中，经常会读取文件中的数据，也会把处理后的数据存放到文件中，这就需要对外存上的文件进行输入/输出(I/O)处理。例如，一名财务人员将单位的工资报表进行保存，应用程序就会将数据以.xls 文件形式保存到硬盘上。而另一位在家休假的员工想浏览旅游期间拍摄的照片，应用程序就会读取存放在硬盘上的.bmp 文件。第三位员工要保留与好友的聊天记录，应用程序就会将会话文本以.txt 文件形式保存到硬盘上，如图 10-1 所示。

图 10-1　文件应用的例子

为了简化程序开发者的工作，.NET 框架为用户提供了 System.IO 命名空间，它包含许多用于进行文件和数据流操作的类。下面首先讨论文件和数据流的区别。文件是一些具有永久存储及特定顺序的字节组成的一个有序的、具有名称的集合。因此，对于文件，人们常会想到目录路径、磁盘存储、文件和目录名等方面。相反，流提供一种向后备存储器写入字节和从后备存储器读取字节的方式，后备存储器可以为多种存储媒介之一。正如除磁盘外存在多种后备存储器一样，除文件流之外也存在多种流。例如，还存在网络流、内存流和磁带流等。

10.1.2 System.IO 命名空间

System.IO 命名空间包含允许在数据流和文件上进行同步和异步读取及写入的类型。表 10-1 给出了 System.IO 命名空间中常用的类及其说明。

表 10-1 System.IO 命名空间中常用的类及其说明

类	说明
BinaryReader	用特定的编码将基元数据类型读作二进制值
BinaryWriter	以二进制形式将基元类型写入流，并支持用特定的编码写入字符串
BufferedStream	给另一流上的读写操作添加一个缓冲层。无法继承此类
Directory	公开用于创建、移动和枚举通过目录和子目录的静态方法。无法继承此类
DirectoryInfo	公开用于创建、移动和枚举目录和子目录的实例方法。无法继承此类
File	提供用于创建、复制、删除、移动和打开文件的静态方法，并协助创建 FileStream 对象
FileInfo	提供创建、复制、删除、移动和打开文件的实例方法，并且帮助创建 FileStream 对象。无法继承此类
FileStream	公开以文件为主的 Stream，既支持同步读写操作，也支持异步读写操作
FileSystemInfo	为 FileInfo 和 DirectoryInfo 对象提供基类
DriveInfo	提供对有关驱动器的信息的访问
Path	对包含文件或目录路径信息的 String 实例执行操作。这些操作是以跨平台的方式执行的
Stream	提供字节序列的一般视图
StreamReader	实现一个 TextReader，使其以一种特定的编码从字节流中读取字符
StreamWriter	实现一个 TextWriter，使其以一种特定的编码向流中写入字符
StringReader	实现从字符串进行读取的 TextReader
StringWriter	实现一个用于将信息写入字符串的 TextWriter。该信息存储在基础 StringBuilder 中
TextReader	表示可读取连续字符系列的读取器
TextWriter	表示可以编写一个有序字符系列的编写器。该类为抽象类

10.2 文件基本操作

在 C# 应用程序中，可以使用.NET 类库中的 File 类和 FileInfo 类来实现文件的一些基本操作，包括创建文件、打开文件、复制文件、移动文件以及获取文件信息等操作。

10.2.1 File 类

File 类提供用于创建、复制、删除、移动和打开文件的静态方法，并协助创建 FileStream 对象。表 10-2 给出了 File 类常用方法及其说明。

表 10-2 File 类的常用方法及其说明

方法	说明
AppendAllText	打开一个文件，向其中追加指定的字符串，然后关闭该文件。如果文件不存在，此方法创建一个文件，将指定的字符串写入文件，然后关闭该文件
AppendText	创建一个 StreamWriter，它将 UTF-8 编码文本追加到现有文件或新文件（如果指定文件不存在）
Copy	将现有文件复制到新文件
Create(String)	在指定路径中创建或覆盖文件
Delete	删除指定的文件
Exists	确定指定的文件是否存在
GetAttributes	获取在此路径上的文件的 FileAttributes
GetCreationTime	返回指定文件或目录的创建日期和时间
GetLastAccessTime	返回上次访问指定文件或目录的日期和时间
GetLastWriteTime	返回上次写入指定文件或目录的日期和时间
Move	将指定文件移到新位置，并提供指定新文件名的选项
Open(String,FileMode)	打开指定路径上的 FileStream，具有读/写访问权限
ReadAllBytes	打开一个文件，将文件的内容读入一个字符串，然后关闭该文件
OpenRead	打开现有文件以进行读取
OpenText	打开现有 UTF-8 编码文本文件以进行读取
OpenWrite	打开一个现有文件或创建一个新文件以进行写入

【例 10.1】 创建一个 Windows 应用程序，在默认窗体上放置一个文本框，用于输入文件名，再放置一个按钮，单击按钮，用于创建文件，关键代码如下：

```
if (textBox2.Text == string.Empty)
{
  MessageBox.Show("文件名不能为空!","信息提示");
  }
  else
 {
     if (File.Exists(textBox2.Text))
         MessageBox.Show("该文件已经存在","信息提示");
      else
        File.Create(textBox2.Text);
    }
}
```

程序的执行结果如图 10-2 所示。

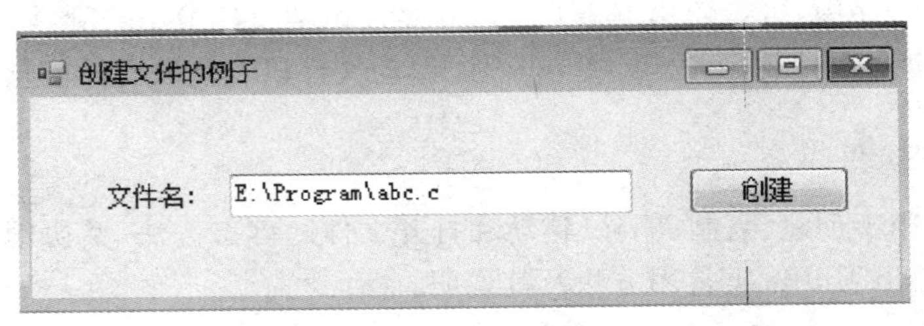

图 10-2 程序的执行结果

10.2.2 FileInfo 类

FileInfo 类与 File 类不同，它虽然也提供了创建、复制、删除、移动和打开文件的方法，并且帮助创建 FileStream 对象，但是它提供的仅仅是实例方法。因此要使用 FileInfo 类，必须先实例化一个 FileInfo 对象。FileInfo 类的常用方法与 File 类基本相同，此处仅介绍 FileInfo 类的常用属性，如表 10-3 所示。

表 10-3 FileInfo 类常用属性及其说明

属　　性	说　　明
Attributes	获取或设置当前 FileSystemInfo 的 FileAttributes
CreateionTime	获取或设置当前 FileSystemInfo 对象的创建时间
Exists	获取指示文件是否存在的值
Extension	获取表示文件扩展名部分的字符串
FullName	获取目录或者文件的完整路径
Length	获取当前文件的大小
Name	获取文件名

【例 10.2】 建立一个控制台程序来说明 FileInfo 类的基本用法，关键代码如下：

```
string filepath = @"f:\test\fileinfo.txt";
FileInfo myfile = new FileInfo(filepath);
myfile.Create();                                    //创建文件
string fileextension = myfile.Extension;            //获取文件的扩展名
Console.WriteLine(fileextension);
//检索文件的全部路径并输出
string fullpath = myfile.FullName;
Console.WriteLine(fullpath);
//获取上次访问该文件的时间并输出
string lasttime = myfile.LastAccessTime.ToString();
Console.WriteLine(lasttime);
Console.WriteLine(myfile.Directory);                //获取目录
Console.WriteLine(myfile.Length.ToString());        //获取文件大小
//删除文件
FileInfo filedel = new FileInfo(@"g:\tu.doc");
if (filedel.Exists)
{
    filedel.Delete();
}
else
{
     Console.WriteLine("文件不存在");
}
```

10.2.3 文件的基本操作

1. 打开文件

打开文件可以使用 File 类的 Open()方法来实现，该方法用于打开指定路径上的

FileStream 对象,并具有读/写权限。该方法的声明如下：

```
public static FileStream Open(string path,FileMode mode)
```

其中,参数 path 表示要打开文件的路径；参数 mode 为 FileMode 的枚举之一,用来说明打开文件的方式。

下面的代码打开存放在 c:\tempuploads 目录下名称为 newFile. txt 的文件,并在该文件中写入“hello”。

```
private void OpenFile()
{
   FileStream.TextFile = File.Open(@"c:\tempuploads\newFile.txt",FileMode.Append);
   byte [] Info = {(byte)'h',(byte)'e',(byte)'l',(byte)'l',(byte)'o'};
   TextFile.Write(Info,0,Info.Length);
   TextFile.Close();
}
```

2. 创建文件

创建文件可以使用 File 类的 Create()方法。该方法的声明如下：

```
public static FileStream Create(string path;)
```

下面的代码演示如何在 c:\tempuploads 下创建名为 newFile. txt 的文件。由于 File. Create 方法默认向所有用户授予对新文件的完全读/写访问权限,所以文件是用读/写访问权限打开的,必须关闭后才能由其他应用程序打开。为此,需要使用 FileStream 类的 Close 方法将所创建的文件关闭。

```
private void MakeFile()
{
    FileStream NewText = File.Create(@"c:\tempuploads\newFile.txt");
   NewText.Close();
}
```

3. 删除文件

删除文件可以使用 File 类的 Delete()方法,该方法声明如下：

```
public static void Delete(string path);
```

下面的代码演示如何删除 c:\tempuploads 目录下的 newFile. txt 文件。

```
private void DeleteFile()
{
  File.Delete(@"c:\tempuploads\newFile.txt");
}
```

4. 复制文件

可以采用 File 类的 Copy()方法来实现文件的复制操作。该方法声明如下：

```
public static void Copy(string sourceFileName,string destFileName,bool overwrite);
```

下面的代码将 c:\tempuploads\newFile. txt 复制到 c:\tempuploads\BackUp. txt。由

于 Cope 方法的 OverWrite 参数设为 true，所以如果 BackUp. txt 文件已存在，将会被复制过去的文件所覆盖。

```
private void CopyFile()
{
  File.Copy(@"c:\tempuploads\newFile.txt",@"c:\tempuploads\BackUp.txt",true);
    }
```

5. 移动文件

移动文件可使用 File 类的 Move()方法。该方法声明如下：

```
public static void Move(string sourceFileName,string destFileName);
```

下面的代码可以将 c:\tempuploads 下的 BackUp. txt 文件移动到 c 盘根目录下。注意：只能在同一个逻辑盘下进行文件转移。如果试图将 c 盘下的文件转移到 d 盘，将发生错误。

```
private void MoveFile()
{
  File.Move(@"c:\tempuploads\BackUp.txt",@"c:\BackUp.txt");
}
```

6. 设置文件属性

用户可以使用 File 类的 SetAttributes()方法来设置文件的各种属性。该方法声明如下：

```
public static void SetAttributes(string path,FileAttributes fileAttributes);
```

下面的代码可以设置文件 c:\tempuploads\newFile. txt 的属性为只读、隐藏。

```
private void SetFile()
{
  File.SetAttributes(@"c:\tempuploads\newFile.txt",
  FileAttributes.ReadOnly|FileAttributes.Hidden);
}
```

文件除了常用的只读和隐藏属性外，还有 Archive（文件存档状态），System（系统文件），Temporary（临时文件）等。关于文件属性的详细情况请参看 MSDN 中 FileAttributes 的描述。

7. 判断文件是否存在

用户可以使用 File 类的 Exist()方法来判断指定的文件是否存在。该方法声明如下：

```
public static bool Exists(string path);
```

下面的代码判断是否存在 c:\tempuploads\newFile. txt 文件。若存在，先复制该文件，然后将其删除，最后将复制的文件移动；若不存在，则先创建该文件，然后打开该文件并进行写入操作，最后将文件属性设为只读、隐藏。

```
if(File.Exists(@"c:\tempuploads\newFile.txt"))  //判断文件是否存在
{
```

```
    CopyFile();                                     //复制文件
    DeleteFile();                                   //删除文件
    MoveFile();                                     //移动文件
}
else
{
    MakeFile();                                     //生成文件
    OpenFile();                                     //打开文件
    SetFile();                                      //设置文件属性
}
```


10.3 文件夹基本操作

对文件夹进行操作时，主要用到.NET类库中提供的Directory类和DirectoryInfo类。用户可以使用这两个类中的方法实现文件夹的基本操作，如创建文件夹、移动和删除文件夹等。

10.3.1 文件夹操作类

在System.IO命名空间中，.NET框架提供了Directory类和DirectoryInfo类。这两个类均可用于对磁盘和目录进行操作管理，如复制、移动、重命名、创建和删除目录，获取和设置与目录的创建、访问及写入操作相关的时间信息。

1. Directory类

Directory类用于文件夹的典型操作，如复制、删除、移动和重命名等，也可以将其用于获取或设置与目录的创建、访问以及写入操作相关的信息。Directory类提供的主要方法及其说明如表10-4所示。

表10-4 Directory类的常用方法及其说明

方法	说明
CreateDirectory	创建指定路径中的所有目录
Delete	删除指定的目录
Exists	确定给定路径是否引用磁盘上的现有目录
GetCreationTime	获取目录的创建日期和时间
GetCurrentDirectory	获取应用程序的当前工作目录
GetDirectories	获取指定目录中子目录的名称
GetFiles	返回指定目录中文件的名称
GetFileSystemEntries	返回指定目录中所有文件和子目录的名称
GetLastAccessTime	返回上次访问指定文件或目录的日期和时间
GetLastWriteTime	返回上次写入指定文件或目录的日期和时间
GetParent	检索指定路径的父目录，包括绝对路径和相对路径
Move	将文件或目录及其内容移到新位置
SetCurrentDirectory	将应用程序的当前工作目录设置为指定的目录
SetLastAccessTime	设置上次访问指定文件或目录的日期和时间
SetLastWriteTime	设置上次写入目录的日期和时间

【例 10.3】 创建一个 Windows 应用程序，在默认的窗体中添加一个 TextBox 控件和一个 Button 控件，用前者输入文件夹名称，用后者创建文件夹。关键代码如下：

```
if (textBox1.Text == string.Empty)
{
    MessageBox.Show("文件夹名称不能为空!","信息提示");
}
else
{
    if (Directory.Exists(textBox1.Text))
    {
        MessageBox.Show("该文件夹已经存在","信息提示");
    }
    else
    {
        Directory.CreateDirectory(textBox1.Text);
    }
    //返回指定目录中文件的名称
    string[] fileName = new string[] { };
    fileName = Directory.GetFiles("D:\\软件工程教研室");
    //编列该目录下的文件
    foreach (string strV in fileName)
        MessageBox.Show(strV,"文件信息显示");
```

2. DirectoryInfo 类

DirectoryInfo 类与 Directory 类的不同点在于，DirectoryInfo 类必须被实例化后才能使用，而 Directory 类则只提供了静态的方法。在实际编程中，如果多次使用某个对象，一般用 DirectoryInfo 类；如果仅执行某一个操作，则使用 Directory 类提供的静态方法效率更高一些。DirectoryInfo 类的构造函数形式如下：

```
public DirectoryInfo(string path),
```

其中，参数 path 表示目录所在的路径。

表 10-5 列出了 DirectoryInfo 类的主要属性。

表 10-5 DirectoryInfo 类的主要属性

属　　性	说　　明
Attributes	获取或设置当前 FileSystemInfo 的 FileAttributes。例如： DirectoryInfo d=new DirectoryInfo(@"c:\MyDir")； d.Attributes=FileAttributes.ReadOnly；
Exists	获取指示目录是否存在的布尔值
FullName	获取当前路径的完整目录名
Parent	获取指定子目录的父目录
Root	获取根目录
CreationTime	获取或设置当前目录创建时间
LastAccessTime	获取或设置上一次访问当前目录的时间
LastWriteTime	获取或设置上一次写入当前目录的时间

【例 10.4】 创建一个 Windows 应用程序，通过调用 DirectoryInfo 类的相关属性和方法创建一个文件夹，关键代码如下：

```
if (textBox1.Text == string.Empty)
    MessageBox.Show("文件夹名称不能为空!","信息提示");
else
{
   DirectoryInfo  dinfo = new DirectoryInfo(textBox2.Text);    //实例化 DirectoryInfo 类对象
   if (dinfo.Exists)
        MessageBox.Show("该文件夹已经存在!","信息提示");
    else
        dinfo.Create();
}
```

10.3.2 文件夹基本操作

1. 创建文件夹

创建文件夹可采用方法 Directory.CreateDirectory，该方法声明如下：

```
public static DirectoryInfo CreateDirectory(string path);
```

下面的代码演示在 c:\tempuploads 文件夹下创建名为 NewDirectory 的目录。

```
private void MakeDirectory()
{
    Directory.CreateDirectory(@"c:\tempuploads\NewDirectoty");
}
```

2. 设置文件夹属性

在 C#应用程序中，可以使用 DirectoryInfo.Attributes 来设置文件夹的属性。下面的代码设置 c:\tempuploads\NewDirectory 目录为只读、隐藏。与文件属性相同，目录属性也是使用 FileAttributes 来进行设置的。

```
private void SetDirectory()
{
  DirectoryInfo NewDirInfo = new DirectoryInfo(@"c:\tempuploads\NewDirectoty");
  NewDirInfo.Attributes = FileAttributes.ReadOnly|FileAttributes.Hidden;
}
```

3. 删除文件夹

文件夹删除方法为 Directory.Delete，该方法声明如下：

```
public static void Delete(string path,bool recursive);
```

下面的代码可以将 c:\tempuploads\BackUp 目录删除。Delete 方法的第二个参数为 bool 类型，它可以决定是否删除非空目录。如果该参数值为 true，将删除整个目录，即使该目录下有文件或子目录；若为 false，则仅当目录为空时才可删除。

```
private void DeleteDirectory()
{
```

```
    //删除D盘software文件夹下所有子文件夹及文件
    Directory.Delete(@D:\software,true);
}
```

4. 移动文件夹

移动文件夹的方法是 Directory.Move，该方法声明如下：

```
public static void Move(string sourceDirName,string destDirName);
```

下面的代码将目录 c:\tempuploads\NewDirectory 移动到 c:\tempuploads\BackUp。

```
private void MoveDirectory()
{
  Directory.Move(@"c:\tempuploads\NewDirectory",@"c:\tempuploads\BackUp");
}
```

5. 获取当前文件下的所有文件夹

获取当前文件夹下的所有子目录方法：Directory.GetDirectories，该方法声明如下：

```
public static string[] GetDirectories(string path;);
```

下面的代码读出 c:\tempuploads\目录下的所有子目录，并将其存储到字符串数组中。

```
private void GetDirectory()
{
  string [] Directorys;
  Directorys = Directory. GetDirectories (@"c:\tempuploads");
}
```

6. 获取当前文件夹下的所有文件

获取当前文件夹下的所有文件方法：Directory.GetFiles，该方法声明如下：

```
public static string[] GetFiles(string path;);
```

下面的代码读出 c:\tempuploads\目录下的所有文件，并将其存储到字符串数组中。

```
private void GetFile()
{
  string [] Files;
  Files = Directory. GetFiles (@"c:\tempuploads");
}
```

7. 判断文件夹是否存在

判断文件夹是否存在方法：Directory.Exist，该方法声明如下：

```
public static bool Exists(string path);
```

下面的代码判断是否存在 c:\tempuploads\NewDirectory 目录。若存在，先获取该目录下的子目录和文件，然后将其移动，最后将移动后的目录删除。若不存在，则先创建该目录，然后将目录属性设为只读、隐藏。

```
if(Directory.Exists(@"c:\tempuploads\NewDirectory"))          //判断目录是否存在
{
```

```
        GetDirectory();                         //获取子目录
        GetFile();                              //获取文件
        MoveDirectory();                        //移动目录
        DeleteDirectory();                      //删除目录
    }
    else
    {
        MakeDirectory();                        //生成目录
        SetDirectory();                         //设置目录属性
    }
```

10.3.3 综合实例——遍历文件夹

建立一个Windows应用程序，用来遍历指定驱动器下所有文件及其文件的名称，如图10-3所示。其关键代码如下：

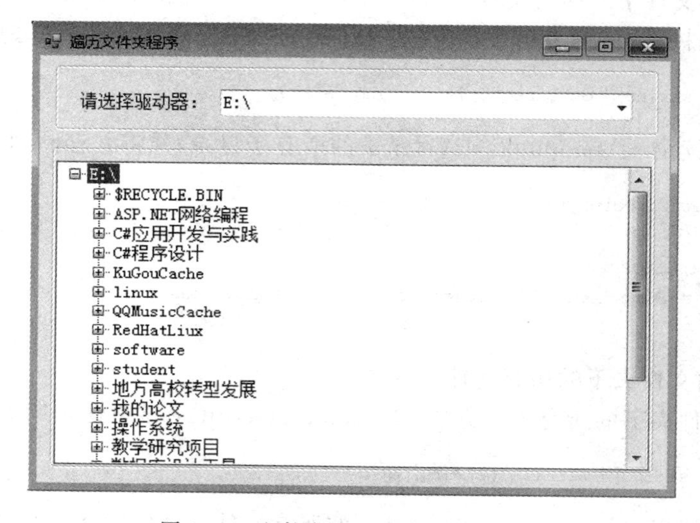

图10-3 文件夹遍历程序的运行结果

```
//获取所有驱动器，并显示在组合框中
private void Form1_Load(object sender, EventArgs e)
{
  string[] dirs = Directory.GetLogicalDrives();  //获取计算机上的所有逻辑驱动器名称
  if (dirs.Length > 0)                           //如果存在逻辑驱动器
  {
    for (int i = 0; i < dirs.Length; i++)
    {
      this.comboBox1.Items.Add(dirs[i]);         //将逻辑驱动器的名称添加到下拉列表中
    }
  }
}
//选择驱动器
private void comboBox1_SelectedValueChanged(object sender, EventArgs e)
{
  if (((ComboBox)sender).Text.Length > 0)        //如果组合框中选择了值
```

```
{
    this.treeView1.Nodes.Clear();
    TreeNode node = new TreeNode();
    //将选定驱动器下的所有文件夹和文件添加到树形控件
    FolderList(treeView1,((ComboBox)sender).Text,node,0);
  }
}
//显示文件夹下所有文件夹及文件的名称
private void FolderList(TreeView treeView1,string p1,TreeNode node,int p2)
{
  if (node.Nodes.Count > 0)                         //如果当前节点下有子节点
  {
    if (node.Nodes[0].Text != "")
    {
        return;
    }
  }
if (node.Text == "")
{
  p1 = p1 + "\\";
}
//实例化 DirectoryInfo 对象
DirectoryInfo dir = new DirectoryInfo(p1);
try
{
if (!dir.Exists)
{
return;
}
//如果给定参数不是文件夹,则退出
DirectoryInfo dirD = dir as DirectoryInfo;
if (dirD == null)                                    //如果文件夹为空
{
 node.Nodes.Clear();
 return;
}
else
{
  if (p2 == 0)                                       //如果当前是文件夹
  {
   if (node.Text == "")                              //如果当前节点为空
   {
   node = treeView1.Nodes.Add(dirD.Name);            //添加文件夹名称
   }
  else
{
    node.Nodes.Clear();
}
node.Tag = 0;                                        //设置文件夹的标识
}
}
```

```
    FileSystemInfo[] files = dirD.GetFileSystemInfos();    //获取所有文件夹和文件
    foreach (FileSystemInfo FSys in files)
    {
    FileInfo file = FSys as FileInfo;
    //如果是文件,将文件名添加到节点下
   if (file != null)
   {
     //获取文件所在路径
     FileInfo SFInfo = new FileInfo(file.DirectoryName + "\\" + file.Name);
     node.Nodes.Add(file.Name);
     node.Tag = 0;
   }
   else                                                     //如果是文件夹
    {
      TreeNode tempNode = node.Nodes.Add(FSys.Name);
       node.Tag = 0;
       tempNode.Nodes.Add("");
    }
   }
  }
  catch (Exception ex)
  {
     MessageBox.Show(ex.Message);
      return;
  }
  }

  private void treeView1_NodeMouseDoubleClick(object sender,TreeNodeMouseClickEventArgs e)
    {
     if (((TreeView)sender).SelectedNode == null)
    {
     return;
    }
     FolderList(treeView1,((TreeView)sender).SelectedNode.FullPath.Replace("\\\\","\\"),
  ((TreeView)sender).SelectedNode,0);
  }
```

10.4 数据流及其操作

数据流提供了一种向后备存储写入字节和从后备存储读取字节的方式,它是在.NET框架中执行读写文件操作时一种非常重要的介质。

10.4.1 流操作类

.NET框架使用流来支持读取和写入文件,开发人员可以将流视为一组连续的一维数据,包含开头和结尾,并且其中的游标指示了流中的当前位置。

1. 流操作

流中包含的数据可能来自内存、文件或TCP/IP套接字。流包含以下几种可应用于自身的基本操作,如读取、写入和查找。

(1) 读取:将数据从流传输到数据结构(如字符串或字节数组中)。

(2) 写入:将数据从数据源传输到流中。

(3) 查找:查询和修改在流中的位置。

2. 流的类型

在.NET 框架中,流由 Stream 类来表示,该类构成了所有其他流的抽象类,不能直接创建 Stream 类的实例,但是必须使用它实现其中的一个类。

在 C#中有许多类型的流,用于处理文件输入和输出的最常用类型为 FileStream 类,它提供读取和写入文件的方式。另外,在处理文件的 I/O 时还可以使用 BufferedStream、CryptoStream、MemoryStream、NetworkStream 等。

10.4.2 文件流类

在 C#中,文件流类 FileStream 类公开以文件为主的 Stream,它表示在磁盘或网络路径上指向文件的流。一个 FileStream 类的实例实质上代表一个磁盘文件,它通过 Seek 方式进行对文件的访问,也同时包含流的标准输入、输出及标准错误。FileStream 默认对文件的打开方式是同步的,但它同样很好地支持异步操作。

对文件流的操作,实际上可以将文件看作电视台信号发送塔要发送的一个电视节目(文件),将电视节目转化成模拟信号(文件的二进制流),按指定的发送序列发送到指定的接收地点(文件的接收地址)。

1. FileStream 类的常用属性

FileStream 类的常用属性及说明如表 10-6 所示。

表 10-6 FileStream 类的常用属性

属　性	说　明
CanRead	获取一个值,该值指示当前流是否支持读取
CanSeek	获取一个值,该值指示当前流是否支持查找
CanTimeout	获取一个值,该值确定当前流是否可以超时
CanWrite	获取一个值,该值指示当前流是否支持写入
IsAsync	获取一个值,该值指示 FileStream 是异步还是同步打开的
Length	获取用字节表示的流长度
Name	获取传递给构造函数的 FileStream 的名称
Position	获取或设置此流的当前位置
ReadTimeout	获取或设置一个值(以毫秒为单位),该值确定流在超时前尝试读取多长时间
WriteTimeout	获取或设置一个值(以毫秒为单位),该值确定流在超时前尝试写入多长时间(继承自 Stream)

2. FileStream 类的常用方法

FileStream 类的常用方法及其说明如表 10-7 所示。

表 10-7 FileStream 类的常用方法及其说明

方　法	说　明
BeginRead	开始异步读操作
BeginWrite	开始异步写操作
Close	关闭当前流并释放与之关联的所有资源(如套接字和文件句柄)
EndRead	等待挂起的异步读取操作完成
EndWrite	结束异步写入操作,在 I/O 操作完成之前一直阻止
Lock	防止其他进程读取或写入 FileStream
Read	从流中读取字节块并将该数据写入给定缓冲区中
ReadByte	从文件中读取一个字节,并将读取位置提升一个字节
Seek	将该流的当前位置设置为给定值 (重写 Stream. Seek(Int64,SeekOrigin))
SetLength	将该流的长度设置为给定值 (重写 Stream. SetLength(Int64))
ToString	返回表示当前对象的字符串 (继承自 Object)
Unlock	允许其他进程访问以前锁定的某个文件的全部或部分
Write	将字节块写入文件流(重写 Stream. Write(Byte[],Int32,Int32))
WriteByte	将一个字节写入文件流的当前位置 (重写 Stream. WriteByte(Byte))

3. 使用 FileStream 类操作文件

要使用 FileStream 类操作文件,需要先实例化一个 FileStream 类对象。创建 FileStream 对象的方式不是单一的,除了用 File 对象的 Create()方法或 Open()方法外,也可以采用 FileStream 对象的构造函数。创建文件流对象的常用方法如下。

1) 使用 File 对象的 Create 方法

```
FileStream mikecatstream;
mikecatstream = File.Create("c:\\mikecat.txt");
```

2) 使用 File 对象的 Open 方法

```
FileStream mikecatstream;
mikecatstream = File.Open("c:\\mikecat.txt",FileMode.OpenOrCreate,FileAccess.Write);
```

3) 使用类 FileStream 的构造函数

```
FileStream mikecatstream;
mikecatstream = new FileStream("c:\\mikecat.txt",FileMode.OpenOrCreate,FileAccess.Write);
```

类 FileStream 的构造函数提供了 15 种重载,最常用的有三种,如表 10-8 所示。

表 10-8 类 FileStream 的三种常用的构造函数

名　称	说　明
FileStream(string FilePath,FileMode)	使用指定的路径和创建模式初始化 FileStream 类的新实例
FileStream(string FilePath,FileMode,FileAccess)	使用指定的路径、创建模式和读/写权限初始化 FileStream 类的新实例
FileStream(string FilePath,FileMode,FileAccess,FileShare)	使用指定的路径、创建模式、读/写权限和共享权限创建 FileStream 类的新实例

在构造函数中使用的 FilePath,FileMode,FileAccess,FileShare 分别是指：使用指定的路径、创建模式、读/写权限和共享权限。其中 FilePath 为将封装的文件的相对路径或绝对路径。

下面介绍一下 FileMode 和 FileAccess,FileShare。它们三个都是 System. IO 命名空间中的枚举类型,如表 10-9 所示。

表 10-9　枚举类型 FileMode 和 FileAccess,FileShare

名　称	取　值	说　明
FileMode	Append、Create、CreateNew、Open、OpenOrCreate 和 Truncate	指定操作系统打开文件的方式
FileAccess	Read、ReadWrite 和 Write	定义用于控制对文件的读访问、写访问或读/写访问的常数
FileShare	Inheritable、None、Read、ReadWrite 和 Write	包含用于控制其他 FileStream 对象对同一文件可以具有的访问类型的常数

10.4.3　文本文件的写入和读取

文本文件的写入与读取主要是通过 StreamWriter 类和 StreamReader 类来实现的。

1. StreamWriter 类

StreamWriter 类是专门用来处理文本的类,可以方便地向文本文件中写入字符串,同时也负责重要的转换和处理向 FileStream 对象的写入工作。

StreamWriter 类的常用属性及其说明如表 10-10 所示。

表 10-10　StreamWriter 类的常用属性及其说明

名　称	说　明
Encoding	获取将输出写入到其中的 Encoding
FormatProvider	获取控制格式设置的对象
NewLine	获取或设置由当前 TextWriter 使用的行结束符字符串

StreamWriter 类的常用方法及其说明如表 10-11 所示。

表 10-11　StreamWriter 类的常用方法及其说明

名　称	说　明
Close	关闭当前的 StringWriter 和基础流
Write	将数据写入流中
WriteLine	写入重载参数指定的某些数据,后跟行结束符

2. StreamReader 类

StreamReader 类是专门用来读取文本文件的类。StreamReader 可以从底层 Stream 对象创建 StreamReader 对象的实例,且能指定编码规范参数。创建 StreamReader 对象后,它提供了许多用于读取和浏览字符数据的方法。该类的常用方法如表 10-12 所示。

表 10-12　StreamReader 类的常用方法及其说明

名　称	说　明
Close	关闭 StreamReader 对象和基础流，并释放与读取器关联的所有系统资源
Read	读取输入流中的下一个字符或下一组字符
ReadBlock	从当前流中读取最大 count 的字符并从 index 开始将该数据写入 buffer
ReadLine	从当前流中读取一行字符并将数据作为字符串返回
ReadToEnd	从流的当前位置到末尾读取流

下面通过具体实例说明如何使用 StreamReader 和 StreamWriter 类来读取和写入文本文件。

【例 10.5】 创建一个 Windows 应用程序，在默认窗体上添加一个 SaveFileDialog 和一个 OpenFileDialog 控件，一个 TextBox 控件和两个 Button 控件。文本控件用来输入要写入文件中的内容，或用来显示文件中已有的内容。Button 控件用来执行相应的操作。关键代码如下：

```
private void button1_Click(object sender,EventArgs e)
{
  if (textBox1.Text == string.Empty)
{
    MessageBox.Show("写入文件的内容不能为空","信息提示");
}
else
{
 //设置保存文件的格式
 SaveFileDialog saveFile = new SaveFileDialog();
 saveFile.Filter = "文本文件(*.txt)|*.txt";
 if (saveFile.ShowDialog() == DialogResult.OK)
 {
  //使用"另存为"对话框输入的文件名实例化 StreamWriter 对象
  StreamWriter sw = new StreamWriter(saveFile.FileName,true);
  //向创建的文件中写入内容
 sw.WriteLine(textBox1.Text);
 sw.Close();
 textBox1.Text = string.Empty;
} }}

private void button2_Click(object sender,EventArgs e)
{  //设置打开文件的格式
   OpenFileDialog OpenFile = new OpenFileDialog();
   OpenFile.Filter = "文本文件(*.txt)|*.txt";
   if (OpenFile.ShowDialog() == DialogResult.OK)
   {
   textBox1.Text = string.Empty;
   //使用"打开"对话框中选择的文件实例化 StreamReader 对象
   StreamReader sr = new StreamReader(OpenFile.FileName);
   //调用 ReadToEnd 方法选择文件中的全部内容
   textBox1.Text = sr.ReadToEnd();
   //关闭当前文件
   sr.Close();
}}
```

10.4.4 二进制文件的读取和写入

二进制文件的写入和读取通过 BinaryWriter 类和 BinaryReader 类来实现。

1. BinaryWriter 类

BinaryWriter 类以二进制形式将基元写入流，并支持用特定的编码写入字符串，其常用方法及其说明如表 10-13 所示。

表 10-13 BinaryWriter 类的常用方法及其说明

名　称	说　明
Close	关闭当前的 BinaryWriter 和基础流
Write	将值写入流，有很多重载版本，适用于不同的数据类型
Flush	清除缓存区
Seek	设置当前流中的位置

2. BinaryReader 类

BinaryReader 类用特定的编码将基元数据类型读作二进制值，其常用方法及其说明如表 10-14 所示。

表 10-14 BinaryReader 类的常用方法及其说明

名　称	说　明
Close	关闭当前阅读器及基础流
PeekChar	返回下一个可用的字符，并且不提升字节或字符的位置
Read	从基础流中读取字符，并根据所使用的 Encoding 和从流中读取的特定字符，提升流的当前位置
ReadByte	从当前流中读取下一个字节，并使流的当前位置提升 1 个字节
ReadBytes	从当前流中读取指定的字节数以写入字节数组中，并将当前位置前移相应的字节数
ReadChar	从当前流中读取下一个字符，并根据所使用的 Encoding 和从流中读取的特定字符，提升流的当前位置
ReadChars	从当前流中读取指定的字符数，并以字符数组的形式返回数据，然后根据所使用的 Encoding 和从流中读取的特定字符，将当前位置前移
ReadInt32	从当前流中读取 4 字节有符号整数，并使流的当前位置提升 4 个字节
ReadInt64	从当前流中读取 8 字节有符号整数，并使流的当前位置向前移动 8 个字节
ReadString	从当前流中读取一个字符串。字符串有长度前缀，一次 7 位地被编码为整数

下面举例说明如何使用 BinaryReader 类和 BinaryWriter 类来实现二进制文件的读取和写入。

【例 10.6】 创建一个 Windows 应用程序，在默认窗体上添加一个 OpenFileDialog 控件、一个 SaveFileDialog 控件，一个 TextBox 控件和两个 Button 控件。其中，SaveFileDialog 控件用来显示“另存为”对话框，OpenFileDialog 控件用来显示“打开”对话框，TextBox 控件用来输入要写入二进制文件的内容和显示选中二进制文件的内容，Button 分别用来显示读取或写入操作。关键代码如下：

```
private void button1_Click(object sender,EventArgs e)
  {
```

```
        //设置打开文件的格式
        OpenFileDialog OpenFile = new OpenFileDialog();
        OpenFile.Filter = "二进制文件(*.dat)|*.dat";
        if (OpenFile.ShowDialog() == DialogResult.OK)
        {
          textBox1.Text = string.Empty;
          //使用"打开"对话框中选择的文件实例化 StreamReader 对象
          FileStream myStream = new FileStream(OpenFile.FileName,FileMode.Open,FileAccess.Read);
          //使用 FileStream 对象实例化 BinaryReader 二进制写入流
          BinaryReader myReader = new BinaryReader(myStream);
          if (myReader.PeekChar() != -1)
            {
            //以二进制方式读取文件内容
            textBox1.Text = Convert.ToString(myReader.ReadInt32());
            }
          //关闭当前二进制读取流
            myReader.Close();
            //关闭当前文件流
            myStream.Close();
          }
    }
    //文件写入关键代码
    private void button1_Click(object sender,EventArgs e)
    {
        if (textBox1.Text == string.Empty)
         MessageBox.Show("要写入的文件内容不能为空!","信息提示");
        else
        {
         //设置打开文件的格式
          SaveFileDialog  SaveFile = new SaveFileDialog();
          SaveFile.Filter = "二进制文件(*.dat)|*.dat";
          if (SaveFile.ShowDialog() == DialogResult.OK)
          {
            //使用"另存为"对话框中选择的文件实例化 StreamReader 对象
             FileStream myStream = new FileStream(SaveFile.FileName, FileMode.OpenOrCreate,
FileAccess.ReadWrite);
            //使用 FileStream 对象实例化 BinaryReader 二进制写入流
            BinaryWriter myWriter = new BinaryWriter(myStream);
            myWriter.Write(textBox1.Text);
            myStream.Close();
            myWriter.Close();
            textBox1.Text = string.Empty;
          }
    }}
```

10.5 总结与提高

(1) File 类和 FileInfo 类都可以对文件进行创建、复制、删除、移动、打开、读取、获取文件的基本信息等操作。

(2) File 类支持对文件的基本操作,包括提供用于创建、复制、删除、移动和打开文件的静态方法,并协助创建 FileStream 对象。由于所有的 File 类的方法都是静态的,所以如果只想执行一个操作，那么使用 File 方法的效率比使用相应的 FileInfo 实例方法可能更高。

(3) Directory 类和 DirectoryInfo 类都可以对文件夹进行创建、移动、浏览目录及其子目录等操作。

(4) Directory 类用于文件夹的典型操作，如复制、移动、重命名、创建、删除等。另外，也可以将其用于获取和设置子目录的创建、访问以及写入相关时间信息。

(5) 数据流提供了一种向后备存储写入字节和从后备存储读取字节的方式，它是在.NET 框架中执行读写文件操作时的一种非常重要的介质。

(6) .NET 框架使用流来支持读取和写入文件，开发人员可以将流视为一组连续的一维数据，包含开头和结尾，并且其中的游标指示流中的当前位置。

(7) StreamWriter 类和 StreamReader 类用来实现文本文件的写入和读取。利用 StreamWriter 对象可以方便地向文本文件中写入字符串。

(8) BinaryWriter 类和 BinaryReader 类用来实现二进制文件的写入和读取。可以利用这两个类实现图片数据的存取操作。

第11章 综合案例——学生成绩管理系统

为了提高学生成绩管理的效率，实现成绩管理的系统化、规范化和自动化，许多高校都利用计算机来进行学生成绩管理，因此，结合高校学生成绩管理流程，开发一个实用的学生成绩管理系统是非常有意义的。本章通过使用C# 4.0和SQL Server 2012开发一个学生成绩管理系统，帮助读者了解软件项目开发的流程，掌握利用C#进行桌面应用开发的关键技术，提高项目开发能力。通过阅读本章内容，可以：

- 了解和熟悉软件项目开发的完整过程
- 掌握三层架构开发模式及其在C#应用程序中的实现
- 掌握如何利用ADO.NET技术访问SQL Server数据库
- 了解和掌握数据库设计的方法

11.1 系统分析与设计

11.1.1 系统概述

随着计算机技术的发展，计算机逐渐渗透到人们日常生活中，成为人们学习、工作和娱乐的重要工具。目前，随着高校规模扩张，学生成绩管理所涉及的数据量越来越大，越来越多，大多数学校不得不靠增加人力、物力、财力来进行学生成绩管理。但是，人工管理成绩档案存在效率低下、查找麻烦、可靠性差、保密性低等弊端。利用计算机进行学生成绩管理，实现学生成绩管理的规划化、系统化和数据共享，将是未来高校学生成绩管理工作的发展方向，因此，结合高校学生成绩管理的现状，开发一个高校通用的学生成绩管理系统是必要的。

本系统是一个基于C/S框架的桌面应用系统，主要由档案管理、院系管理、课程管理、成绩管理和系统等模块组成。各模块的具体功能如下。

1. 档案管理

档案管理模块实现学生档案信息的录入、修改和查询等任务。

2. 院系管理

院系管理模块主要实现院系信息的添加、修改和查询以及班级信息的添加、修改和查询等任务。

3. 课程管理

课程管理模块主要负责课程信息的添加、修改和查询等任务。

4. 成绩管理

成绩管理模块主要负责课程成绩的录入、修改和查询、统计以及学生成绩的查询、统计等任务。

5. 系统管理

系统管理模块主要负责数据的备份、恢复以及退出系统等任务。

学生成绩管理系统的功能结构如图 11-1 所示。

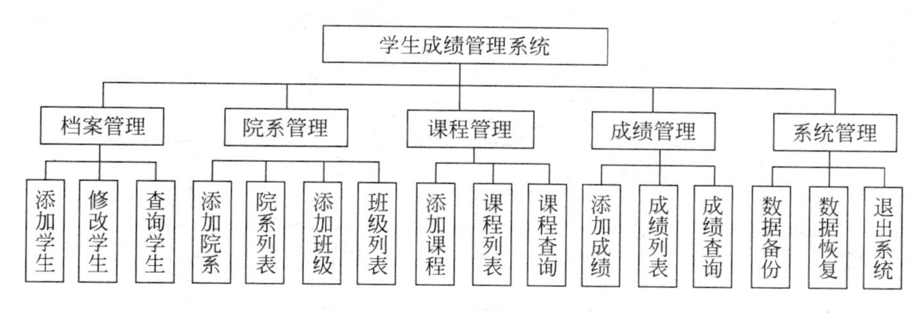

图 11-1　学生成绩管理系统功能图

11.1.2　系统业务流程

为了保证系统安全,用户进入系统之前必须输入用户名和密码。只有合法的用户才能使用系统,从而达到保护数据安全的目的。图 11-2 给出了学生成绩管理系统的业务流程。

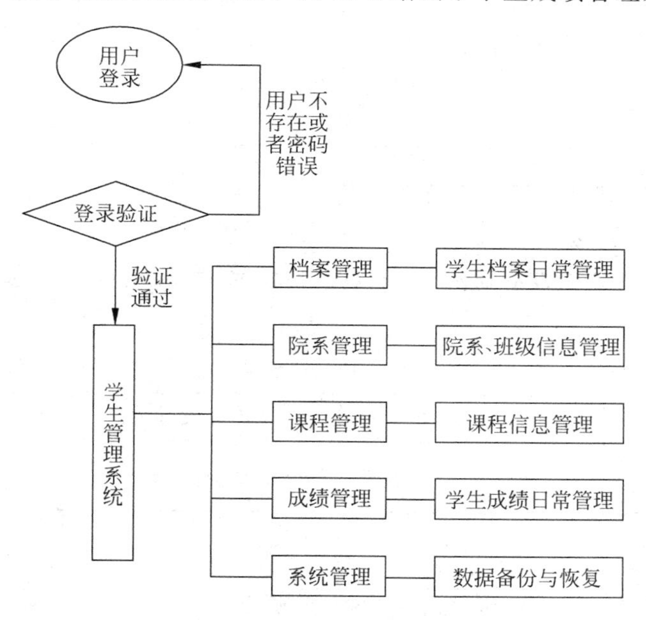

图 11-2　系统业务流程图

11.1.3　数据库设计

数据库的设计是信息管理系统开发中非常关键的环节,数据库系统设计的合理性将直接影响系统的程序开发过程。通常情况下,数据库设计由概念设计、逻辑设计和数据库实现三部分组成。下面主要介绍学生成绩管理系统中的数据库逻辑设计,即学生成绩管理系统中的数据表及其结构。

1. 用户表(tb_User)

用户表用来存储用户的信息,包括用户名、用户真实姓名以及登录密码等,其详细结构如表 11-1 所示。

2. 学生表(tb_Student)

学生表用来存储学生的档案信息,包括学生的学号、姓名、性别、出生日期、电话、地址和班级等信息,其结构如表 11-2 所示。

表 11-1 用户表

字段名称	数据类型	字段长度	说明
UserID	char	5	用户名
UserName	nvarchar	20	用户真实姓名
UserPasswd	nvarchar	30	登录密码

表 11-2 学生表

字段名称	数据类型	字段长度	说明
StudentID	char	11	学号(主键)
StudentName	nvarchar	20	姓名
Gender	nvarchar	2	性别
Birthday	nvarchar	10	出生日期
ClassID	char	6	班级(外键)
MobilePhone	nvarchar	11	移动电话
Address	nvarchar	100	家庭住址

3. 院系表(tb_College)

院系表用来存储院系的基础信息,主要包括院系编号、名称等信息,其结构如表 11-3 所示。

表 11-3 院系表

字段名称	数据类型	字段长度	说明
DepartmentID	char	2	院系编号(主键)
DepartmentName	nvarchar	50	院系名称

4. 班级表(tb_Class)

班级表用来存储班级的基础信息,主要包括班级编号、名称和所在院系等信息,其结构如表 11-4 所示。

表 11-4 班级表

字段名称	数据类型	字段长度	说明
ClassID	char	6	班级编号(主键)
ClassName	nvarchar	50	班级名称
DepartID	char	2	所在院系(外键)

5. 课程表(tb_Course)

课程表用来存储课程的基础信息,主要包括课程编号、课程名称、类型和课程描述等信息,其结构如表11-5所示。

表11-5 课程表

字段名称	数据类型	字段长度	说明
CourseID	char	6	编号(主键)
CoursrName	nvarchar	50	课程名称
Type	nvarchar	10	课程类型
CourseDesc	nvarchar	50	课程描述

6. 成绩表(tb_Grade)

成绩表用来存储学生成绩,主要包括编号、课程编号、学生学号、学期和成绩等信息,其结构如表11-6所示。

表11-6 成绩表

字段名称	数据类型	字段长度	说明
ID	int		编号(自增)
StudentID	char	11	学号(外键)
CourseID	char	6	课程编号(外键)
Term	nvarchar	5	学期
Grade	float		成绩

11.2 系统的实现

11.2.1 建立三层结构的学生成绩管理系统

为了提高程序的可维护性和扩展性,在实现三层架构时通常将每一层作为一个独立的项目进行。

(1) 建立一个空白的解决方案 GradeManagement,如图11-3所示。

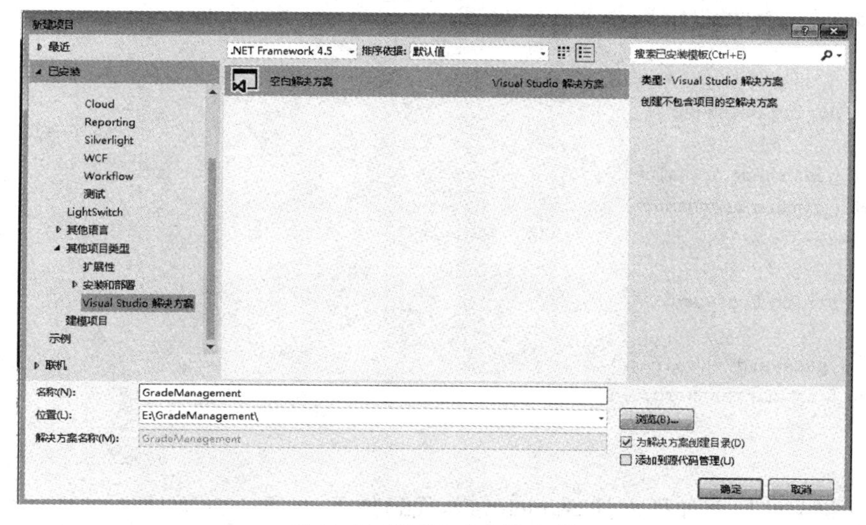

图11-3 新建空白解决方案

(2) 添加类库项目和表示层项目以及各层之间的依赖关系。

创建完成后，整个解决方案包括4个项目，如图11-4所示。其中，类库项目Model为业务实体层，用于在各层之间传递数据。类库项目SQLDAL为数据访问层，用于操作SQL Server数据库。类库项目GradeBLL为业务逻辑层，Windows窗体应用程序StudentGrade为表示层项目。

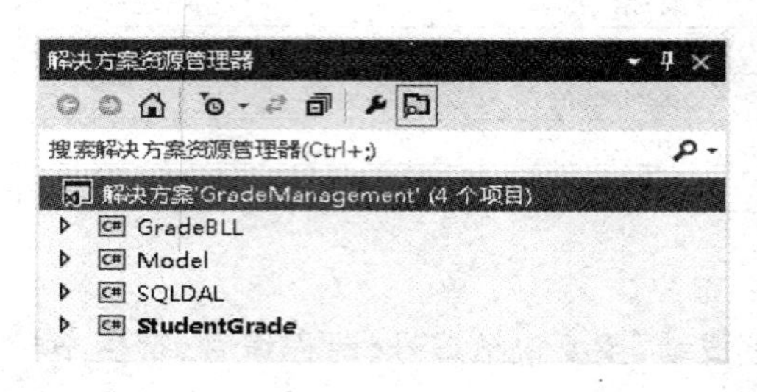

图11-4 解决方案项目图

11.2.2 实体类层 Model 的实现

Model层封装的实体类，一般用于映射数据库的表或视图，用以描述业务处理对象。Model实体类用于在三层之间进行数据传递。

(1) 在Model层添加类文件User.cs，代码如下：

```
public partial class User
{
 private string userid;                                        //用户名
 private string username;                                      //用户真实姓名
 private string password;                                      //用户密码

 public User() { }
 public string UserID
 {
    set { userid = value; }
    get { return userid; }
 }

 public string UserName
 {
    set { username = value; }
    get { return username; }
 }

 public string Password
 {
   set { password = value; }
    get { return password; }
   }
}
```

(2) 在Model层添加类文件Student.cs，代码如下：

```
public partial class Student
{
    public Student()  {  }

    private string id;                                   //学号
    private string name;                                 //姓名
    private string gender;                               //性别
    private string birthday;                             //出生日期
    private string classid;                              //班级
    private string phone;                                //电话
    private string address;                              //地址

    public string StudentID
    {
        set { id = value; }
        get { return id; }
    }

    public string StudentName
    {
        set { name = value; }
        get { return name; }
    }

    public string Gender
    {
        set { gender = value; }
        get { return gender; }
    }

    public string Birthday
    {
        set { birthday = value; }
        get { return birthday; }
    }

    public string ClassID
    {
        set { classid = value; }
        get { return classid; }
    }

    public string Phone
    {
        set { phone = value; }
        get { return phone; }
    }

    public string Address
    {
        set { address = value; }
```

```
            get { return address; }
        }
```

(3) 在 Model 层添加类文件 College.cs,代码如下:

```
public partial class College
{
    public College() { }
    #region
    private string collegeid;                    //院系编号
    private string collegename;                  //院系名称

    public string CollegeID
    {
        set { collegeid = value; }
        get { return collegeid; }
    }

    public string CollegeName
    {
        set { collegename = value; }
        get { return collegename; }
    }
    #endregion
}
```

(4) 在 Model 层添加类文件 Course.cs,代码如下:

```
public partial class Course
{
    public Course() { }
    #region
    private string cid;                          //课程编号
    private string cname;                        //课程名称

    public string CourseID
    {
        set { cid = value; }
        get { return cid; }
    }

    public string CourseName
    {
        set { cname = value; }
        get { return cname; }
    }
    #endregion
}
```

(5) 在 Model 层添加类文件 Grade.cs,代码如下:

```
public partial class Grade
```

```
{
    public Grade() { }
    #region
    private string classid;                    //班级编号
    private string classname;                  //班级名称
    private string collegeid;                  //所在院系

    public string CollegeID
    {
        set { collegeid = value; }
        get { return collegeid; }
    }

    public string ClassID
    {
        set { classid = value; }
        get { return classid; }
    }

    public string ClassName
    {
        set { classname = value; }
        get { return classname; }
    }
    #endregion
}
```

11.2.3 数据库访问层 SQLDAL 的实现

1. 数据库访问类 SqlDbHelper

在数据库访问层类库项目 SQLDAL 中添加数据库访问类 SqlDbHelper.cs。该类封装了利用 ADO.NET 技术访问 SQL Server 数据库的方法，主要代码如下：

1）读取数据库连接字符串

```
private static string connString = ConfigurationManager.ConnectionStrings["ConnectionString"].
ConnectionString;
    ///<summary>
    ///设置数据库连接字符串
    ///</summary>
    public static string ConnectionString
    {
        get { return connString; }
        set { connString = value; }
    }
```

2）编写 ExecuteDataTable 方法

ExecuteDataTable 方法对数据库进行非连接查询操作，用于获取多条查询记录。该方法的返回值为 DataTable 类型，包含三个参数。其中，参数 CommandText 表示要执行的 SQL 语句；参数 commandType 表示要执行的查询语句的类型，如存储过程或 SQL 文本命令，参数 parameters 表示 SQL 语句或者存储过程的参数数组。

ExecuteDataTable 方法的代码如下：

```
public static DataTable ExecuteDataTable ( string commandText, CommandType commandType,
SqlParameter[] parameters)
    {
  DataSet ds = new DataSet();
  using (SqlConnection connection = new SqlConnection(connString))
  {
   using (SqlCommand command = new SqlCommand(commandText,connection))
   {
     //设置 command 的 CommandType 为指定的 CommandType
    command.CommandType = commandType;
    //如果同时传入了参数,则添加这些参数
    if (parameters != null)
    {
      foreach (SqlParameter parameter in parameters)
      {
        command.Parameters.Add(parameter);
       }
     }
      //通过包含查询 SQL 的 SqlCommand 实例来实例化 SqlDataAdapter
      SqlDataAdapter adapter = new SqlDataAdapter(command);
      adapter.Fill(ds);                                   //填充 DataSet
    }
   }
        return ds.Tables[0];
     }
```

为了便于方法调用，提高开发效率，再编写两个重载的 ExecuteDataTable 方法。如果存储过程或者 SQL 语句中没有参数，只需要调用这两个方法即可。

```
public static DataTable ExecuteDataTable(string commandText)
 {
        return ExecuteDataTable(commandText,CommandType.Text,null);
 }

public static DataTable ExecuteDataTable(string commandText,CommandType commandType)
{
        return ExecuteDataTable(commandText,commandType,null);
 }
```

3）编写 ExecuteReader 方法

ExecuteReader 方法对数据库进行连接式查询操作，返回 SqlDataReader 类型的查询结果集。该方法包含三个参数：commandText 表示要执行的 SQL 语句；commandType 代表要执行的查询语句的类型，如存储过程或者 SQL 文本命令；parameters 表示 Transact-SQL 语句或存储过程的参数数组。

ExecuteReader 方法的代码如下：

```
public static SqlDataReader ExecuteReader ( string commandText, CommandType commandType,
```

```
SqlParameter[] parameters)
{
  SqlConnection connection = new SqlConnection(connString);
  SqlCommand command = new SqlCommand(commandText,connection);
  command.CommandType = commandType;
  //如果同时传入了参数,则添加这些参数
  if (parameters != null)
  {
    foreach (SqlParameter parameter in parameters)
    {
       command.Parameters.Add(parameter);
     }
  }
  connection.Open();
  //CommandBehavior.CloseConnection 参数指示关闭 Reader 对象时关闭与其关联的 Connection
//对象
   return command.ExecuteReader(CommandBehavior.CloseConnection);
 }
```

为了方便方法调用,提高开发效率,再编写两个重载的 ExecuteReader 方法。如果存储过程或者 SQL 语句中没有参数,只需要调用这两个方法即可。重载的 ExecuteReader 方法的代码如下:

```
public static SqlDataReader ExecuteReader(string commandText)
{
  return ExecuteReader(commandText,CommandType.Text,null);
}

public static SqlDataReader ExecuteReader(string commandText,CommandType commandType)
{
  return ExecuteReader(commandText,commandType,null);
}
```

4) 编写 ExecuteScalar 方法

ExecuteScalar 方法从数据库中检索单个值(例如一个聚合值),返回一个 Object 类型的对象。该方法包含三个参数:commandText 表示要执行的 SQL 语句;commandType 表示要执行的查询语句的类型,如存储过程或者 SQL 文本命令;parameters 表示 Transact-SQL 语句或存储过程的参数数组。

ExecuteScalar 方法的代码如下:

```
public static Object ExecuteScalar(string commandText,CommandType commandType,SqlParameter[]
parameters)
    {
      object result = null;
      using (SqlConnection connection = new SqlConnection(connString))
      {
        using (SqlCommand command = new SqlCommand(commandText,connection))
       {
         command.CommandType = commandType;
         //设置 command 的 CommandType 为指定的 CommandType
```

```
            //如果同时传入了参数,则添加这些参数
            if (parameters != null)
            {
             foreach (SqlParameter parameter in parameters)
             {
                 command.Parameters.Add(parameter);
              }
            }
             connection.Open();              //打开数据库连接
             result = command.ExecuteScalar();
           }
         }
        return result;                       //返回查询结果的第一行第一列,忽略其他行和列
    }
```

为了方便方法调用,提高开发效率,再编写两个重载的 ExecuteReader 方法。如果存储过程或者 SQL 语句中没有参数,只需要调用这两个方法即可。重载的 ExecuteScalar 方法的代码如下:

```
public static Object ExecuteScalar(string commandText)
{
    return ExecuteScalar(commandText,CommandType.Text,null);
}

public static Object ExecuteScalar(string commandText,CommandType commandType)
{
     return ExecuteScalar(commandText,commandType,null);
}
```

5)编写 ExecuteNonQuery 方法

ExecuteNonQuery 方法对数据库执行增删改操作,返回执行操作受影响的行数。该方法的代码如下:

```
</summary>
 ///<param name = "commandText">要执行的 SQL 语句</param>
 ///<param name = "commandType">要执行的查询语句的类型,如存储过程或者 SQL 文本命令</param>
 ///<param name = "parameters"> Transact - SQL 语句或存储过程的参数数组</param>
 ///<returns>返回执行操作受影响的行数</returns>
public static int ExecuteNonQuery(string commandText,CommandType commandType,SqlParameter[]
parameters)
{
   int count = 0;
   using (SqlConnection connection = new SqlConnection(connString))
   {
     using (SqlCommand command = new SqlCommand(commandText,connection))
     {
      command.CommandType = commandType;
      //设置 command 的 CommandType 为指定的 CommandType
      //如果同时传入了参数,则添加这些参数
      if (parameters != null)
```

```
        {
          foreach (SqlParameter parameter in parameters)
          {
            command.Parameters.Add(parameter);
           }
        }
        connection.Open();                    //打开数据库连接
        count = command.ExecuteNonQuery();
        }
    }
    return count;                             //返回执行增删改操作之后,数据库中受影响的行数
}
```

为了方便方法调用,提高开发效率,再编写两个重载的 ExecuteNonQuery 方法。如果存储过程或者 SQL 语句中没有参数,只需要调用这两个方法即可。重载的 ExecuteNonQuery 方法的代码如下:

```
public static int ExecuteNonQuery(string commandText)
{
  return ExecuteNonQuery(commandText,CommandType.Text,null);
}

public static int ExecuteNonQuery(string commandText,CommandType commandType)
{
  return ExecuteNonQuery(commandText,commandType,null);
 }
```

2. 用户类 User.cs

在数据库访问层类库项目 SQLDAL 中添加用户类 User.cs。该类用于验证用户是否合法以及更改用户登录密码等操作,主要代码如下:

```
using System;
using System.Data.SqlClient;
using System.IO;

namespace SQLDAL
{
 public partial class User
 {
    public User() { }
    //判断用户名和密码是否正确
    public bool IsLogin(string id,string passwd,ref string name)
    {
     //构建 SQL 语句
     string sql = string.Format("SELECT * FROM [tb_User] WHERE UserID = '{0}' AND UserPasswd =
'{1}'",id,passwd);
      using (SqlDataReader sdr = SqlDbHelper.ExecuteReader(sql))
      {
        if (sdr.HasRows)
        {
```

```
                sdr.Read();
                name = sdr["UserName"].ToString();
                sdr.Close();
                return true;
              }
              else
             {
               return false;
              }
             }
        }
         //修改用户密码
        public bool UpdatePassword(Model.User model)
        {
         string strSQL = string.Format("UPDATE [tb_User] SET UserPasswd = '{0}' WHERE UserID =
'{1}'",model.Password,model.UserID);
          int result = SqlDbHelper.ExecuteNonQuery(strSQL); //执行修改操作
          if (result == 1)
          {
            return true;
           }
           else
           {
            return false;
           }
        }
      }
    }
```

3. 院系类 College.cs

在数据库访问层类库项目 SQLDAL 中添加院系类 College.cs。该类实现院系信息的添加和修改等操作，主要代码如下：

```
public class College
{
 ///<summary>
 ///添加院系
 ///</summary>
 public bool AddCollege(Model.College college)
 {
      StringBuilder SQL = new StringBuilder();
      SQL.Append("INSERT INTO [tb_College](DepartmentID,DepartmentName)");
      SQL.Append("  VALUES(@DepartmentID,@DepartmentName)");

      SqlParameter[] parameters = new SqlParameter[] { new SqlParameter("@DepartmentID",
college.CollegeID),new SqlParameter("@DepartmentName",college.CollegeName)};

      int rows = SqlDbHelper.ExecuteNonQuery(SQL.ToString(),CommandType.Text,parameters);

      if (rows > 0)
     {
```

```
            return true;
        }
        else
      {
        return false;
        }
    }
  ///<summary>
  ///更新院系信息
  ///</summary>
  public bool UpdateCollege(Model.College college)
  {
  string strSQL = string.Format ("UPDATE [tb_College] SET DepartmentName = @DepartmentName
WHERE DepartmentID = @DepartmentID");

  SqlParameter[ ] parameters = new SqlParameter[ ] { new SqlParameter ( "@DepartmentID",
college.CollegeID),new SqlParameter("@DepartmentName",college.CollegeName) };

  int rows = SqlDbHelper.ExecuteNonQuery(strSQL.ToString(),CommandType.Text,parameters);

  if (rows > 0)
    {
      return true;
    }
  else
  {
      return false;
  }
 }
///<summary>
///删除院系
///</summary>
public bool DelteCollege(string id)
{
string strSQL = string.Format("DELETE FROM [tb_College] WHERE DepartmentID = @DepartmentID");
SqlParameter[] parameters = new SqlParameter[] { new SqlParameter("@DepartmentID",id) };
int rows = SqlDbHelper.ExecuteNonQuery(strSQL.ToString(),CommandType.Text,parameters);
if (rows > 0)
{
   return true;
}
else
{
  return false;
 }
}
///<summary>
///根据院系名称,获取院系信息
///</summary>

public Model.College GetCollgeID(string collegename)
```

```
{
  StringBuilder strSQL = new StringBuilder();
  strSQL.Append("SELECT DepartmentID,DepartmentName FROM [tb_College] ");
  strSQL.Append("   WHERE DepartmentName = @DepartmentName)");
  SqlParameter[] parameters = new SqlParameter[] { new SqlParameter("@DepartmentName",
collegename) };
  DataTable dt = SqlDbHelper.ExecuteDataTable(strSQL.ToString(),CommandType.Text,parameters);
  Model.College college = new Model.College();
  if (dt.Rows.Count > 0)
  {
      if (dt.Rows[0]["DepartmentID"] != null)
      {
       college.CollegeID = dt.Rows[0]["DepartmentID"].ToString();
     }
     if (dt.Rows[0]["DepartmentName"] != null)
     {
       college.CollegeName = dt.Rows[0]["DepartmentName"].ToString();
     }
     return college;
   }
   else
   {
    return null;
   }
 }
///<summary>
///根据院系编号,获取院系信息
///</summary>
  public Model.College GetCollgeName(string collegeid)
  {
    StringBuilder strSQL = new StringBuilder();
    strSQL.Append("SELECT DepartmentID,DepartmentName FROM [tb_College] ");
    strSQL.Append("   WHERE DepartmentID = @DepartmentID)");
    SqlParameter[] parameters = new SqlParameter[] { new SqlParameter("@DepartmentID",
collegeid) };
     DataTable dt = SqlDbHelper.ExecuteDataTable(strSQL.ToString(), CommandType.Text,
parameters);
    Model.College college = new Model.College();
    if (dt.Rows.Count > 0)
    {
    if (dt.Rows[0]["DepartmentID"] != null)
    {
      college.CollegeID = dt.Rows[0]["DepartmentID"].ToString();
     }
     if (dt.Rows[0]["DepartmentName"] != null)
    {
       college.CollegeName = dt.Rows[0]["DepartmentName"].ToString();
    }
    return college;
  }
  else
```

```
    {
      return null;
    }
  }
  ///<summary>
  ///获取院系列表
  ///</summary>
  public DataTable GetCollegeList()
  {
    string strSQL = string.Format("SELECT [DepartmentID],[DepartmentName] FROM [tb_College]");
    return SqlDbHelper.ExecuteDataTable(strSQL);
    }
  }
```

4. 班级类 Grade.cs

在数据库访问层类库项目 SQLDAL 中添加班级类 Grade.cs 以完成班级信息的添加和修改操作，主要代码如下：

```
public class Grade
{
  ///添加班级
  public bool AddClass(Model.Grade college)
  {
     StringBuilder SQL = new StringBuilder();
     SQL.Append("INSERT INTO [tb_Class](ClassID,ClassName,CollegeID)");
     SQL.Append("  VALUES(@ClassID,@ClassName,@CollegeID)");
     SqlParameter[] parameters = new SqlParameter[] { new SqlParameter("@ClassID",college.
ClassID),new SqlParameter("@ClassName",college.ClassName),new SqlParameter("@CollegeID",
college.CollegeID) };
     int rows = SqlDbHelper.ExecuteNonQuery(SQL.ToString(),CommandType.Text,parameters);

    if (rows > 0)
    {
        return true;
     }
     else
     {
       return false;
      }
    }

  ///更新班级信息
    public bool UpdateClass(Model.Grade grade)
  {
     string strSQL = string.Format("UPDATE [tb_Class] SET ClassName = @ClassName WHERE
ClassID=@ClassID");
    SqlParameter[] parameters = new SqlParameter[] { new SqlParameter("@ClassID",grade.
ClassID),new SqlParameter("@ClassName",grade.ClassName) };

    int rows = SqlDbHelper.ExecuteNonQuery(strSQL.ToString(),CommandType.Text,parameters);
```

```
        if (rows > 0)
        {
            return true;
        }
        else
        {
            return false;
        }
    }
    ///删除院系
    public bool DelteClass(string id)
    {
        string strSQL = string.Format("DELETE FROM [tb_Class] WHERE ClassID = @ClassID");
        SqlParameter[] parameters = new SqlParameter[] { new SqlParameter("@ClassID", id) };
        int rows = SqlDbHelper.ExecuteNonQuery(strSQL.ToString(), CommandType.Text, parameters);
        if (rows > 0)
        {
            return true;
        }
        else
        {
            return false;
        }
    }
    ///根据班级名称,获取班级信息
    public Model.Grade GetClassID(string name)
    {
        StringBuilder strSQL = new StringBuilder();
        strSQL.Append("SELECT ClassID, ClassName, CollegeID FROM [tb_Class] ");
        strSQL.Append("    WHERE ClassName = @ClassName");
        SqlParameter[] parameters = new SqlParameter[] { new SqlParameter("@ClassName", 
name) };
        DataTable dt = SqlDbHelper.ExecuteDataTable(strSQL.ToString(), CommandType.Text, 
parameters);
        Model.Grade grade = new Model.Grade();
        if (dt.Rows.Count > 0)
        {
            if (dt.Rows[0]["ClassID"] != null)
            {
                grade.ClassID = dt.Rows[0]["ClassID"].ToString();
            }

            if (dt.Rows[0]["ClassName"] != null)
            {
                grade.ClassName = dt.Rows[0]["ClassName"].ToString();
            }

            if (dt.Rows[0]["CollegeID"] != null)
            {
                grade.CollegeID = dt.Rows[0]["CollegeID"].ToString();
            }
```

```
        return grade;
            }
        else
        {
            return null;
        }
    }

///根据院系编号,获取院系信息
    public Model.Grade  GetClassName(string id)
    {
        StringBuilder strSQL = new StringBuilder();
        strSQL.Append("SELECT ClassID,ClassName,CollegeID FROM [tb_Class] ");
        strSQL.Append("   WHERE ClassID = @ClassID");
        SqlParameter[] parameters = new SqlParameter[] { new SqlParameter("@ClassID",id) };
        DataTable dt = SqlDbHelper.ExecuteDataTable(strSQL.ToString(),CommandType.Text,parameters);
        Model.Grade grade = new Model.Grade();
        if (dt.Rows.Count > 0)
        {
            if (dt.Rows[0]["ClassID"] != null)
            {
                grade.ClassID = dt.Rows[0]["ClassID"].ToString();
            }
            if (dt.Rows[0]["ClassName"] != null)
            {
                grade.ClassName = dt.Rows[0]["ClassName"].ToString();
            }
            if (dt.Rows[0]["CollegeID"] != null)
            {
                grade.CollegeID = dt.Rows[0]["CollegeID"].ToString();
            }
            return grade;
        }
        else
        {
            return null;
        }
    }
//根据查询条件获取班级列表
public DataTable GetClassList(string  strWhere)
{
    StringBuilder strSql = new StringBuilder();
    strSql.Append("SELECT [ClassID],[ClassName]  FROM [tb_Class] ");

    if (strWhere.Trim() != "")
    {
        strSql.Append("  WHERE  " + strWhere);
    }
    return SqlDbHelper.ExecuteDataTable(strSql.ToString());
}
```

5. 学生类 Student. cs

在数据库访问层类库项目 SQLDAL 中添加学生类 Student. cs。该类实现学生信息的添加、修改等操作,主要代码如下:

```
public partial class Student
{
   public Student()   { }
   //获取学生列表
   public DataTable GetStudentList(string strWhere)
   {
     StringBuilder strSql = new StringBuilder();
     strSql.Append("SELECT [StudentID],[StudentName],[Gender],[Birthday],[Phone],[Address]
FROM  [tb_Student]");
    if (strWhere.Trim() != "")
    {
      strSql.Append("   WHERE   " + strWhere);
     }
     return SqlDbHelper.ExecuteDataTable(strSql.ToString());
   }
   ///<summary>
 ///添加学生信息
 ///</summary>
 ///<param name="student">学生实体</param>
 ///<returns>添加成功返回 true</returns>
   public bool AddStudent(Model.Student student)
 {
    StringBuilder SQL = new StringBuilder();
    SQL.Append("INSERT INTO [tb_Student](StudentID,StudentName,Gender,Birthday,ClassID,
Phone,Address)");
    SQL.Append(" VALUES(@StudentID,@StudentName,@Gender,@Birthday,@ClassID,@Phone,
@Address)");
    SqlParameter[] parameters = new SqlParameter[] { new SqlParameter("@StudentID",student.
StudentID),new SqlParameter("@StudentName",student.StudentName),new SqlParameter("@Gender",
student.Gender),new SqlParameter("@Birthday",student.Birthday),new SqlParameter("@ClassID",
student.ClassID),new SqlParameter("@Phone",student.Phone),new SqlParameter("@Address",
student.Address)};
    int rows = SqlDbHelper.ExecuteNonQuery(SQL.ToString(),CommandType.Text,parameters);
    if (rows > 0)
    {
       return true;
    }
    else
    {
      return false;
    }
   }
 ///<summary>
 ///修改学生档案
 ///</summary>
 ///<param name="grade"></param>
```

```
///<returns></returns>
public bool UpdateStudent(Model.Student student)
{
//构造 SQL 语句
StringBuilder strSQL = new StringBuilder();
strSQL.Append("UPDATE [tb_Student] SET  ");
strSQL.Append("StudentName = @StudentName,Gender = @Gender,Birthday = @Birthday,");
strSQL.Append("ClassID = @ClassID,Phone = @Phone,Address = @Address");
strSQL.Append("  WHERE StudentID = @StudentID ");
  //参数数组
SqlParameter[] parameters = new SqlParameter[] { new SqlParameter("@StudentID",student.
StudentID),new SqlParameter("@StudentName",student.StudentName),new SqlParameter("@Gender",
student.Gender),new SqlParameter("@Birthday",student.Birthday),new SqlParameter("@ClassID",
student.ClassID),new SqlParameter("@Phone",student.Phone),new SqlParameter("@Address",
student.Address) };
//执行 SQL 语句
int rows = SqlDbHelper.ExecuteNonQuery(strSQL.ToString(),CommandType.Text,parameters);
if (rows > 0)
  {
   return true;
}
else
  {
  return false;
}
}
///<summary>
///删除学生
  ///</summary>
  public bool DelteStudent(string id)
  {
     string strSQL = string.Format("DELETE FROM [tb_Student] WHERE StudentID = @StudentID");
     SqlParameter[] parameters = new SqlParameter[] { new SqlParameter("@StudentID",id) };
     int rows = SqlDbHelper.ExecuteNonQuery(strSQL.ToString(),CommandType.Text,parameters);
       if (rows > 0)
      {
        return true;
      }
     else
    {
       return false;
    }
  }
  ///<summary>
   ///根据学生学号,获取学生信息
  ///</summary>
  public Model.Student GetStudentByID(string id)
  {
  string strSQL = string.Format("SELECT StudentID, StudentName, Gender, Birthday, ClassID,
Phone,Address  FROM [tb_Student] WHERE StudentID = '{0}'",id);
 Model.Student student = new Model.Student();
```

```
DataTable dt = SqlDbHelper.ExecuteDataTable(strSQL);
if (dt.Rows.Count > 0)
{
    if (dt.Rows[0]["StudentID"] != null)
    {
        student.StudentID = dt.Rows[0]["StudentID"].ToString();
    }
    if (dt.Rows[0]["StudentName"] != null)
    {
        student.StudentName = dt.Rows[0]["StudentName"].ToString();
    }
    if (dt.Rows[0]["Gender"] != null)
    {
        student.Gender = dt.Rows[0]["Gender"].ToString();
    }
    if (dt.Rows[0]["Birthday"] != null)
    {
        student.Birthday = dt.Rows[0]["Birthday"].ToString();
    }
    if (dt.Rows[0]["ClassID"] != null)
    {
        student.ClassID = dt.Rows[0]["ClassID"].ToString();
    }
    if (dt.Rows[0]["Phone"] != null)
    {
        student.Phone = dt.Rows[0]["Phone"].ToString();
    }
    if (dt.Rows[0]["Address"] != null)
    {
        student.Address = dt.Rows[0]["Address"].ToString();
    }
    return student;
}
else
{
    return null;
}
}
}
```

11.2.4 业务逻辑层 GradeBLL 的实现

1. 用户类 User.cs

在业务逻辑层类库项目 GradeBLL 中添加用户类文件 User.cs，用于用户登录验证和密码修改，主要代码如下：

```
public class User
{
 SQLDAL.User user = new SQLDAL.User();
 //判断用户名和密码是否正确
```

```
public bool IsLogin(string id,string passwd,ref string name)
    {
        return user.IsLogin(id,passwd,ref name);
    }
    //修改用户密码
    public bool UpdatePassWord(Model.User model)
    {
        return user.UpdatePassword(model);
    }
}
```

2. 院系类 College.cs

在业务逻辑层类库项目 GradeBLL 中添加院系类文件 College.cs,用于院系信息的添加、修改和查询操作,主要代码如下:

```
public class College
{
    SQLDAL.College college = new SQLDAL.College();
    ///添加院系信息
    public bool AddCollege(Model.College depart)
    {
        return college.AddCollege(depart);
    }
    ///获取院系列表
    public DataTable GetCollege()
    {
        return college.GetCollegeList();
    }
    ///更新院系
    public bool UpdateCollege(Model.College c)
    {
        return college.UpdateCollege(c);
    }
    //删除院系
    public bool DeleteCollege(string id)
    {
        return college.DelteCollege(id);
    }
    //查找院系编号
    public Model.College GetCollegeByName(string name)
    {
        return college.GetCollgeID(name);
    }
}
```

3. 班级类 Grade.cs

在业务逻辑层类库项目 GradeBLL 中添加班级类文件 Grade.cs,用于班级信息的添加、修改和查询操作,主要代码如下:

```
public class Grade
```

```
{   //实例化班级对象
    SQLDAL.Grade grade = new SQLDAL.Grade();
    //添加班级
    public bool AddClass(Model.Grade c)
    {
        return grade.AddClass (c);
    }
    //获取班级列表
    public DataTable GetClassList(string strWhere)
    {
        return grade.GetClassList(strWhere);
    }
    //修改班级
    public bool UpdateClass(Model.Grade  c)
    {
        return grade.UpdateClass (c);
    }
    //删除院系
    public bool DeleteClass(string id)
    {
        return grade.DelteClass (id);
    }
    //查找班级编号
    public Model.Grade GetClassByName(string name)
    {
        return grade.GetClassID(name);
    }
}
```

4. 学生类 Student.cs

在业务逻辑层类库项目 GradeBLL 中添加学生类文件 Student.cs,用于学生信息的添加、修改和查询操作,主要代码如下:

```
public class Student
{   //定义学生实体
    SQLDAL.Student student = new SQLDAL.Student();
    //添加学生档案
    public bool AddStudent(Model.Student st)
    {
        return student.AddStudent(st);
    }
    //修改学生档案
    public bool UpdateStudent(Model.Student stu)
    {
        return student.UpdateStudent(stu);
    }
    //删除学生档案
    public bool DeleteStudent(string id)
    {
        return student.DelteStudent(id);
    }
```

```
    //获取学生档案
    public Model.Student GetStudentByID(string id)
    {
        return student.GetStudentByID(id);
    }
    //获取学生列表
    public DataTable GetStudentList(string strWhere)
    {
        return student.GetStudentList(strWhere);
    }
}
```

11.2.5 表示层的实现

表示层主要用于和用户的交互、接收用户请求或将用户请求的数据在界面上显示出来，是一个典型的 WinForm 窗体应用程序，所以界面的设计和 WinForm 的界面设计完全相同。下面分别加以介绍。

1. 用户登录

用户登录模块用于接收用户输入的用户名和密码，其设计界面如图 11-5 所示。用户名和密码验证通过后，进入主窗体，否则给出提示信息。

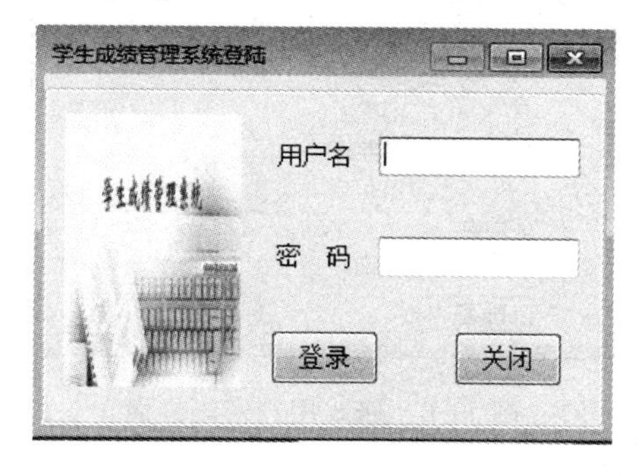

图 11-5 用户登录界面

"登录"按钮的单击事件代码如下：

```
private void btnLogin_Click(object sender,EventArgs e)
{
    string id = this.txtName.Text.Trim();
    string passwd = this.txtPasswd.Text.Trim();
    string name = "";

    if (id == "" || passwd == "")
    {
        MessageBox.Show("用户名或密码不能为空!","登录提示");
        txtName.Focus();
        return;
    }
    else
    {
```

```
            GradeBLL.User user = new GradeBLL.User();

            if (user.IsLogin(id,passwd,ref name) == true)
            {
                MainForm main = new MainForm(id,name);
                main.Show();
                this.Hide();
            }
            else
            {
              MessageBox.Show("用户名或密码错误,请重新输入!","登录提示");
              txtName.Text = "";
              txtPasswd.Text = "";
              txtName.Focus();
            }
        }
    }
```

2. 修改密码

修改密码模块用于修改用户登录密码,如图 11-6 所示。关键代码如下:

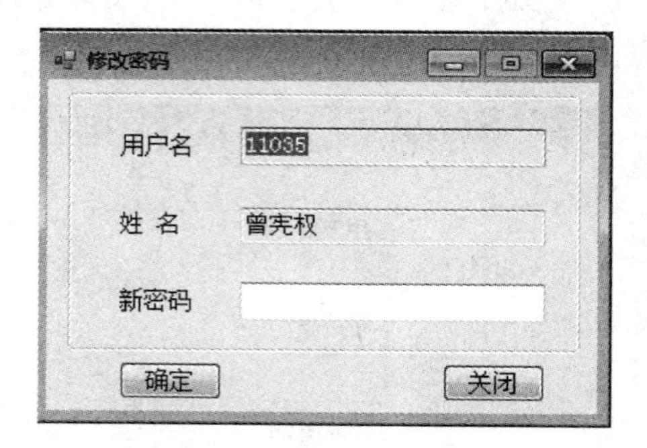

图 11-6　修改用户密码界面

```
public partial class ModifyPassword : Form
 {
        private string userid;              //用户名
        private string name;                //用户真实姓名
        //默认构造函数
        public ModifyPassword()
        {
            InitializeComponent();
        }
        //带参数构造函数
        public ModifyPassword(string id,string temp)
        {
            userid = id;
            name = temp;
            InitializeComponent();
        }
```

```
    //窗体装入事件
    private void ModifyPassword_Load(object sender,EventArgs e)
    {
        this.textBox1.Text = userid;
        this.textBox2.Text = name;
    }
    //"关闭"按钮响应事件
    private void button2_Click(object sender,EventArgs e)
    {
        this.Close();
    }
    //修改用户密码
    private void button1_Click(object sender,EventArgs e)
    {
        Model.User user = new Model.User();     //实例化用户实体
        user.UserID = this.textBox1.Text.Trim();
        user.Password = this.textBox3.Text.Trim();
        user.UserName = this.textBox2.Text.Trim();
        //业务逻辑层用户实例化
        GradeBLL.User bllUser = new GradeBLL.User();
        bllUser.UpdatePassWord(user);
        this.Close();
        MessageBox.Show("密码修改成功!","密码修改");
    }
}
```

3. 主窗体

主窗体显示系统操作菜单和工具栏、状态栏，如图 11-7 所示。关键代码如下：

```
public partial class MainForm : Form
{
    private string name;                    //用户真实姓名
    private string id;                      //用户登录名
    //默认构造函数
    public MainForm()
    {
        InitializeComponent();
    }
    //带参构造函数
    public MainForm(string id,string name)
    {
        this.id = id;
        this.name = name;
        InitializeComponent();
    }
    //定时器事件
    private void timer1_Tick(object sender,EventArgs e)
    {
        this.toolStripStatusLabel2.Text = DateTime.Now.ToString();
    }
    //窗体装入事件
```

```
private void MainForm_Load(object sender,EventArgs e)
{
    this.toolStripStatusLabel1.Text = name + "正在使用学生成绩管理系统";
}
//以下为菜单事件
private void 退出系统 ToolStripMenuItem_Click(object sender,EventArgs e)
{
    Application.Exit();
}
private void 修改密码 ToolStripMenuItem_Click(object sender,EventArgs e)
{
    ModifyPassword passwd = new ModifyPassword(id,name);
    passwd.ShowDialog();
}
private void 添加院系 ToolStripMenuItem_Click(object sender,EventArgs e)
{
    AddCollegeForm college = new AddCollegeForm();
    college.ShowDialog();
}
private void 院系列表 ToolStripMenuItem_Click(object sender,EventArgs e)
{
    EditCollegeForm college = new EditCollegeForm();
    college.ShowDialog();
}

private void 添加班级 ToolStripMenuItem_Click(object sender,EventArgs e)
{
    AddClass bj = new AddClass();
    bj.ShowDialog();
}

private void 班级列表 ToolStripMenuItem_Click(object sender,EventArgs e)
{
    EditClass editClass = new EditClass();
    editClass.ShowDialog();
}

private void 添加学生 AToolStripMenuItem_Click(object sender,EventArgs e)
{
    AddStudent stuForm = new AddStudent();
    stuForm.ShowDialog();
}

private void 修改学生 EToolStripMenuItem_Click(object sender,EventArgs e)
{
    EditStudent editStudent = new EditStudent();
    editStudent.ShowDialog();
}

private void 查询学生 QToolStripMenuItem_Click(object sender,EventArgs e)
{
```

```
        BrowseStudent bw = new BrowseStudent();
        bw.ShowDialog();
    }
```

图 11-7　主窗体界面

4. 添加院系模块

添加模块完成院系信息的添加，其设计界面如图 11-8 所示。用户输入院系编号、名称后，单击“添加”按钮将向数据库中写入院系信息。关键代码如下：

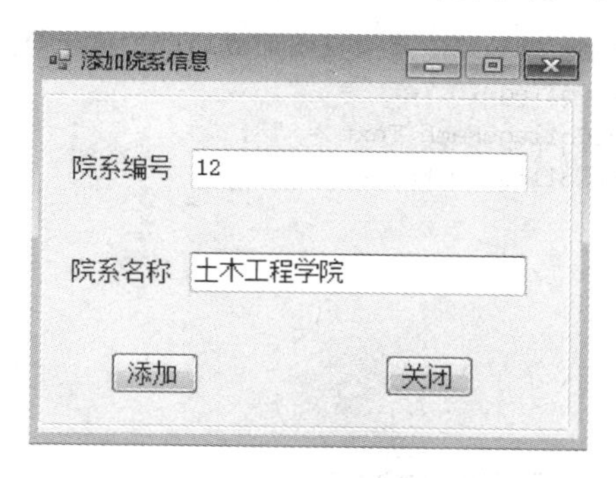

图 11-8　添加院系界面

```
namespace StudentGrade
{
public partial class AddCollegeForm : Form
{
```

```
        public AddCollegeForm()
        {
            InitializeComponent();
        }
        ///<summary>
        ///添加院系
        ///</summary>
        ///<param name = "sender"></param>
        ///<param name = "e"></param>
        private void btnConfirm_Click(object sender,EventArgs e)
        {
            string id = this.txtCollegeID.Text.Trim();
            string name = this.txtCollegeName.Text.Trim();

            if (id == "" || name == "")
            {
                MessageBox.Show("院系编号或院系名称不能为空!","信息提示");
                this.txtCollegeID.Focus();
                return;
            }
            else
            {
                GradeBLL.College college = new GradeBLL.College();
                Model.College  model = new Model.College ();
                model.CollegeID = id;
                model.CollegeName = name;

                if (college.AddCollege(model))
                {
                    MessageBox.Show("院系信息添加成功!","提示");
                    this.Close();
                }
                else
                {
                    MessageBox.Show("院系信息添加成功!","提示");
                    this.txtCollegeID.Text = "";
                    this.txtCollegeName.Text = "";
                    this.txtCollegeID.Focus();
                }
            }
        }
        ///<summary>
        ///关闭
        ///</summary>
        ///<param name = "sender"></param>
        ///<param name = "e"></param>
        private void button1_Click(object sender,EventArgs e)
        {
            this.Close();
        }
    }
```

5. 编辑院系模块

编辑模块完成院系信息的修改和删除，其设计界面如图 11-9 所示，关键代码如下：

```
namespace StudentGrade
{
public partial class EditCollegeForm : Form
{
    //实例化类变量
    GradeBLL.College college = new GradeBLL.College();
    public EditCollegeForm()
    {
        InitializeComponent();
    }
    ///< summary >
    ///数据绑定
    ///</summary >
    private void BindGridView()
    {
        this.dataGridView1.DataSource = college.GetCollege();
    }
    ///< summary >
    ///窗体装入程序
    ///</summary >
   private void EditCollegeForm_Load(object sender,EventArgs e)
    {
         this.dataGridView1.RowsDefaultCellStyle.Alignment = DataGridViewContentAlignment.
MiddleCenter;
        BindGridView();
    }
    ///< summary >
    ///"更新"按钮事件响应函数
    ///</summary >
    private void button1_Click(object sender,EventArgs e)
    {
        DialogResult result = MessageBox.Show("您确定要修改吗?","提示",MessageBoxButtons.
YesNo,MessageBoxIcon.Information);

        if (result == DialogResult.Yes)  //用户选择"确定"
        {
            Model.College model = new Model.College();
            model.CollegeID = this.textBox1.Text.Trim();
            model.CollegeName = this.textBox2.Text.Trim();

            if (college.UpdateCollege(model) == true)
            {
              MessageBox.Show("修改成功!","提示");
              BindGridView();
            }
            else
            {
                MessageBox.Show("修改失败!","提示");
            }
        }
    }
```

```
    //"删除"按钮响应事件
    private void button2_Click(object sender,EventArgs e)
    {
     DialogResult result = MessageBox.Show("您确定要删除吗?","提示",MessageBoxButtons.
YesNo,MessageBoxIcon.Information);

    if (result == DialogResult.Yes)          //用户选择"确定"
    {
     if (college.DeleteCollege (this.textBox1.Text.Trim ()) == true)
     {
       MessageBox.Show("删除成功!","提示");
       BindGridView();
     }
     else
     {
        MessageBox.Show("删除失败!","提示");
     }
    }
}
//"关闭"按钮事件
private void button3_Click(object sender,EventArgs e)
{
    this.Close();
}
///<summary>
///单击单元格事件
///</summary>
private void dataGridView1_CellClick(object sender,DataGridViewCellEventArgs e)
 {
    textBox1.Text = dataGridView1.CurrentRow.Cells[0].Value.ToString();  //显示院系编号
    textBox2.Text = dataGridView1.CurrentRow.Cells[1].Value.ToString();  //显示院系名称
 }
}
}
```

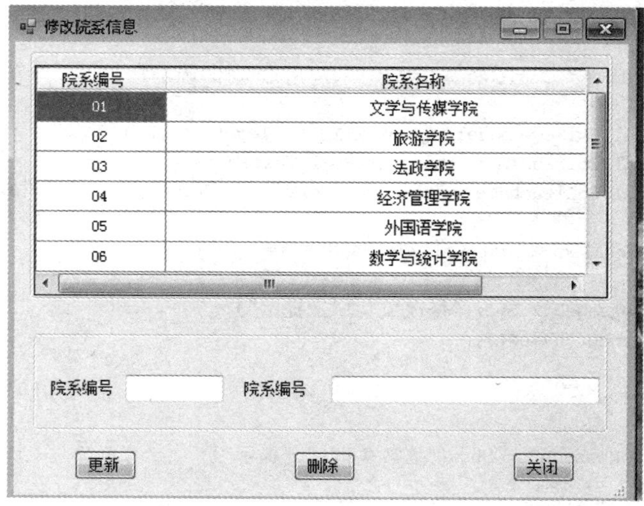

图 11-9　编辑院系界面

6. 添加班级模块

添加班级模块实现班级信息的添加，运行结果如图 11-10 所示。用户输入班级代码、名称和所在院系，单击“添加”按钮将班级信息写入后台数据库。

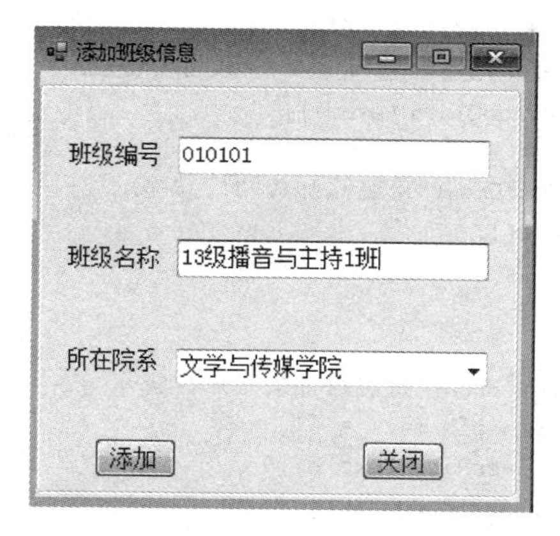

图 11-10　添加班级运行界面

关键代码如下：

```
namespace StudentGrade
{
public partial class AddClass : Form
{
    public AddClass()
    {
        InitializeComponent();
    }
    ///<summary>
    ///添加院系
    ///</summary>
    private void btnConfirm_Click(object sender,EventArgs e)
    {
        //收集输入信息
        string id = this.txtClassID.Text.Trim();
        string name = this.txtClassName.Text.Trim();
        string collegename = this.comCollege.Text.ToString().Trim();
        if (id == "" || name == "")
        {
            MessageBox.Show("班级编号或班级名称不能为空!","信息提示");
            this.txtClassID.Focus();
            return;
        }
        else
        {
            //实例化业务逻辑层院系
            GradeBLL.College college = new GradeBLL.College();
            //获取院系信息
            Model.College  model = college.GetCollegeByName (collegename);
            //实例化班级实体
```

```
                Model.Grade grade = new Model.Grade();
                grade.ClassID   = id;
                grade.ClassName   = name;
                grade.CollegeID = model.CollegeID.ToString();
                //实例化班级业务层
                GradeBLL.Grade classInfo = new GradeBLL.Grade();
                if (classInfo.AddClass (grade))
                {
                    MessageBox.Show("班级添加成功!","提示");
                    this.Close();
                }
                else
                {
                    MessageBox.Show("班级添加失败!","提示");
                    this.txtClassID.Text = "";
                    this.txtClassName.Text = "";
                    this.txtClassID.Focus();
                }
            }

        }
        ///<summary>
        ///关闭
        ///</summary>
        private void button1_Click(object sender,EventArgs e)
        {
            this.Close();
        }
        //窗体装入事件
        private void AddClass_Load(object sender,EventArgs e)
        {
            GradeBLL.College   college = new GradeBLL.College ();
            comCollege.DataSource = college.GetCollege();
            comCollege.DisplayMember = "DepartmentName";
            comCollege.ValueMember = "DepartmentID";
        }
    }
```

7. 班级列表模块

班级列表模块实现班级信息的浏览、修改和删除等操作,运行结果如图 11-11 所示。班级列表模块的关键代码如下:

```
    namespace StudentGrade
    {
    public partial class EditClass : Form
    {
        //实例化类变量
        GradeBLL.Grade   grade = new GradeBLL.Grade();

        public EditClass()
        {
```

```
        InitializeComponent();
    }
    ///< summary >
    ///数据绑定
    ///</summary >
    private void BindGridView()
    {
        this.dataGridView1.DataSource = grade.GetClassList ("");
    }
    ///< summary >
    ///窗体装入程序
    ///</summary >
    private void EditClass_Load(object sender,EventArgs e)
    {
        this.dataGridView1.RowsDefaultCellStyle.Alignment = DataGridViewContentAlignment.
MiddleCenter;
        BindGridView();
    }
    ///< summary >
    ///"更新"按钮事件响应函数
    ///</summary >
    private void button1_Click(object sender,EventArgs e)
    {
        DialogResult result = MessageBox.Show("您确定要修改吗?","提示",MessageBoxButtons.
YesNo,MessageBoxIcon.Information);

        if (result == DialogResult.Yes)                              //用户选择"确定"
        {
            Model.Grade model = new Model.Grade();
            model.ClassID = this.textBox1.Text.Trim();
            model.ClassName  = this.textBox2.Text.Trim();

            if (grade.UpdateClass (model) == true)
            {
              MessageBox.Show("班级修改成功!","提示");
              BindGridView();
            }
            else
            {
                MessageBox.Show("班级修改失败!","提示");
            }
        }
    }
    //"删除"按钮响应事件
    private void button2_Click(object sender,EventArgs e)
    {
        DialogResult result = MessageBox.Show("您确定要删除吗?","提示",MessageBoxButtons.
YesNo,MessageBoxIcon.Information);

        if (result == DialogResult.Yes)                              //用户选择"确定"
        {
```

```
            if (grade.DeleteClass  (this.textBox1.Text.Trim()) == true)
            {
                MessageBox.Show("班级删除成功!","提示");
                BindGridView();
            }
            else
            {
                MessageBox.Show("班级删除失败!","提示");
            }
        }

    }
    //"关闭"按钮事件
    private void button3_Click(object sender,EventArgs e)
    {
        this.Close();
    }
    ///<summary>
    ///单击单元格事件
    ///</summary>
     private void dataGridView1_CellClick(object sender,DataGridViewCellEventArgs e)
    {
      textBox1.Text = dataGridView1.CurrentRow.Cells[0].Value.ToString(); //班级编号
      textBox2.Text = dataGridView1.CurrentRow.Cells[1].Value.ToString(); //班级名称
    }
}
```

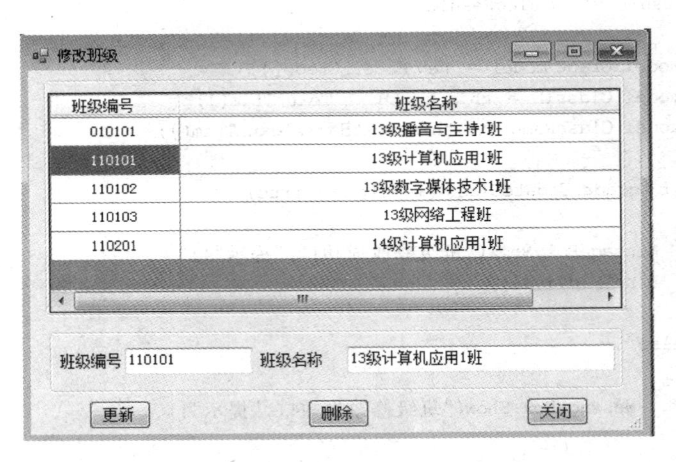

图 11-11　班级列表运行界面

8. 添加学生档案模块

添加学生档案模块实现学生信息的添加，运行结果如图 11-12 所示。添加学生模块的关键代码如下：

```
    public partial class AddStudent : Form
{
     public AddStudent()
```

```
{
    InitializeComponent();
}
//窗体装入事件
private void AddStudent_Load(object sender,EventArgs e)
{
    rdoMan.Checked = true;
    GradeBLL.Grade cl = new GradeBLL.Grade ();
    DataTable dt = cl.GetClassList ("");
    for (int i = 0; i < dt.Rows.Count; i++)
    {
        this.comClass.Items.Add(dt.Rows[i]["ClassName"].ToString());
    }
}
///<summary>
///"添加"按钮单击事件
///</summary>
private void button1_Click(object sender,EventArgs e)
{
    string gender = "";
    string id = this.txtStuID.Text.Trim();
    string name = this.txtStuName.Text.Trim();
    string birthday = this.txtBirthday.Text.Trim();
    string classname = this.comClass.Text.Trim();
    if (rdoMan.Checked == true)
    {
        gender = "男";
    }
    else
    {
        gender = "女";
    }
    string phone = this.txtPhone.Text.Trim();
    string address = this.txtAddress.Text.Trim();
    //获取班级代码
    GradeBLL.Grade grade = new GradeBLL.Grade();
    Model.Grade modelGrade = grade.GetClassByName(classname);
    //实例化学生
    Model.Student student = new Model.Student();
    student.StudentID = id;
    student.StudentName = name;
    student.Gender = gender;
    student.Birthday = birthday;
    student.ClassID = modelGrade.ClassID.ToString ();
    student.Phone = phone;
    student.Address = address;
    GradeBLL.Student bllStudent = new GradeBLL.Student();
    if (bllStudent.AddStudent (student))
    {
        MessageBox.Show("学生信息添加成功!","提示");
        this.Close();
```

```
            }
            else
            {
                MessageBox.Show("学生信息添加失败!","提示");
                this.txtStuID.Text = "";
                this.txtStuName.Text = "";
                this.txtStuID.Focus();
            }
        }
        //"关闭"按钮事件
        private void button2_Click(object sender,EventArgs e)
        {
            this.Close();
        }
    }
```

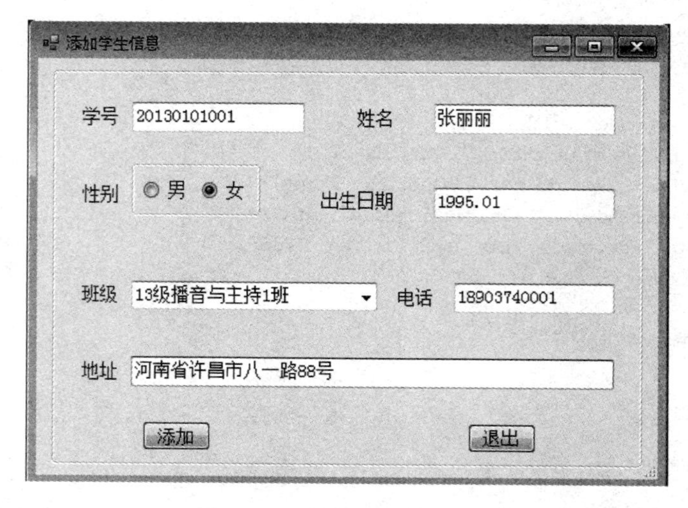

图 11-12　添加学生运行结果

9. 编辑学生模块

编辑学生档案模块实现学生信息的查询、修改和删除等操作，运行结果如图 11-13 所示。编辑学生模块的关键代码如下：

```
public partial class EditStudent : Form
{
    public EditStudent()
    {
        InitializeComponent();
    }
    //实例化业务逻辑层学生对象
    GradeBLL.Student student = new GradeBLL.Student();
    //"查询"按钮事件
    private void btnSearch_Click(object sender,EventArgs e)
    {
        string id = this.txtStuID.Text.Trim();
        //实例化业务逻辑层学生对象
```

```
            GradeBLL.Student student = new GradeBLL.Student();
            //实例化学生实体
            Model.Student model = student.GetStudentByID(id);
            //读取学生实体的值
            if (model != null)
            {
                this.txtID.Text = model.StudentID.ToString();
                this.txtName.Text = model.StudentName.ToString();
                this.txtGender.Text = model.Gender.ToString();
                this.txtBirthday.Text = model.Birthday.ToString();
                this.txtClass.Text = model.ClassID.ToString();
                this.txtPhone.Text = model.Phone.ToString();
                this.txtAddress.Text = model.Address.ToString();
            }
            else
            {
                MessageBox.Show("没有指定的学生,请重新输入!","提示");
            }
        }
        //"修改"按钮事件
        private void btnEdit_Click(object sender,EventArgs e)
        {
            DialogResult result = MessageBox.Show("您确定要修改吗?","提示",MessageBoxButtons.
YesNo,MessageBoxIcon.Information);
          if (result == DialogResult.Yes)            //用户选择"确定"
            {
            //实例化学生实体
            Model.Student model = new Model.Student ();
            model.StudentID = this.txtID.Text.ToString();
            model.StudentName = this.txtName.Text .ToString();
            model.Gender = this.txtGender.Text .ToString();
            model.Birthday = this.txtBirthday.Text .ToString();
            model.ClassID = this.txtClass.Text .ToString();
            model.Phone = this.txtPhone.Text .ToString();
            model.Address = this.txtAddress.Text .ToString();
           if (student.UpdateStudent  (model) == true)
            {
                MessageBox.Show("学生信息修改成功!","提示");
                }
                else
                {
                    MessageBox.Show("学生信息修改失败!","提示");
                }
        }
        }
        //"退出"按钮事件
        private void btnExit_Click(object sender,EventArgs e)
        {
            this.Close();
        }
        //"删除"按钮事件
```

```
        private void btnDelete_Click(object sender,EventArgs e)
        {
            DialogResult result = MessageBox.Show("您确定要删除吗?","提示",MessageBoxButtons.
    YesNo,MessageBoxIcon.Information);
            if (result == DialogResult.Yes)         //用户选择"确定"
            {
                if (student.DeleteStudent(this.txtStuID.Text.Trim()) == true)
                {
                    MessageBox.Show("学生信息删除成功!","提示");
                }
                else
                {
                    MessageBox.Show("学生信息删除失败!","提示");
                }
            }
        }
    }
```

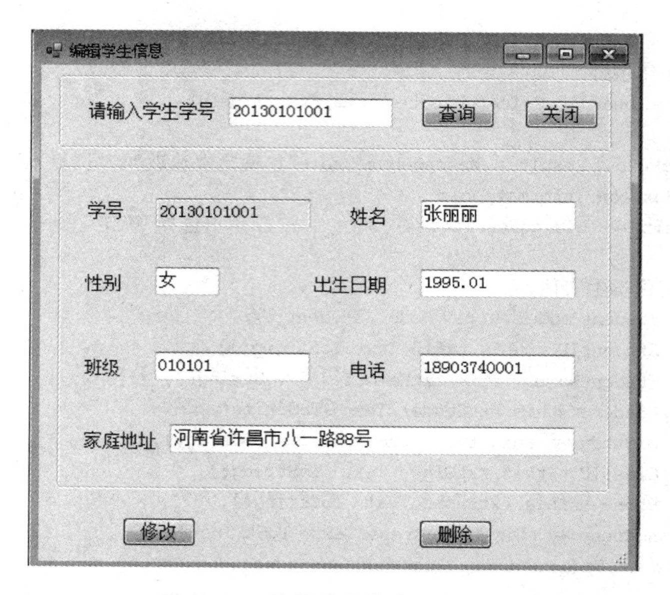

图 11-13　编辑学生信息运行界面

10. 查询学生模块

查询学生模块实现按照班级查询学生信息的功能，运行结果如图 11-14 所示。

查询学生模块的关键代码如下：

```
public partial class BrowseStudent : Form
    {
        public BrowseStudent()
        {
            InitializeComponent();
        }

        private void CreateTreeView()
```

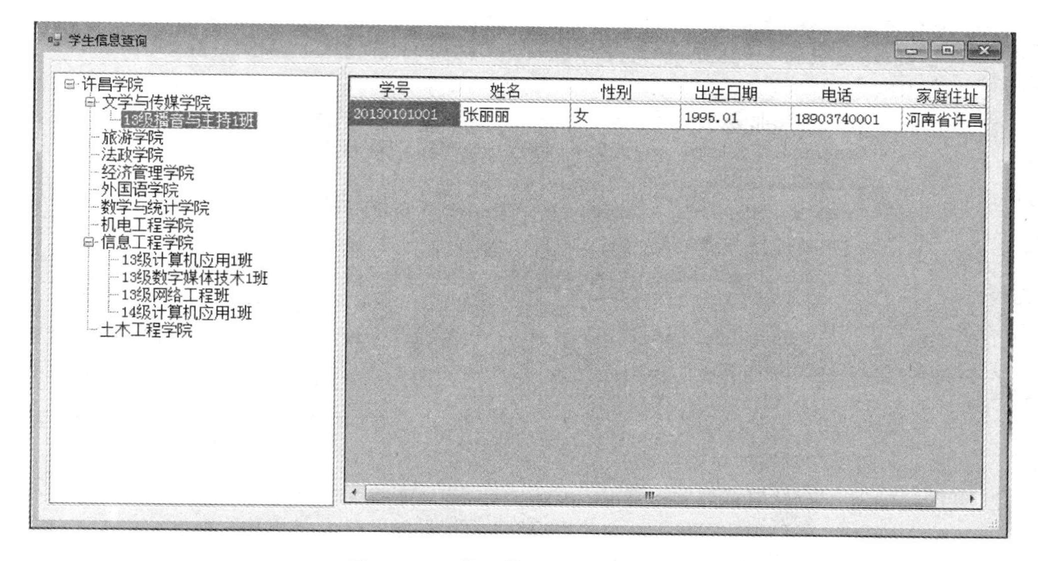

图 11-14　学生信息查询运行结果

```
        {
            TreeNode RootNode = new TreeNode("许昌学院");
            this.tvwCollege.Nodes.Add(RootNode);
            TreeNode CollegeNode = null;
            DataTable dtClass;
             //实例化业务逻辑层对象
            GradeBLL.College college = new GradeBLL.College();
            GradeBLL.Grade grade = new GradeBLL.Grade();
            //获取院系列表
            DataTable dtCollege = college.GetCollege();
            //遍历院系表
            for (int i = 0; i < dtCollege.Rows.Count; i++)
            {
                CollegeNode = new TreeNode(dtCollege.Rows[i]["DepartmentName"].ToString());
                RootNode.Nodes.Add(CollegeNode);
                string strWhere = string.Format("CollegeID = '{0}'", dtCollege.Rows[i]
["DepartmentID"].ToString().Trim());
               dtClass = grade.GetClassList(strWhere);
               for (int j = 0; j < dtClass.Rows.Count; j++)
                {
                     CollegeNode.Nodes.Add(new TreeNode(dtClass.Rows[j]["ClassName"].
ToString()));
                }
               dtClass.Clear();
            }
        }

        private void BrowseStudent_Load(object sender,EventArgs e)
        {
            CreateTreeView();
        }
```

```
        //建立树形控件
        private void tvwCollege_AfterSelect(object sender, TreeViewEventArgs e)
        {
            //实例化业务逻辑层对象
            GradeBLL.College college = new GradeBLL.College();
            GradeBLL.Grade grade = new GradeBLL.Grade();
            GradeBLL.Student   student = new GradeBLL.Student ();
            //判断选择节点类型
            if (this.tvwCollege.SelectedNode == null)
            {
                MessageBox.Show ("请选择一个节点","提示信息", MessageBoxButtons.OK,
MessageBoxIcon.Information);
            }
            else
            {
                //获取选择的内容
                string content = e.Node.Text.ToString();
                //如果选择了院系名称和学校
                if ((content.Equals("许昌学院")) || (college.GetCollegeByName(content) != null))
                {
                    MessageBox.Show("请选择班级名称","提示信息",MessageBoxButtons.OK,
MessageBoxIcon.Information);
                }
                else
                {
                    Model.Grade model = grade.GetClassByName(content);

                    if (model != null)
                    {
                        string strCondition = string.Format ("ClassID = '{0}'", model.
ClassID.ToString ().Trim());
                        this.dgvStudent.DataSource = student.GetStudentList(strCondition);
                    }
                }
            }
        }
    }
}
```

其他模块的实现基本类似，限于篇幅，就不再详细介绍。读者可参考前面的内容，自行完善。

11.3 总结与提高

(1) 软件开发的流程包括系统分析、设计、实现和测试。系统分析的目的是做什么，系统设计的目的是怎么做，系统实现就是用一种编程语言实现系统，测试是为了找出程序中的错误，使程序运行更为稳定。

(2) 在大型软件开发中，为了降低项目的耦合度，提高项目的开发效率和可维护性，通常采用多层结构。表示层仅负责接收数据和显示数据，数据访问层仅负责对数据的访问操作，业务逻辑层根据需要调用数据访问层的方法。各层之间通过实体模型进行数据传输。

(3) 在 C# 中实现多层架构，首先要建立一个空白的解决方案，然后向该解决方案中添加类库项目和 WinForm 窗体应用程序来实现数据访问层、业务逻辑层和表示层。

(4) 在数据库应用程序中，通常将数据库连接字符串存放在应用程序配置文件 app.config 中，然后在应用程序中读取该连接字符串。

图书资源支持

感谢您一直以来对清华版图书的支持和爱护。为了配合本书的使用，本书提供配套的资源，有需求的读者请扫描下方的“书圈”微信公众号二维码，在图书专区下载，也可以拨打电话或发送电子邮件咨询。

如果您在使用本书的过程中遇到了什么问题，或者有相关图书出版计划，也请您发邮件告诉我们，以便我们更好地为您服务。

我们的联系方式：

地　　址：北京市海淀区双清路学研大厦 A 座 701

邮　　编：100084

电　　话：010-83470236　010-83470237

资源下载：http://www.tup.com.cn

客服邮箱：2301891038@qq.com

QQ：2301891038（请写明您的单位和姓名）

资源下载、样书申请

书圈

扫一扫，获取最新目录

课 程 直 播

用微信扫一扫右边的二维码，即可关注清华大学出版社公众号“书圈”。